기초통계학의
숨은 원리 이해하기

기초통계학의
숨은 원리 이해하기

김권현 지음

BASIC STATISTICS

경문사

이 책에 대하여

먼저 고백을 해야겠다. 나는 통계학과 학부도, 대학원도 다니지 않았다. 나는 단지 내 연구를 위해 통계학이 필요한 사람이다. 그럼에도 불구하고 내가 통계학 책을 쓰는 이유는 사회 과학을 포함하여 현대 과학에서 통계학이 연구 방법을 결정하고, 연구 결과를 분석하는 데 중요한 역할을 하고 있음에도 그것을 "제대로" 이해하기가 힘들기 때문이다.

그런 면에서 이 책은 개인적인 목적에서 출발되었다고도 볼 수 있다. 그것은 통계학을 "제대로", "충분히" 이해하는 것이다. 나는 내 연구 결과에 대한 통계분석 결과를 제대로 이해하고, 신뢰하고 싶었다.

하지만 대부분의 통계학 책은 통계적 기법의 **원리**를 가르쳐 주기보다는 일종의 **절차**를 나열하는 식이다. 거기에는 그런 기법을 개발하게 된 문제 의식도, 동기도 없고, 그런 기법이 정당하다는 논리적 근거도 없다. 이 책의 가장 큰 목적은 여러 가지 통계 기법의 바탕이 되는 문제의식과 작동원리를 이해하는 것이다.

많은 통계학자들이 통계적 기법을, 그것의 적절성이나 정당성에 대한 고민없이 기계적으로 적용하는 것에 대해 깊은 우려를 표시한다. 만약 우리가 통계적 기법을 깊은 이해와 통찰 없이 기계적으로 적용한다면, 엉뚱한 결론을 얻고, 그것을 믿어버리게 될 수도 있기 때문이다.

이 책은 최대로 무미건조한 수학적 전개나, 절차의 나열을 배제하고, 개념을 좀더 잘 이해할 수 있도록 썼다. 따라서 최대한 말로 풀어 썼지만, 수학적 전개를 말로 풀어쓰는 것은 정확하지 않고, 효율적이지도 않기 때문에 수학적인 전개를 통해 원리를 설명한 경우도 있다. 통계학에서 사용되는 분포를 계산하기 위해서는 수학의 미적분이 필요하지만, 분포를 이미 알려진 사실로 받아들인다면, 그 외의 부분은 중고등학교 수학으로도 전개가 가능하다. 이 책에서는 미적분의 세부적이고 기술적인 측면은 주어진 사실로 받아들였으며, 주로 중고등학교 수학으로도 전개가 가능한 부분들을 수학적으로 전개하였다. 따라서 본 책에서 수식들이 등장할 때, 지레 겁먹지 말고, 차근차근 전개를 따라가 보길 바란다. 한 가지 주의할 점은 이 책의 수학적 전개는 그 의미를 이해하는 것에 초점을 두었기 때문에 수학적으로 엄밀하거나 완벽하지 않을 수 있다. 하지만 완벽하고, 또 완벽하게 이해가 되지 않는 전개보다는 그 의미를 조금이나마 알 수 있게 하는 것이 낫다고 생각한다. 만약 완전하고 엄밀한 수학적 전개를 알고 싶다면 "수리 통계학" 관련 책을 참조하기 바란다.

이 책의 또 다른 목적은 여러 가지 통계학 기법에 대한 좀더 심층적인 이해를 도모하는 것이다. 특히 시중의 다른 통계학 책이나 일반적인 통계학 교육과정에서 누구나 한 번쯤은 의문을 가졌을 만한 질문들에 대해 그냥 지나치지 않고 적절한 해답을 제시하였다.

나는 자연과학부 학부생이었던 시절, '통계학 개론' 수업을 들었던 기억이 있다. 아직도 기억나는 것은 이표본 문제에서 등분산을 가정할 때와 그렇지 않을 때의 공식이 달라지는 이유와 구체적인 유도방법을 알고 싶었다. 하지만 교재의 내용만으로는 한계가 있었다. 이 책에서 보이겠지만, 등분산을 가정할 때 식의 유도과정은 전혀 어렵지 않다. 앞서 얘기했듯이 분포를 받아들인다면 중고등학교 수학으로도 충분하다.

대학원생이 되어 좀더 통계를 공부해 보고자 했으나 배후에 있는 원리를 쉽게 설명한 책은 찾아보기가 힘들었다. 그래서 이 책 저 책 찾아봤지만 해답을 쉽게 찾을 수 없었다. 예를 들어 분산분석이 무엇을 하는 것이며, 왜 그런 식으로 해야 하는 것인지 직관적으로 이해하는 것이 힘들었다. 물론 그 절차를 따라가기란 어렵지 않은 일이다. 하지만 도대체 왜 그렇게 해야 하는가? 그 질문에 대한 해답을 얻기 위해 정말 여러 종류의 책을 보았지만, 모든 책들이 거의 대동소이한 내용이었다. 가끔씩 새로운 관점이나 통찰을 보이는 책들은 정말 소중했다. 이 책은 기존의 책에 있는 내용들은 가급적 배제하려고 했다. 따라서 이 책만을 가지고 통계학을 배우는 것은 다소 힘들 수도 있다. 하지만 이 책을 통해 다른 책에서는 얻지 못하는 통계학의 원리에 대한 깊은 이해를 얻을 수 있길 기대한다.

이 책을 쓰기까지 많은 사람들과 개체들의 도움이 있었다. 여러 가지 다양한 책을 손쉽게 찾아볼 수 있게 해준 서울대 도서관에 감사의 말을 전한다. 《천재들의 주사위Lady tasting tea》란 책은 통계학과 관련된 흥미진진한 이야기를 통해 통계학에 관한 나의 관심을 증대시켰다. 지도 교수님이신 김청택 선생님은 이 책의 아이디어를 듣고 격려를 해 주셨으며, 다른 계량방 동료와 후배들도 알게 모르게 큰 도움을 주었다. 침구학회에서 침을 놓는 법을 가르쳐 주신 김혜숙 선생님께도 감사드린다. 만약 피곤할 때나 몸이 안 좋을 때 스스로 침을 놓을 수 없었다면, 이 책은 완성되지 못했을 것이다. 롸한뭐루 관장님이신 하태웅 관장님께도 감사드린다. 특히 굉장히 효과 좋은 운동인 롸한뭐루가 많은 사람들에게 알려졌으면 하는 바람이다. 그리고 관심과 격려로(가끔은 무관심과 조소로) 도움을 준 친구들에게 감사한다. 특히 친구 오여록에게 감사한다. 핸드피스와 바, 그리고 교합지로 교정장치의 교합을 원하는 대로 맞출 수 없었다면 이 책의 완성은 1~2년은 지연되었을 것이다. 끝으로 항상 믿음과 지원을 해주시는 부모님과 형제들에게 감사합니다.

서울대학교 16동 M426호에서

김권현

차례

모분포와 표본분포

p-값, 효과크기, 검증력, 베이즈 정리

분산분석

사후비교 / 다중추론(비교)

들어가기: 몬티 홀 문제 : 이 책의 목적인 "이해하기"에 대한 예시

3개의 카드가 뒤집어 놓여 있다. 1개의 카드에는 "자동차"가, 나머지 2개의 카드에는 "바나나"가 그려져 있다. "자동차"를 고르면, 최신형의 자동차를 받을 수 있다. 하지만 "바나나"를 고르면 꽝이다. 기회는 1번 뿐이다. 이것은 미국의 유명한 퀴즈 프로그램에서 경품을 받을 수 있는지를 결정하는 과정이다.

당신은 카드 하나를 고심 끝에 지목한다. 생각할 수 있는 모든 계시와 직관을 동원해서 결정한 것이다. 사회자는 그 카드를 뒤집어 보이기 전에, 나머지 두 개의 카드 중 하나를 뒤집어서 그것이 "바나나"임을 보여준다. 휴~, 다행이다. 그런데 사회자는 선택한 카드를 바꿀 수 있는 기회를 주겠다고 한다! 자, 카드를 바꿀 것인가?

카드를 바꾼다고 내가 "자동차"를 선택할 확률이 높아지겠는가? 믿기 힘들겠지만 그렇다. 하지만 자신의 선택이 틀렸다고 낙심할 필요는 없다. 유명한 20세기의 수학자 폴 에르되스도 틀렸으니까.

그런데 왜 그럴까? 나는 이 문제를 엄밀한 확률 계산을 통해 보여줄 수도 있다. 하지만 그렇게 하는 것은 이 문제의 원리를 이해하는 데 그리 도움이 되지 않을 수도 있다. 한 번 직접 시도를 해보라. 자신이 확률의 법칙을 제대로 적용하는지를 평가하는 데에는 도움이 될 것이다.

좀더 직관적이고, 이해하기 쉬운 방법으로 설명을 해보자. 세 개의 카드가 있을 때, 당신이 "자동차"를 선택할 확률은 1/3이다. 이때 주목할 점은 당신의 선택이 맞을 확률보다, 틀릴 확률이 더 크다는 것이다. 당신의 선택이 틀렸다고 가정해보자. 이제 사회자가 "바나나"인 카드를 보여준다. 그렇다면 나머지 하나는 "자동차"임에 틀림이 없다! 여기서 다시 주목할 점은 사회자가 "자동차"를 보여주진 않는다는 점이다. 만약 당신이 어떤 선택을 했건 상관없이 사회자가 나머지 두 카드 중 하나를 보여준다면(그것이 "자동차"일 지라도!), 당신은 선택을 바꾸던지 바꾸지 않던지 "자동차"를 얻을 확률은 변하지 않는다. 물론 만약 사회자가 "자동차"를 보여준다면 선택을 바꿔도 결과는 바뀌지 않는다. 하지만 만약 사회자가 항상 "바나나"를 보여준다는 것을 안다면, 선택을 바꾸는 것이 좋다. 왜냐하면 당신이 "바나나"를 선택했을 때, 사회자는 나머지 "바나나"를 보여줄 수 밖에 없고, 남은 하나의 카드가 "자동차"이기 때문이다. 그리고 애당초 당신의 첫 번째 선택이 "바나나"일 확률이 "자동차"일 확률보다 두 배 크다.

좀더 명확하기 이해할 수 있도록 다음의 상황을 가정해 보자. 이제 세 개가 아니라 백 개의 카드가 뒤집어져 있다. 한 카드는 "자동차"이고, 나머지 99개의 카드는 "바나나"이다. 당신이 카드 하나를 선택한다. 사회자는 나머지 99개의 카드 중에서 98개의 "바나나"를 뒤집어서 보여준다. 당신은 "자동차"를 선택하기 위해 카드를 바꿀 것인가? 다음의 질문이 결정을 내리는데 도움을 줄 것이다. 처음에 당신이 "자동차"를 선택할 확률은 얼마인가? 사회자는 언제나 "자동차"를 제외하고 "바나나" 카드만을 보여주는가?

수학자들은 수식을 좋아한다. 수식은 나름대로의 장점이 있다. 수식은 명확하다. 그것은 지난 수 세기(혹은 수십 세기)의 수학적 결과를 적용시킬 수 있다는 것을 의미한다. 하지만 직관적인 이해에는 그다지 도움이 되지 않을 수 있다. 때로는 문제의 핵심을 밝혀내는 것, 상황을 결정하는 중요한 요소를 찾아내는 것이 원리를 이해하는 지름길이다!

수학이란 무엇인가?

처음 책을 썼을 때 나는 많은 학생들이 쉽게 이해할 수 있을 것이라 생각했다. 하지만 대부분의 인문계 학생들은 어렵다고 했다. 특히 수식이 많이 있어서 어렵다고 했다. 그 수식들은 대부분 고등학교 수학만 알고 있으면 어렵지 않게 이해할 수 있는 것이었지만, 대다수의 인문계 학생들은 수학 자체에 거부감이 있는 듯했다. 그래서 수학에 대해 짚고 넘어가고자 한다.

그런 얘기를 들어본 일이 있는가? 고대 이래로 인간의 많은 지식들이 거짓으로 판명이 나서 폐기되거나 수정되었지만 수학만은 그렇지 않다는……. 이천년 전의 유클리드 기하학은 여전히 유효하다. 수학이 그토록 긴 생명력을 지닌 이유는 무엇일까? 수학이 그렇게 정확할 수 있었던 이유는 무엇일까?

프랑스의 철학자 데카르트가 말했다. "존재하는 모든 것을 의심할 수 있지만, 내가 생각하고, 그럼으로 내가 존재한다는 사실은 의심할 여지가 없다." 데카르트는 무엇이 의심할 여지없이 확실한 것인지 알고 싶었던 것이다. 따지고 보면 모든 것이 의심의 대상이 된다. 내가 지금 보고 있는 것이 실제로 존재하는 것인지, 아니면 단지 환영일 뿐인지 어떻게 확신하는가? 다음의 착시 현상을 보자. 우리는 실제 두 직선의 길이를 자로 재어보고 길이가 같음을 알게 되더라도 두 직선의 길이는 다르게 보인다. 그리고 이런 착시 현상은 그 종류가 엄청나게 많다!

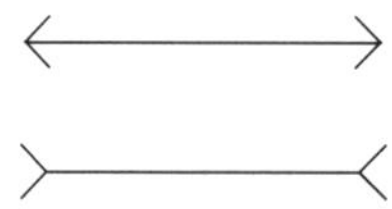

우리의 감각은 우리의 감정만큼이나 불확실하고 일관적이지 않다. 그렇다면 "확실"한 것을 알 수 있는 방법은 무엇인가?

한 가지 방법은 데카르트가 그랬던 것처럼 불확실한 모든 사실을 제거하고 남는 한 가지를 취하는 것이고, 다른 한 방법은 무엇이 확실하고 진리인지에 상관없이 "가정"을 하는 것이다.

물론 "가정"을 한다면, "가정"에서 도출된 결론들은 "현실"에 뿌리를 두고 있지 않다. 그 결론들은 "가정"이 참일 때, 논리적으로 참이 될 수 밖에 없는 것들이다.

예를 들어 보자. 너무나도 잘 알려진 삼단 논법이다.

모든 사람은 죽는다.

소크라테스는 사람이다.

그러므로, 소크라테스는 죽는다.

여기서 중요한 것은 정말 모든 사람이 죽는지, 혹은 소크라테스는 정말 사람인지가 아니다. 만약 모든 사람이 죽고, 소크라테스가 사람**이라면**, 소크라테스는 죽는다는 결론은 확실하다.

수학은 이런 식으로 전개된다. 수학은 현실에 대해 말하고 있지 않다. 단지 이런 저런 가정들이 참이라고 한다면, 이런 저런 결론을 얻을 수 있다는 것을 얘기한다.

하지만 결론이 현실과 동떨어진 것이라면 별다른 의미가 없을 것이다. 그렇지만 수학의 결론들은 현실과 비슷한 모양을 하고 있다. 그것이 어떻게 가능한가?

그것은 결론을 이끌어내기 위해 필요했던 가정들이 현실과 비슷했기 때문이다. "가정"과 "현실"이 일치될 때, 그 "가정"들을 통해 얻은 결론들도 "현실"에서 참이 된다.

하지만 결론이 현실에서 참이 아니더라도, "가정이 참일 때, 결론이 참"이라는 사실에는 변함이 없다. 그리하여 지난 수세기의 문명의 진보에도 흔들리지 않는 "수학적 진리"가 탄생하게 된 것이다.

모든 "과학적 진리"는 관찰과 관측에 의해 뒤집힐 수 있다. 지구는 우주의 중심이었다가 지동설에 의해 태양계의 한 행성이 되었고, 인간은 모든 생명과 구별되는 유일하고 특별한 종이었다가 진화론에 의해 다른 동물들처럼 진화의 연속선위에 위치하는 수 많은 종들의 하나가 되었다.

하지만 수학은 그렇지 않다. 당신은 나의 가정을 문제 삼을 수 없다. 그것은 가정일 뿐이니까. 그러하므로 가정의 논리적 귀결인 "수학적 결론"들도 문제 삼을 수 없다. (물론 가정을 문제삼을 수 있다. 그 가정을 연구함으로써 우리가 무엇을 얻을 수 있는가? 왜 다른 수많은 가정들을 놔두고 이 가정에 대해 연구하는가? 연구의 중요성, 혹은 특정한 가정의 중요성을 생각해 볼 수 있지만, 가정 자체의 옳고, 그름에 대해 문제 삼을 순 없다. 그것이 모순적이 않다면……)

따라서 수학적 진리야말로 인간이 발견할 수 있는 수많은 진리 중에서, 앞으로 수 세기 혹은 수 천 세기를 살아남을 수 있는 유일한 진리일 것이다.

요약

수학은 가정을 하고, 그 가정에서 논리적으로 참일 수밖에 없는 결론들을 이끌어 낸다. 수학에서 중요한 것은 가정이 참일 때, 결론도 참이 된다는 것이다.

수학을 하는 방법

수학이란 결국 주어진 가정을 통해 얻을 수 있는 논리적 결과를 얻는 것이다. 논리적 결과라 함은 가정이 맞다면 그렇게 될 수 밖에 없음을 의미한다. 그리고 그 방법은 단지 상상력에 의해서만 제약된다.

예를 들어 보자. $\sqrt{2}$ 의 정의는 제곱해서 2가 되는 양수이다. 그런데 그것은 어떤 값인가? 1의 제곱은 1이고, 2의 제곱은 4이다. 1보다 작은 양수의 제곱은 모두 1보다 작고, 2보다 큰 수의 제곱은 모두 4보다 크다. 따라서 $\sqrt{2}$ 는 1보다 크고, 2보다 작을 수 밖에 없다!

마찬가지로, 1.4보다 작은 양수의 제곱은 모두 1.96보다 작고, 1.5보다 큰 수의 제곱은 모두 2.25보다 크다. 따라서 $\sqrt{2}$ 는 1.4보다 크고, 1.5보다 작어야 한다! 이런 식으로 $\sqrt{2}$ 는 1.4142보다 크고, 1.4143보다 작음을 알 수 있다. 좀더 계속하면 $\sqrt{2}$ 가 1.4142135623730보다 크고, 1.4142135623731보다 작음을 알 수 있다. 여기서 자연스럽게 드는 질문은 “과연 $\sqrt{2}$ 와 정확히 일치하는 숫자를 구할 수 있을까?” 아니면 “앞에서와 같은 방식으로 소수점 이하의 숫자가 무한히 이어질까?”, 그리고 “무한하게 이어진다면 그 숫자들에 반복되는 패턴이 있을까?”이다.

만약에 소수점 100번째 자리에서 $\sqrt{2}$ 에 정확히 맞는 수, 즉 제곱해서 2가 되는 수를 구했다고 치자. 그렇다면 위의 방식(계속 소수점 이하의 숫자를 구하는 방식)으로 앞의 질문에 대답할 수 있다. 하지만 소수점 이하의 숫자가 결코 끝나지 않는다면 위의 방식으로 앞의 질문에 대해 대답을 할 수 없다. 소수점 이하의 숫자들은 계속 늘어나고, 따라서 정확히 맞는 숫자를 구하지 못했다. 그렇다고 무한히 이어진다고 장담할 수도 없다.

하지만 $\sqrt{2}$가 유리수가 아님을 증명한다면? 우리는 모두 고등학교에서 $\sqrt{2}$가 유리수가 아니고, 무리수임을 증명했지만, 그 의미를 이해하지는 못했다. 소수점 이하 몇 번째에서 정확히 떨어지는 모든 수와 소수점 이하의 숫자들이 반복되는 수들은 모두 유리수로 표현할 수 있다(예, $0.237=\frac{237}{1000}$, $0.\dot{3}4\dot{5}=\frac{345}{999}$). 역으로 모든 유리수는 소수점 이하 몇 번째에서 정확히 떨어지거나, 소수점 이하의 숫자들이 반복된다(예, $\frac{1}{7}=0.\dot{1}4285\dot{7}$). 따라서 $\sqrt{2}$가 유리수가 아님을 증명한다는 것은 $\sqrt{2}$가 1.4142135623730보다 크고, 1.4142135623731보다 작음을 알 수 있고, 소수점 이하의 숫자를 계속 늘려 갈 수 있지만, 그 숫자들은 반복되지도, 어느 순간 끝나지도 않는다는 것을 의미한다.

여기서 중요한 것은 주어진 질문, "과연 $\sqrt{2}$에 정확히 맞는 숫자를 구할 수 있을까? 아니면 앞에서와 같은 방식으로 무한히 이어질까? 그리고 무한하게 이어진다면 그 숫자들은 반복되는 패턴이 있을까?"에 대해 기존의 방법(계속 소수점 이하의 숫자들을 계산하는 방법)으로 답할 수 없을 때, 다른 방법을 생각해내어 성공적으로 질문에 답했다는 것이다.

$\sum_{n=1}^{\infty}\left(\frac{1}{2}\right)^n$을 구하는 문제를 생각해보자. 물론 $\frac{1}{2}+\left(\frac{1}{2}\right)^2+\left(\frac{1}{2}\right)^3+\left(\frac{1}{2}\right)^4+\left(\frac{1}{2}\right)^5+\cdots$를 계속 구해 나갈 수도 있다. 하지만 그 끝은 없으며, 따라서 그렇게 구한 값이 정확한 값이 될 수 없다. 반면 규칙성을 이용하여 값을 구할 수도 있다. n이 1부터 시작하여 계속 커짐에 따라 $\sum_{k=1}^{n}\left(\frac{1}{2}\right)^k$의 값을 수평선 위에 그려 본다면 다음과 같은 규칙성을 볼 수 있다.

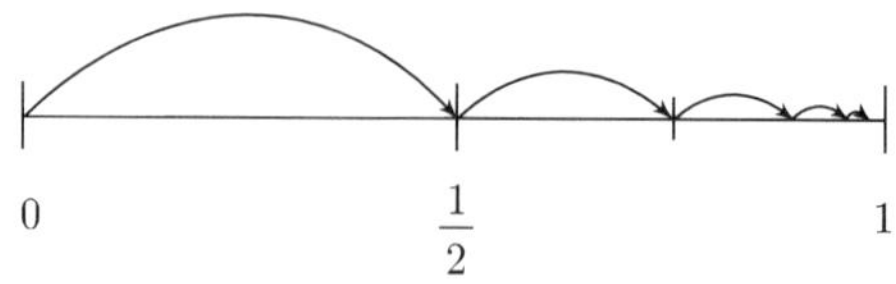

따라서 $\lim_{n \to \infty} \sum_{k=1}^{n} \left(\frac{1}{2}\right)^k$의 값이 1과 무한히 가까워지리라는 것은 이런 규칙성을 보아 명백하다.

통계학의 많은 결과들은 수학적으로 도출되었다. 특히 적분이 필수적이다. 주어진 확률밀도에서 확률을 얻어내려면 적분을 해야 한다. 물론 적분은 쉽지 않다. 하지만 그 근본 원리는 생각보다 쉽다. 예를 들어 보자. $3 \times 7 + 237^7$은 무엇인가? 그 계산이 쉽지 않지만, 우리 모두는 그 값을 구할 수 있다(시간이 많이 걸리지만 실수만 하지 않는다면 정확하게 구할 수 있다). 적분도 마찬가지이다. 주어진 함수를 통해 정의되는 넓이는 무한하거나 유한하고, 유한하다면 그 값이 존재할 것이다. 그리고 적분은 위의 $\sum_{k=1}^{n} \left(\frac{1}{2}\right)^k$와 마찬가지로 함수의 규칙성을 통해 넓이의 정확한 값을 구한다. 만약 정확한 값을 찾을 수 있는 규칙성을 아직 발견하지 못했을 경우에는 근사값을 구하거나 시뮬레이션을 할 수 있다.

어쨌든 수학자들은 많은 함수의 적분을 이미 연구해 놓았다. 우리는 그 과정을 모르더라도 그 결과를 활용할 수 있다.

요약

수학은 논리를 통해, 그리고 규칙성을 통해, 그럴 수 밖에 없음을 보임으로써 결론을 도출한다.

컴퓨터의 활용

1. 컴퓨터 대수학 시스템의 활용

컴퓨터 대수학 시스템 Computer Algebra System(CAS)을 통해 **적분/미분, 행렬 계산** 등을 손쉽게 해결할 수 있다. 컴퓨터 대수학 시스템은 잘 알려진 Matlab, Maple, Mathematica 등의 상용 프로그램 뿐 아니라, Sage, Maxima 등의 무료 프로그램도 있으며, 웹 상에서 간편하게 계산할 수도 있다. 웹 상에서 활용 가능한 대표적인 것은 다음과 같다.

웹 상에서 가능한 컴퓨터 대수학 시스템	주소
Sage	http://www.sagemath.org/ (한글판 : http://math1.skku.ac.kr/home/skku/)
울프램 알파	http://www.wolframalpha.com/

울프램 알파의 경우, 조금 복잡한 계산을 해야 하는 경우에는 유료 회원으로 가입을 해야 하므로, 여기서는 Sage를 주로 활용하였다(부록에는 동일한 계산을 상용프로그램인 Mathematica를 활용하여 풀어보았다). 인터넷에서 "Computer Algebra System" 또는 "컴퓨터 대수학 시스템"으로 검색하면 좀더 자세하고, 최신의 소식을 찾아볼 수 있을 것이다.

이 책은 적분과 미분의 기본적인 개념만 알고 있으면 이해할 수 있도록, 미적분의 구체적인 계산 결과 또는 과정을 컴퓨터 대수학 시스템을 통해 얻는 방식을 취하였다. 따라서 우리가 얻고자 하는 함수 또는 값에 대해 수식을 만들 수 있다면, 나머지는 컴퓨터에게 맡기면 된다. 만약 구체적인 계산 과정에 대해 알고 싶다면, 일부 시스템의 경우 계산 과정까지 상세히 알려주는 기능이 있으니 그것을 참조하면 된다. Sage는 현재 중간 과정을 보여주지 않고, 울프램 알파의 경우는 미적분의 중간 과정을 볼 수 있다.

예를 들어서, $f(x)=e^{-x^2}$을 적분하고 싶다고 하자. $\int_{-\infty}^{\infty} e^{-x^2}dx$을 Sage에서 구해서보자.[1)]

```
integral(exp(-1/2*x^2), x, -oo, oo)
```

```
sqrt(pi)*sqrt(2)
```

2. 컴퓨터 통계 프로그램의 활용: R

더 이상 통계분석을 연필과 종이, 계산기를 가지고 직접하는 사람은 없다. 다양한 통계 프로그램을 활용하면 간단하게 해결할 수 있기 때문이다. SPSS, SAS 등 여러 가지 상용프로그램이 있지만, 가장 대표적인 프로그램으로 R을 들 수 있다. R은 무료이고, 활용의 자유도가 굉장히 높고, 최신의 통계 기법을 가장 먼저 적용해 볼 수 있는 기회를 제공한다.

이 책의 내용은 통계 기법 자체를 설명하는 것이 아니라 통계 기법의 원리를 설명하는 것이므로, 구체적인 통계 프로그램의 활용법은 배제가 되었지만, 필요한 경우 R을 활용하여 통계분석의 결과나 원리를 설명하였다.

---

1) integral은 적분을 하라는 명령이다. exp(−1/2*x^2)는 $e^{-\frac{1}{2}x^2}$ 를 나타낸다. e^(−1/2*x^2)로 쓸 수도 있다. −oo(영문 소문자 "o"를 연달아 붙여놓은 것)은 음의 무한대를 의미한다.
앞으로 입력되는 명령들은 회색 배경의 상자 속에, 컴퓨터가 출력하는 결과는 흰색 배경의 상자 속에 나타내겠다.

이산확률변수의 분포 표현하기

이산확률변수는 확률변수가 취할 수 있는 값이 유한하다. 따라서 이론적으로 확률변수의 값과 그 확률을 나열하여 확률변수의 분포를 나타낼 수 있다. 예를 들어 확률변수 X가 0 또는 1이 될 수 있으며, 그 확률이 각각 $\frac{1}{2}$이라고 할 때, 다음과 같이 표현할 수 있다.

x	0	1
$P(X=x)$	$\frac{1}{2}$	$\frac{1}{2}$

통계학에서 자주 쓰이는 표기 관례를 알아두자. 확률변수는 보통 대문자로 쓰고(예, X, Y, Z, $\cdots$), 그것의 실현된 값은 소문자로 쓴다(예, x, y, z). 확률변수는 아직 그 값이 결정되지 않은 상태이다. 따라서 확률변수에 대해서는 확률을 얘기할 수 있다. 예를 들어 위의 표에서 정의된 확률변수 X가 1일 확률(또는 1을 관찰할 확률)은 $P(X=1)=\frac{1}{2}$이다. 반면 실현된 값 x는 0 또는 1이다. 위 표에서 보듯이 확률이 0보다 큰 값[2)]은 0과 1뿐이다. 이미 실현(결정)

2) 확률이 0보다 크다는 것은 "실현 가능성이 있다"는 의미이다. 확률이 0이면 "실현가능성이 없다."

된 값에 대한 확률은 무의미하다. 굳이 확률값을 준다면 0 또는 1이다. $P(x=1)$은 0 또는 1이다. 이것은 95% 신뢰구간에 대한 해석에서 중요하다.

위의 확률분포를 함수를 통해 나타낼 수도 있다. 예를 들어 함수 $p(x)$를 다음과 같이 정의하자.

$$p(x)=\begin{cases}\frac{1}{2} & (x\in\{0,1\})\\ 0 & (x\notin\{0,1\})\end{cases}$$

이때, 앞의 표에 나타낸 확률변수 X의 분포는 다음과 같이 표현할 수 있다.

$$P(X=x)=p(x)$$

사실 이 방법은 앞의 표와 크게 다르지 않다. 단지 확률변수의 분포를 직접 정해주지 않고 함수 $p(x)$를 먼저 정의하고, 그것을 통해 확률변수 X의 분포를 나타내었다. 여기서 중요한 것은 확률분포를 함수를 통해 표현했다는 것이다. 함수는 수학에서 굉장히 중요한 위치를 차지하고, 수학자들이 이미 연구해 놓은 결과들이 많기 때문에 경우에 따라 그것을 활용할 수 있다.

또 다른 함수 $q(x)$를 다음과 같이 정의하자.

$$q(x)=\begin{cases}2(x-\frac{1}{2})^2 & (x\in\{0,1\})\\ 0 & (x\notin\{0,1\})\end{cases}$$

그렇다면 확률변수 X의 분포는 다음과 같이 쓸 수도 있다.

$$P(X=x)=q(x)$$

이렇게 확률변수의 확률값을 결정해주는 함수를 확률질량함수라고 부른다. 함수

$p(x)$, $q(x)$를 거치지 않고 다음과 같이 바로 쓰기도 한다.

$$P(X=x)=\begin{cases}\frac{1}{2} & (x\in\{0,1\})\\ 0 & (x\notin\{0,1\})\end{cases}$$

$$P(X=x)=\begin{cases}2(x-\frac{1}{2})^2 & (x\in\{0,1\})\\ 0 & (x\notin\{0,1\})\end{cases}$$

이렇게 동일한 확률변수를 여러 가지 서로 다른 확률질량함수를 통해 표현할 수 있다. 다음은 동일한 확률변수의 서로 다른 표현이다.[3)]

$$P(X=x)=\begin{cases}\frac{1}{3} & (x=0)\\ \frac{2}{3} & (x=1)\\ 0 & (x\notin\{0,1\})\end{cases}$$

$$P(X=x)=\begin{cases}\frac{1}{3}x+\frac{1}{3} & (x\in\{0,1\})\\ 0 & (x\notin\{0,1\})\end{cases}$$

$$P(X=x)=\begin{cases}\sin\left(\frac{\pi}{2}x+\frac{1}{3}\right) & (x\in\{0,1\})\\ 0 & (x\notin\{0,1\})\end{cases}$$

다음의 두 확률변수 X도 동일하다.

$$P(X=x)=\begin{cases}\frac{1}{2} & (x=0)\\ \frac{1}{3} & (x=1)\\ \frac{1}{12} & (x\in\{2,3\})\\ 0 & (x\notin\{0,1,2,3\})\end{cases}$$

3) 사실 함수는 정의역과 치역, 그리고 입력값과 출력값의 대응이 동일하다면 같은 함수로 취급한다. 따라서 이 함수들은 모두 동일한 함수이다. 다만 표현을 다르게 했을 뿐이다.

$$P(X=x)=\begin{cases}\frac{1}{18}x^3-\frac{5}{24}x^2-\frac{1}{72}x+\frac{1}{2} & (x\in\{0,1,2,3\})\\ 0 & (x\notin\{0,1,2,3\})\end{cases}$$

위의 마지막 식은 다음의 Sage 명령을 통해 구하였다.

```
def f(x,a,b,c,d):
    return a*x^3+b*x^2+c*x+d

var("x a b c d")
solve([f(0,a,b,c,d)==1/2,  f(1,a,b,c,d)==1/3,  f(2,a,b,c,d)==1/12,  f(3,a,b,c,d)==1/12],
  a,b,c,d)
```

```
[[a == (1/18), b == (-5/24), c == (-1/72), d == (1/2)]]
```

원칙적으로 n개의 값을 취할 수 있는 확률분포는 위의 방식으로(n차 다항식의 계수를 풀어냄으로써), 한꺼번에 표현할 수 있다. 물론 수학에 조금 관심이 있는 사람들은 알겠지만, n이 4를 넘어가면 그 해를 풀기가 매우 어려워진다. Sage를 통해 수치적 해를 구할 수도 있겠지만, 그 식을 통해 구한 값은 원래의 확률분포를 정확히 나타내지 못한다!

요약

이산확률변수의 분포를 나타내는 방법은 여러 가지가 있다. 가장 손쉽게 생각할 수 있는 방법은 확률변수의 값에 대응되는 확률값을 나열하는 것이다. 하지만 이 방법은 확률변수의 실현 가능한 모든 값을 나열해야 한다는 단점이 있다. 반면, 그것을 수학의 함수로 표현하면 표현이 좀더 간결해질 수 있다.

확률 “밀도” 함수 이해하기

이산확률변수의 분포를 나타내는 방법을 보았다. 핵심은 확률변수 X가 x일 때의 확률을 나열하거나, 함수를 통하여 계산할 수 있게 나타내는 것이다.

그렇다면 확률밀도함수는 무엇인가? 확률밀도함수는 확률값을 나타내지 않는다. 말 그대로 확률밀도를 나타낸다. 확률밀도란 무엇인가?

확률변수 X가 취할 수 있는 값이 무한하고, 그 확률이 서로 동일하다고 해보자. 예를 들어 1에서 $+\infty$까지의 자연수 중에서 하나를 뽑았을 때, 그 값이 3일 확률은 얼마인가? 아주 작을 것이다. 너무 작아서 0과 구분하기 힘들다.

다른 예를 들어보자. 확률변수 X가 취할 수 있는 값이 0과 같거나 크고, 1보다 작은 모든 실수라고 하자. 확률변수 X는 반드시 0과 1 사이의 값을 취하며, 따라서 $P(0 \leq X < 1) = 1$로 표현할 수 있다. 앞에서 이산확률변수가 0 또는 1을 취할 수 있었던 것과 전혀 다른 경우이다. 0에서 1 사이에는 무한개의 실수가 있다. 0, 0.1, 0.01, 0.001, $\cdots$, $\frac{1}{\sqrt{2}}$, $\frac{1}{\sqrt{3}}$, $\frac{1}{\sqrt{4}}$, $\cdots$ 생각해낼 수 있는 온갖 수가 있으며, 그들이 선택될 확률이 모두 동일하다면, 그들 중 하나의 특정한 값이 선택될 확률은 너무 작아서 0과 구분하기 힘들다.

여기서 왜 그냥 0이라고 하지 않고, “너무 작아서 0과 구분하기 힘들다”라고 표현했는지 생각해보자. 확률변수 X가 취할 수 있는 값이 $0 \leq X < 1$을 만족하

고, 그 값들이 동일한 "확률"을 가지고 있을 때, 그들의 확률을 모두 합하면 1이 되어야 한다!

만약 확률변수 X가 0에서 1까지의 실수 중 특정한 값을 취할 확률이 모두 0이라고 한다면, 확률변수 X가 0에서 1 사이의 값을 취할 확률도 0이다. 수식으로 써 보면 다음과 같다.

$$P(X=x)=0\ \ (0\le x<1)$$

$$\Downarrow$$

$$P(0\le X<1)=0$$

그런데 우리는 앞에서 분명 $P(0\le X<1)=1$ 이라고 하였다. 따라서 확률변수 X가 0에서 1까지의 실수 중 특정한 값을 취할 확률이 모두 0이라고 말할 수 없다! 수식으로 쓰면 다음과 같다.

$$P(X=x)\neq 0\ \ (0\le x<1)$$

그렇다면 0보다 아주 조금 큰가? 예를 들어 정말 작은 값 $e=\dfrac{1}{2^{2^{2^{2}}}}$ 라고 놓자. 이 값이 얼마나 작은지 가늠해보기 위해 다음의 Sage 명령을 실행해보자.

```
2^2^2^2^2
```

```
200352993040684646497907235156025575044782547556975141926501697…
```

$2^{2^{2^{2}}}$ 가 엄청나게 큰 값이므로 e의 값은 굉장히 작은(0과 가까운) 값이 될 것이다. 하지만 e의 정확한 값이 중요한 것이 아니다. e가 엄청나게 작은 값이라는 것이 중요하다. 이때, 다음 전개가 가능하다.

$$P(X=x)=e \quad (0 \le x < 1)$$

$$\Downarrow$$

$$\begin{aligned} P(0 \le X < 1) &= P(X=0)+P(X=0.1)+P(X=0.01)+\cdots+P(X=\frac{1}{\sqrt{2}})+\cdots \\ &= e+e+e+\cdots+e+\cdots \\ &= \infty \end{aligned}$$

e가 매우 작은 수이지만, 확률변수 X가 취할 수 있는 경우의 수가 무한히 많기 때문에, 그 모든 경우에 있어 확률을 모두 더하면 무한하게 된다! 이것은 $P(X=0)$이 0보다 클 경우에 항상 그러하다!

문제다! 위의 내용을 종합해보면 확률변수 X가 0에서 1까지의 모든 실수를 동일한 확률로 취할 수 있을 때(아래의 수식), 확률변수 X가 0에서 1까지의 “특정한” 실수를 취할 확률은 0도 아니고, 0보다 클 수도 없다!

$$P(X=x)=P(X=y) \quad (0 \le x < 1,\ 0 \le y < 1), \quad \sum_{0 \le x < 1} P(X=x)=1$$

$$\Downarrow$$

$$P(X=x) \ne 0,\ P(X=x) \ngtr 0 \quad (0 \le x < 1)$$

0도 아니고, 0보다 크지도 않은 것은 뭐란 말인가? 확률이므로 음수가 될 수는 없다. 확률변수 X가 0에서 1 사이의 특정값을 취할 확률은 이렇게 오리무중이다.

한 가지 방법은 우리가 알고 있는 것에서부터 다시 시작하는 것이다. 우리가 아는 한 가지는 다음과 같다.

$$P(0 \le X < 1) = 1$$

그리고 확률변수 X가 0에서 1 사이의 모든 값에 대해 확률이 동일함을 이용하여 다음과 같은 전개가 가능하다.

$$P(0 \le X < 1) = 1$$

$$\Downarrow$$

$$P(0 \le X < \frac{1}{2}) = \frac{1}{2} \text{ 이고 } P(\frac{1}{2} \le X < 1) = \frac{1}{2}$$

$$\Downarrow$$

$$P(0 \le X < \frac{1}{4}) = \frac{1}{4},\ P(\frac{1}{4} \le X < \frac{1}{2}) = \frac{1}{4},$$

$$P(\frac{1}{2} \le X < \frac{3}{4}) = \frac{1}{4},\ P(\frac{3}{4} \le X < 1) = \frac{1}{4}$$

규칙성이 보이는가? $P(0 \le X < d) = d$ 이고, 따라서 $P(x_1 \le X < x_1 + d) = d$가 됨을 알 수 있다. 여기서, 첫 번째 등식은 $0 < d < 1$ 조건을 만족해야 하고, 두 번째 등식은 $0 \le x_1,\ x_1 + d < 1$을 만족해야 한다. 따라서 우리는 주어진 조건으로부터 확률변수 X가 0에서 1 사이의 특정한 값이 될 확률은 알지 못하지만, 특정한 구간$(x_1 \le X < x_1 + d)$에 놓일 확률은 구할 수 있다!

그리고 d가 0에 매우 가깝게 작아질수록 $P(x_1 \le X < x_1 + d)$의 값은 $P(X = x_1)$과 가까워질 것이다. 그것을 수식으로 표현해보자.

$$d \to +0$$

$$\Downarrow$$

$$P(x_1 \le X < x_1 + d) \ \to \ P(X = x_1)$$

따라서 다음과 같이 $P(X=x_1)$의 값을 재정의해보자.

$$P(X=x_1)=\lim_{d\to+0} P(x_1 \le X \le x_1+d)$$

주어진 조건에서 $P(X=x_1)$ 값은 오리무중이었지만(0이 아니고, 0보다 크지도 않았다!) $P(x_1 \le X < x_1+d)$의 값은 구할 수 있다. 위 정의를 사용했을 때, $P(X-x_1)$는 0이 된다!

하지만 이렇게 했을 때 또 다른 문제가 발생한다. 위의 정의를 통해, "확률변수 X가 0과 같거나 크고 1보다 작은 실수를 모두 동일한 확률로 취할 때", 확률변수 X가 특정한 수 x가 될 확률은 0이다$(0 \le x < 1)$. 반면 "확률변수 X가 범위 $0 \le X < 2$의 값을 동일한 확률로 취할 수 있을 때"와 "확률변수 X가 범위 $0 \le X < 100$의 값을 모두 동일한 확률로 취할 수 있을 때"에도 확률변수 X가 x일 확률은 0이다! 우리의 직관과 반하지 않은가? 서로 다른 세 조건에서 확률변수 X가 0일 확률은 모두 0이다.

조건 1. $\sum_{0 \le x < 1} P(X=x)=1,\ P(X=x)=P(X=y)\ (0 \le x,\ y < 1)$

$\Rightarrow P(X=x)=0$

조건 2. $\sum_{0 \le x < 2} P(X=x)=1,\ P(X=x)=P(X=y)\ (0 \le x,\ y < 2)$

$\Rightarrow P(X=x)=0$

조건 3. $\sum_{0 \le x < 100} P(X=x)=1,\ P(X=x)=P(X=y)\ (0 \le x,\ y < 100)$

$\Rightarrow P(X=x)=0$

하지만, $\lim_{d\to+0} \frac{P(x \le X < x+d)}{d}$는 다르다. 조건 1에서 $P(x_1 \le X < x_1+d)$

$= d$ 였음을 기억한다면, $\lim_{d \to +0} \frac{P(x \le X < x+d)}{d} = \lim_{d \to +0} \frac{d}{d} = \lim_{d \to +0} 1 = 1$이 됨을 쉽게 알 수 있다. 반면, 조건 2에서는 $P(x \le X < x+d) = \frac{d}{2}$임을 쉽게 구할 수 있고, $\lim_{d \to +0} \frac{P(x \le X < x+d)}{d} = \frac{1}{2}$이다. 조건 3에서는 $\lim_{d \to +0} \frac{P(x \le X < x+d)}{d} = \frac{1}{100}$이다.

이것을 정리해 보면 다음과 같다.

조건	$P(X=x) = \lim_{d \to +0} P(x \le X < x+d)$	$\lim_{d \to +0} \frac{P(x \le X < x+d)}{d}$
1. $P(X=x) = P(X=y)$ $(0 \le x,\ y < 1)$	0	$\begin{cases} 1 & (0 \le x < 1) \\ 0 & (x < 0 \text{ 또는 } x \ge 1) \end{cases}$
2. $P(X=x) = P(X=y)$ $(0 \le x,\ y < 2)$	0	$\begin{cases} \frac{1}{2} & (0 \le x < 2) \\ 0 & (x < 0 \text{ 또는 } x \ge 2) \end{cases}$
3. $P(X=x) = P(X=y)$ $(0 \le x,\ y < 100)$	0	$\begin{cases} \frac{1}{100} & (0 \le x < 100) \\ 0 & (x < 0 \text{ 또는 } x \ge 100) \end{cases}$

이때 $\lim_{d \to 0} \frac{P(x \le X < x+d)}{d}$을 확률변수 X가 x일 "확률밀도"라 한다. 그것을 다음과 같이 함수 $f(x)$로 나타낸다면, 그 함수를 확률밀도함수라고 부른다.

$$f(x) \equiv \lim_{d \to +0} \frac{P(x \le X < x+d)}{d}$$

확률밀도함수임을 명확히 나타내기 위해 $f(X=x)$라고 표현하기도 한다. 확률을 나타내는 $P(X=x)$와 비교해보자. 앞의 조건 1에서 $0 \le x < 1$일 때, $f(x) = 1$이고 $P(x) = 0$이다!

확률분포를 함수로 나타낼 때와 마찬가지로 동일한 확률밀도함수를 다양한 방법으로 나타낼 수 있다. 예를 들어 조건 1의 확률밀도함수는 다음과 같이 나타낼 수 있다. 물론 그다지 쓸모가 있어 보이진 않는다.

$$f(x) = \begin{cases} 1 & (0 \leq x < 1) \\ 0 & (x < 0 \text{ 또는 } x \geq 1) \end{cases}$$

$$f(x) = \begin{cases} |x-0|+|x-1| & (0 \leq x < 1) \\ 0 & (x < 0 \text{ 또는 } x \geq 1) \end{cases}$$

요약

경우의 수가 무한하고, 그들이 모두 동일한 확률이라고 했을 때, 특정한 경우의 확률은 0이 아니지만, 0보다 클 수도 없다. 이렇게 확률이 정의되지 않을 때, 일정한 구간($x \leq X < x+d$)의 확률의 극한($d \to +0$)으로 재정의하면, 0이 된다.

문제는 "확률변수 X가 0에서 1 사이의 실수를 동일한 확률로 취할 때"와 "확률변수 X가 0에서 2 사이의 실수를 동일한 확률로 취할 때", $X=0$, $\frac{1}{2}$, $\frac{1}{4}$, … 모든 경우에 확률은 0이다.

반면 구간에 대한 확률값은 X가 취할 수 있는 구간의 폭에 따라 달라진다. 확률값은 확률밀도값에 구간의 폭을 곱하여 구한다(그 구간에서 확률밀도값이 일정하다는 전제 하에서).

$$P(x \leq X < x+d) = f(X=x) \cdot d$$

확률밀도함수: 적분하면 확률이 된다

확률밀도함수의 의미에 대해 알아보았다. 무한 개의 결과가 가능한 상황에서 확률은 분포를 제대로 나타낼 수 없다. 반면 확률밀도는 무한 개의 결과가 가능한 상황에서도 분포를 정확히 알려준다.

확률밀도값이 일정한 구간($x \le X < x+d$)에서, 그 구간에 해당하는 확률은 다음과 같이 구할 수 있었다.

$$P(x \le X < x+d) = f(X=x) \cdot d$$

하지만 확률밀도의 값이 변하는 구간에서 확률을 어떻게 구할 수 있을까? 만약 그 구간에서의 확률밀도값이 크게 변화하지 않는다면, 다음과 같이 근사값을 구할 수 있다.

$$P(x \le X < x+d) \simeq f(X=x_m) \cdot d$$

$$(x \le x_m < x+d)$$

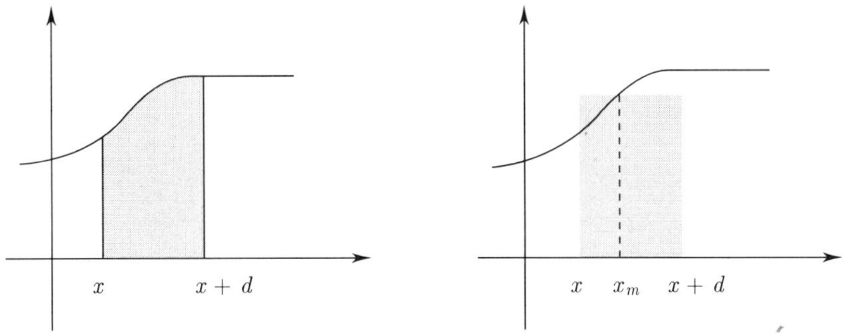

x와 $x+d$ 사이에서 변화하는 $f(X=x)$의 값을 특정한 대푯값 x_m을 사용하여 $f(X=x_m)$로 일정하다고 생각하는 것이다.

만약 근사값을 좀더 정확하게 만들려면, 구간을 좀더 세분하면 된다.

$$\begin{aligned} &P(x \le X < x+d) \\ &= P(x \le X < x+d_1) + P(x+d_1 \le X < x+d_1+d_2) \\ &\simeq f(X=x_1) \cdot d_1 + f(X=x_2) \cdot d_2 \\ &\quad (d_1+d_2=d,\ x \le x_1 < x+d_1,\ x+d_1 \le x_2 \le x+d_1+d_2) \end{aligned}$$

구간을 세분할수록 그 값은 원래의 확률에 가까워진다. 그리고 구간을 무한히 세분했을 때의 값을 적분값이라고 한다!

확률밀도함수는 적분하면 확률이 되는 함수라고 생각하면 쉽다. 그것은 다음과 같이 수식으로 나타낼 수 있다.

$$P(x_1 \le X < x_2) = \int_{x_1}^{x_2} f(x)dx$$

만약 $x_1 \le x < x_2$에서 $f(x)$가 변하지 않고 일정하다면, 다음과 같이 앞에서 구한 것과 일치한다.

$$P(x_1 \le X < x_2) = \int_{x_1}^{x_2} f(x)dx = f(x_1)(x_2 - x_1)$$

$$P(x_1 \le X < x_1 + d) = \int_{x_1}^{x_1+d} f(x)dx = f(x_1)(x_1 + d - x_1) = f(x_1) \cdot d$$

요약

적분은 확률밀도값이 변하는 구간에서 확률값을 구하기 위한 수학적 방법이다.

확률질량함수와 확률밀도함수의 차이

다음은 동일한 분포를 확률밀도함수와 확률질량함수로 나타낸 것이다. 보통 확률 밀도를 나타낼 때는 소문자를, 확률을 나타낼 때는 대문자를 사용한다.

1.

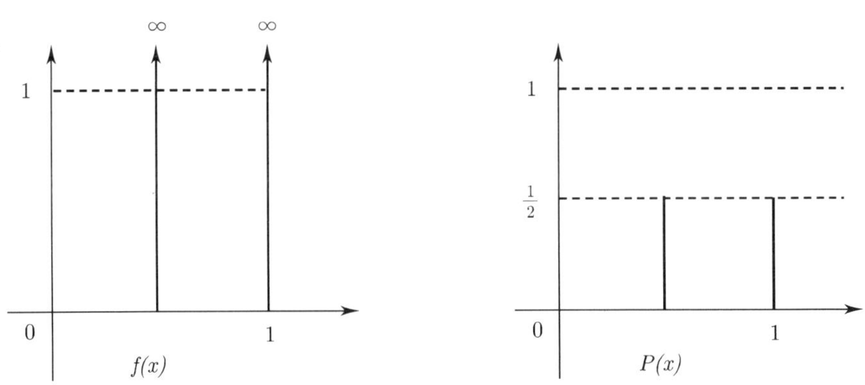

2.

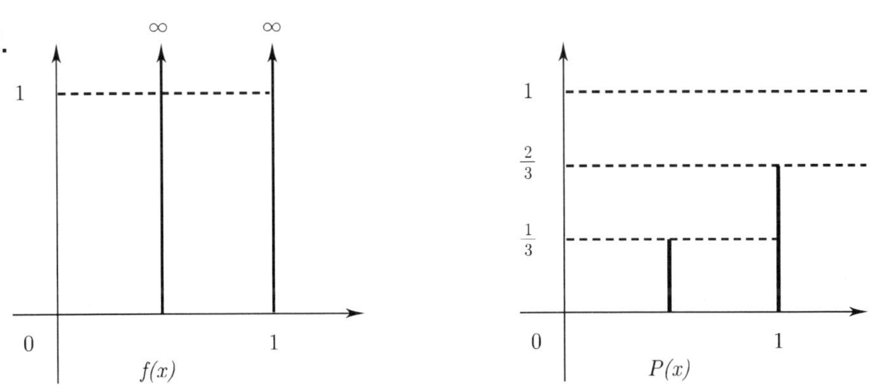

3.

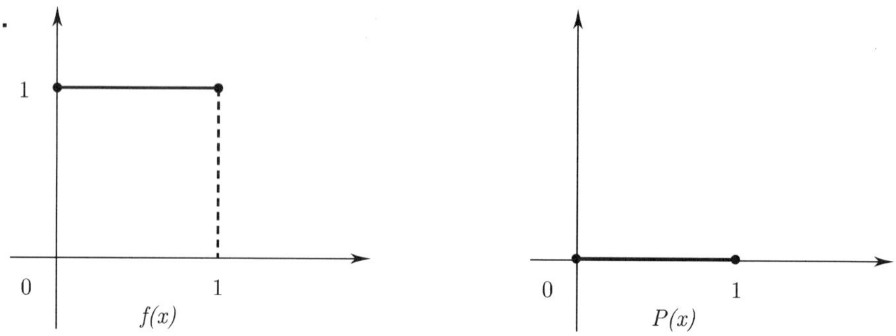

4.

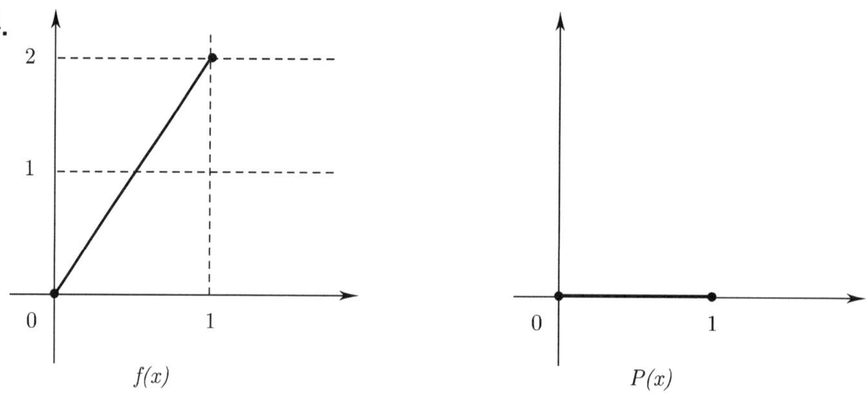

$P\left(X=\frac{1}{2}\right)=0.5$, $P(X=1)=0.5$인 확률분포에 대해 확률밀도 $f\left(X=\frac{1}{2}\right)$과 $f(X=1)$을 구해보면 ∞이 된다. 반면 확률밀도 $f(X=x)=1$ $(0 \leq x \leq 1)$인 확률분포에 대해 확률 $P(X=x)=0$ $(0 \leq x \leq 1)$이다.

확률값은 1보다 클 수 없다. 하지만 확률밀도값은 제한이 없다. 그렇다면 확률밀도 $f(X=1)=2$이라는 것은 어떤 의미인가? 분명 $X=1$의 확률이 2라는 것이 아니다! 확률값은 1보다 클 수 없다!

확률밀도 $f(X=1)=2$는 확률밀도가 1인 경우보다 확률이 2배 높다는 것으로 이해할 수 있다. 예를 들어, 확률밀도 $f\left(X=\frac{1}{2}\right)=1$, $f(X=1)=2$일 때, 여전히 $P\left(X=\frac{1}{2}\right)=0$, $P(X=1)=0$이지만, $P(X=1)=2 \cdot P\left(X=\frac{1}{2}\right)$라고 이해할 수 있다. 즉, $X=\frac{1}{2}$이 될 확률은 0에 무한히 가깝고, $X=1$가 될 확률도 0에

무한히 가깝지만, $X=1$이 될 확률은 $X=\frac{1}{2}$가 될 확률보다 2배 크다.

따라서 확률밀도값은 크기에 제한이 없다. 만약 $f(X=4)=13$이라면, 그것은 확률밀도가 1인 경우보다 확률이 13배 크다는 의미이다. 하지만 여전히 확률값은 0이다. 확률밀도값은 0보다 큰 어떤 수도 가능하지만, 확률밀도의 적분은 그렇지 않다. 모든 범위 $x_1 \sim x_2$에 대해 $\int_{x_1}^{x_2} f(x)dx$는 1보다 클 수 없다. 따라서 $0 \le x \le 1$인 모든 x에 대해 확률밀도함수 $f(X=x)=13$은 불가능하다. 왜냐하면 $\int_0^1 f(x)dx=13$이므로 1보다 크기 때문이다.

요약

확률질량함수 $P(X=x)$는 다음의 조건을 만족시킨다.

확률변수 X의 모든 가능한 경우 x_1, x_2, x_3, $\cdots$, x_n에 대해,

$$\sum P(X=x_i)=1$$

확률밀도함수 $f(X=x)$는 다음의 조건을 만족시킨다.

$$\int_{-\infty}^{\infty} f(x)dx=1$$

확률밀도함수와 확률질량함수 사이에는 다음과 같은 관계가 성립한다.

$$P(X=x)=c\,(c>0) \Rightarrow f(X=x)=\infty$$
$$f(X=x)=c\,(c<\infty) \Rightarrow P(X=x)=0$$

정규분포의 확률밀도함수 이해하기

정규분포의 확률밀도함수는 여러 가지 방식으로 나타낼 수 있지만, 가장 외우기 쉬운 식은 다음과 같다.

$$f(x) = \frac{1}{\sqrt{2\pi}\,\sigma} e^{-\frac{1}{2}(\frac{x-\mu}{\sigma})^2}$$

사실 통계학을 배운다고 해도, 위의 식을 직접 이용하는 경우는 드물어서, 굳이 외울 필요는 없지만, 위의 식을 **나름대로 이해하는 것**이 그리 어려운 것도 아니다. 대부분의 통계학 책에서 위의 확률밀도함수는 아무런 설명없이 제시된다. 여기서는 왜 $\frac{1}{\sqrt{2\pi}}$가 나오고, σ는 왜 두 번이나 등장하는지 등 확률밀도함수가 왜 그런 형태를 띄는지를 설명하고자 한다.

우선 확률분포의 모양이 종 모양을 띈다고 생각해보자.

가장 간단하게 종 모양을 그릴 수 있는 함수는 다음과 같다.

$$f(x) = e^{-x^2}$$

그래프로 그려보면 다음과 같다. $x=0$일 때, y값을 주목하자.

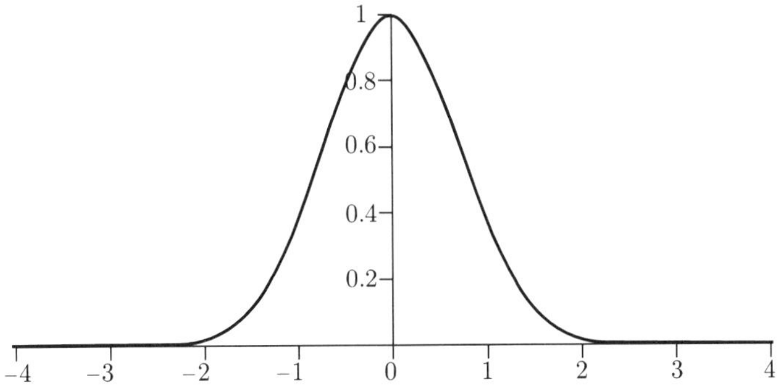

문제는 이 그래프가 확률밀도함수로써의 자격을 만족시키지 못하고 있다는 점이다. x의 가능한 영역(여기서 가능한 x의 범위는 $-\infty$에서 $+\infty$까지 실수 전체)에서 적분을 하면 1이 나와야 한다. 수학의 적분 기호를 써서 아래와 같이 표시할 수 있다.

$$\int_{-\infty}^{\infty} f(x)dx = 1$$

반면 앞에서 제시된 함수 $f(x)(-\infty < x < +\infty)$의 경우, 적분을 해보면 $\int_{-\infty}^{\infty} e^{-x^2}dx = \sqrt{\pi}$이다. 실제 적분을 하기 위해서는 미적분학을 배워야 하겠지만 적분은 쉽게 다음과 같이 생각할 수 있다. $\int_{-\infty}^{\infty} e^{-x^2}dx = \sqrt{\pi}$의 의미는 $y_1 = e^{-x^2}$과 $y_0 = 0$의 두 선 사이의 넓이를 나타낸다. 그 구체적인 값은 적분이라는 수학의 방법을 통해 구할 수 있다. 그렇게 구한 값이 $\sqrt{\pi}$라는 것이다.

따라서 확률밀도함수의 조건($\int_{-\infty}^{\infty} f(x)dx = 1$)을 만족시키기 위해 e^{-x^2}을 $\sqrt{\pi}$로 나눠준 $f(x) = \frac{1}{\sqrt{\pi}}e^{-x^2}$을 생각해보면, 이 함수는 $\int_{-\infty}^{\infty} f(x)dx = 1$을 만족한다.

이제 함수 $f(x) = \frac{1}{\sqrt{\pi}}e^{-x^2}$의 분산[4)]을 생각해보자. 확률밀도함수 $f(x)$를

4) 분산과 관련된 몇 가지 공식을 나열하면 다음과 같다.

따르는 확률변수 X의 분산은 다음과 같은 식으로 구한다. 확률밀도함수 $f(x)$가 $x=0$을 중심으로 대칭이므로, 확률변수 X의 평균은 0임을 쉽게 알 수 있다.

$$\int_{-\infty}^{\infty} f(x)(x-0)^2 dx$$

따라서 함수 $f(x)=\frac{1}{\sqrt{\pi}}e^{-x^2}$의 분산은 $\int_{-\infty}^{\infty} f(x)x^2 dx=\int_{-\infty}^{\infty}\frac{1}{\sqrt{\pi}}e^{-x^2}x^2 dx=\frac{1}{2}$이다. 이것 역시 적분을 통해 구할 수 있다.

표준정규분포는 평균이 0, 분산이 1인 정규분포를 말한다. 따라서 표준정규분포의 확률밀도함수 $f(x)$는 다음의 식을 만족해야 한다.

(1) $\int_{-\infty}^{\infty} f(x)dx=1$

(2) $\int_{-\infty}^{\infty} f(x)x dx=0$

(3) $\int_{-\infty}^{\infty} f(x)(x-0)^2 dx=1$

위의 (1)은 곡선 아래의 넓이, 즉 확률밀도함수의 총넓이가 1이어야 함을 나타내고, (2)는 주어진 확률밀도함수를 따르는 확률변수의 평균이 0이 되어야 함을(3)는 주어진 확률밀도함수를 따르는 확률변수의 분산이 1이 되어야 함을 나타낸다. 앞서 고려했던 $f(x)=\frac{1}{\sqrt{\pi}}e^{-x^2}$은 (1)과 (2)를 만족시키지만, (3)을 만족시키지 못하고 있다. (3)이 만족되도록 만들 순 없을까?

미리 정답을 얘기하자면, $f(x)=\frac{1}{\sqrt{2\pi}}e^{-\frac{1}{2}x^2}$은 (1), (2), (3)을 모두 만족한

$$\begin{aligned} Var(X) &= E[\{X-E(X)\}^2]=E(X^2)-E(X)^2 \\ &= \int_R f(x)\left(x-\int_R f(x)xdx\right)^2 dx=\int_R f(x)x^2 dx-\left[\int_R f(x)xdx\right]^2 \end{aligned}$$

다.[5] 따라서 확률밀도함수 $f(x)=\frac{1}{\sqrt{2\pi}}e^{-\frac{1}{2}x^2}$를 따르는 확률변수 X는 평균이 0, 분산이 1이다! 그래프는 다음과 같다. $x=0$일 때, y값이 달라졌음을 주목하자.

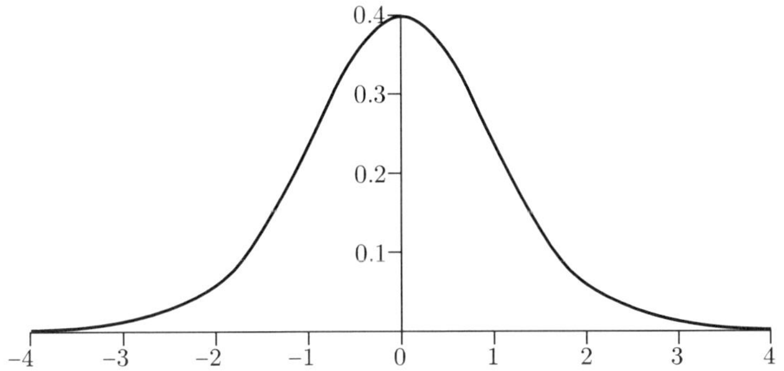

다시 한 번 정리하면, 다음의 표준정규분포의 확률밀도함수는 평균이 0이고 분산이 1인 정규분포의 확률밀도함수를 나타낸다.

$$f(x)=\frac{1}{\sqrt{2\pi}}e^{-\frac{1}{2}x^2}$$

만약 평균이 μ이고, 표준편차(분산의 양의 제곱근)가 σ인 정규분포의 확률밀도함수를 구하고 싶다면, 표준정규분포함수를 μ만큼 평행이동하고, σ만큼 늘려주면 된다. 그것은 원래의 함수에 x 대신 $x=\frac{x'-\mu}{\sigma}$를 넣어주면 된다. 그렇게 구해보면 $f'(x')=\frac{1}{\sqrt{2\pi}}e^{-\frac{1}{2}\left(\frac{x'-\mu}{\sigma}\right)^2}$가 된다. 문제는, 이때 $\int_{-\infty}^{\infty}f'(x')dx'=1$가

---

5) 곧 이어 나올 내용이지만, 주어진 확률밀도함수 $f(x)$을 x축으로 μ만큼 평행이동하고, σ^2만큼 분산(표준편차: σ)을 늘려주기 위해, x 대신에 $\frac{(x'-\mu)}{\sigma}$를 대입하고, 전체 함수를 σ로 나눠준 함수 $\frac{f(\frac{x'-\mu}{\sigma})}{\sigma}$을 구할 수 있다. 구체적으로 $f(x)=\frac{1}{\sqrt{\pi}}e^{-x^2}$의 분산 $\frac{1}{2}$를 2배 해주기 위해서 $\mu=0, \sigma=\sqrt{2}$를 적용하면 $\frac{1}{\sqrt{\pi}\sqrt{2}}e^{-\left(\frac{x'}{\sqrt{2}}\right)^2}=\frac{1}{\sqrt{2\pi}}e^{-\frac{1}{2}(x')^2}$가 되어 새로운 함수 $\frac{1}{\sqrt{2\pi}}e^{-\frac{1}{2}(x')^2}$를 구할 수 있다.

아니라 $\int_{-\infty}^{\infty} f'(x')dx' = \sigma$라는 것이다.

반면 $f'(x')/\sigma = \frac{1}{\sqrt{2\pi}\,\sigma} e^{-\frac{1}{2}\left(\frac{x'-\mu}{\sigma}\right)^2}$는 $\int_{-\infty}^{\infty} \frac{f'(x')}{\sigma} dx' = 1$을 만족시키고, 이것이 우리가 원했던 평균이 μ, 표준편차가 σ(분산이 σ^2)인 확률분포이다. 이것이 우리가 처음 봤던 정규분포의 확률밀도함수이다.

좀더 구체적으로 설명을 해보자.

예를 들어서 만약 $f(x) = \frac{1}{\sqrt{2\pi}} e^{-\frac{1}{2}x^2}$에서 $x' = 2x$, $x = \frac{x'}{2}$를 넣어서 $f(x') = \frac{1}{\sqrt{2\pi}} e^{-\frac{1}{2}\left(\frac{x'}{2}\right)^2}$을 얻었다면, 이 함수는 원래 함수와 비교하여 다음과 같이 양쪽으로 2배씩 늘어난 모양을 보인다(점선: $f(x) = \frac{1}{\sqrt{2\pi}} e^{-\frac{1}{2}x^2}$, 실선: $f(x') = \frac{1}{\sqrt{2\pi}} e^{-\frac{1}{2}\left(\frac{x'}{2}\right)^2}$).

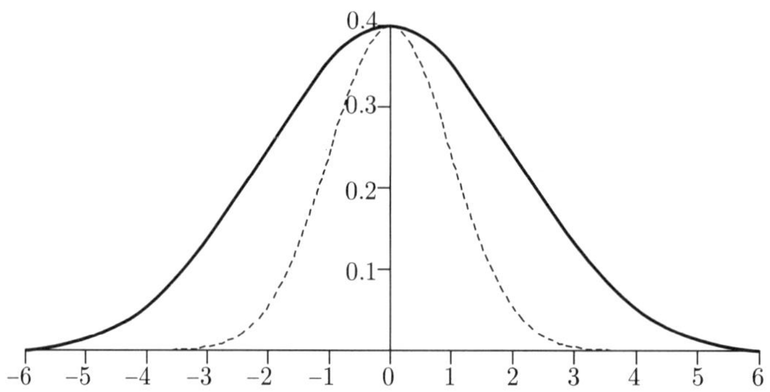

실선과 x축 사이의 넓이는 점선과 x축 사이의 넓이보다 2배 늘어났다. 그것을 원래 넓이로 만들어 주기 위해서는 새로운 함수에 2를 나눠주면 되는 것이다.

그렇게 하여 구한 함수 $f(x') = \frac{1}{\sqrt{2\pi}\,2} e^{-\frac{1}{2}\left(\frac{x'}{2}\right)^2}$는 기존의 함수 $f(x) = \frac{1}{\sqrt{2\pi}} e^{-\frac{1}{2}x^2}$와 비교하여 다음과 같다(실선: $f(x) = \frac{1}{\sqrt{2\pi}} e^{-\frac{1}{2}x^2}$, 점선: $f(x') = \frac{1}{\sqrt{2\pi}\,2} e^{-\frac{1}{2}\left(\frac{x'}{2}\right)^2}$).

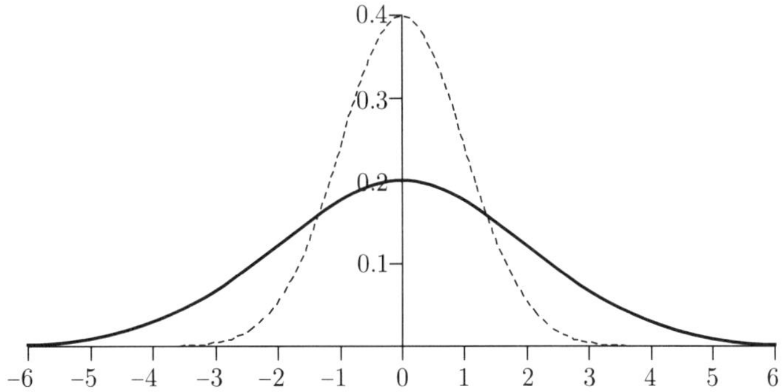

결론적으로 종 모양의 함수 $f(x)=e^{-x^2}$를 전체 넓이가 1이 되고, 평균이 μ, 분산이 σ^2가 되도록 수정한 것이 다음의 정규분포 확률밀도함수이다.

$$f(x)=\frac{1}{\sqrt{2\pi}\,\sigma}e^{-\frac{1}{2}(\frac{x-\mu}{\sigma})^2}$$

어떤 확률변수 X의 분포가 정규분포일 때, 아래와 같이 나타낼 수 있다.

$$P(X=x)=\frac{1}{\sqrt{2\pi}\,\sigma}e^{-\frac{1}{2}(\frac{x-\mu}{\sigma})^2}$$

그리고 통계학에서는 이런 확률분포를 따르는 확률변수 X를 간단하게 다음과 같이 표시한다.

$$X \sim N(\mu, \sigma^2)$$

원래 함수 $f(x)$를 x축 상에서 $+\mu$[6]만큼 평행이동하고, $x=\mu$를 중심으로

6) 여기서 x축 상의 이동거리를 평균을 나타내는 μ을 사용하여 표시하는 이유는 원래 표준정규분포(확률밀도함수: $f(x)=\frac{1}{\sqrt{2\pi}}e^{-\frac{1}{2}x^2}$)의 평균이 0이기 때문에, 그것을 x축 상으로 μ만큼 이동시킨 새로운 분포의 평균이 μ가 되기 때문이다. 평균이 μ_1인 확률변수를 x축 상으로 μ_2만큼 이동시킨 경우에는 새로운 확률변수의 평균이 $\mu_1+\mu_2$가 된다.

σ만큼 양쪽으로 늘이기 위해서 x 대신 $x = \frac{x' - \mu}{\sigma}$를 넣어주는 이유는 고등학교에서 배운다. 다음에 간략하게 정리해본다.

우선 $y = f(x)$ 위의 점 하나를 잡아서 (x_1, y_1)로 놓자. 그러면 당연히 $y_1 = f(x_1)$이 성립한다. 그 값을 μ만큼 평행이동시키기 위해서는 $x_1 + \mu$를 해주면 된다. 즉, $(x_1 + \mu, y_1)$이 그 점이다.

x_p를 $x = \mu$를 중심으로 σ배를 해주려면, $\sigma(x_p - \mu) + \mu$를 해주면 된다. 따라서 위의 $x_1 + \mu$를 $x = \mu$를 중심으로 σ배하면 $\sigma\{(x_1 + \mu) - \mu\} + \mu = \sigma x_1 + \mu$가 된다. 결과적으로 (x_1, y_1)를 x축 상에서 $+\mu$만큼 평행이동하고, $x = \mu$를 중심으로 σ만큼 양쪽으로 늘인 결과인 (x_2, y_2)는 다음과 같이 나타낼 수 있다.

$$(x_2, y_2) = (\sigma x_1 + \mu, y_1)$$

그것을 (x_1, y_1)에 대해서 풀면 다음과 같이 된다.

$$(x_1, y_1) = \left(\frac{x_2 - \mu}{\sigma},\ y_2\right)$$

이제 $y_1 = f(x_1)$에서 $(x_1,\ y_1)$ 대신에 위의 식을 대입하면$\left(x_1 = \frac{x_2 - \mu}{\sigma},\ y_1 = y_2\right)$ $y_2 = f\left(\frac{x_2 - \mu}{\sigma}\right)$가 된다. $x_1,\ y_1$은 그래프 $y = f(x)$ 위의 점이다. 그리고 그 점을 x축 상에서 $+\mu$만큼 평행이동하고, $x = \mu$를 중심으로 σ배한 점을 $(x_2,\ y_2)$라고 놓으면, 그 점은 다시 $y_2 = f\left(\frac{x_2 - \mu}{\sigma}\right)$을 만족하게 될 것이다. 따라서 $y = f\left(\frac{x - \mu}{\sigma}\right)$을 만족하는 (x, y)점들은 모두 $y = f(x)$의 점들을 x축 상에서 $+\mu$만큼 평행이동하고, $x = \mu$를 중심으로 σ배한 점들이 된다!

요약

표준정규분포의 확률밀도함수

$$P(X=x)=\frac{1}{\sqrt{2\pi}}e^{-\frac{1}{2}x^2}$$

$X \sim N(0,1)$ (통계학에서 사용하는 기호)

일반적인(평균: μ, 분산: σ)**인 정규분포**의 확률밀도힘수

$$P(X=x)=\frac{1}{\sqrt{2\pi}\,\sigma}e^{-\frac{1}{2}\left(\frac{x-\mu}{\sigma}\right)^2}$$

$$X \sim N(\mu,\sigma^2)$$

확률밀도함수 $f(x)$가 있을 때, x**축 상에서** $+d$**만큼 평행이동하고,** $x=d$**를 중심으로** σ**배한** 새로운 확률밀도함수 $g(y)$

$$g(y)=\frac{f\left(\frac{y-d}{\sigma}\right)}{\sigma}$$

컴퓨터 대수학 시스템의 활용: 정규분포를 따르는 두 확률변수의 합의 분포

두 확률변수(X_1, X_2)의 합($Y = X_1 + X_2$)의 분포를 구하는 경우를 생각해보자. 두 확률변수 X_1, X_2가 서로 독립[7]이고, 다음의 분포를 따른다고 하자.

$$X_1,\ X_2 \sim N(0,\ 1) \text{ (평균이 0이고 분산이 1인 정규분포)}$$

이때 X_1, X_2의 확률밀도함수를 $f_1(x)$, $f_2(x)$로 놓자. 그러면 새로운 확률변수 ($Y = X_1, + X_2$)의 분포는 다음과 같이 나타낼 수 있다. 확률변수 Y가 특정한 값 y가 되기 위해서는 확률변수 X_2가 x일 때 확률변수 X_1은 $y-x$가 되어야 한다.

$$g(y) = \int_{-\infty}^{\infty} f_1(y-x) f_2(x)\, dx$$

X_1, X_2가 모두 정규분포를 따르므로, $f_1(x)$, $f_2(x)$는 모두 다음과 같다.

$$f_1(x) = f_2(x) = \frac{1}{\sqrt{2\pi}} e^{-\frac{1}{2}x^2}$$

7) 확률변수 X_1, X_2가 독립이라는 것을 "$X_1 \perp X_2$"로 쓰기도 한다.

따라서 우리가 구하고자 하는 $g(y)$는 다음과 같이 전개된다.

$$\begin{aligned} g(y) &= \int_{-\infty}^{\infty} f_1(y-x)f_2(x)dx \\ &= \int_{-\infty}^{\infty} \frac{1}{\sqrt{2\pi}} e^{-\frac{1}{2}(y-x)^2} \frac{1}{\sqrt{2\pi}} e^{-\frac{1}{2}x^2} dx = \int_{-\infty}^{\infty} \frac{1}{2\pi} e^{-\frac{1}{2}\{(y-x)^2+x^2\}} dx \end{aligned}$$

Sage에서 실제로 $g(y)$를 구하기 위해서는 다음의 코드를 활용한다.

```
var("y")
integral(1/(2*pi)*exp(-1/2*((y-x)^2+x^2)),x, -oo, oo)
```

```
1/2*e^(-1/4*y^2)/sqrt(pi)
```

```
result=integral(1/(2*pi)*exp(-1/2*((y-x)^2+x^2)),x, -oo, oo)
show(result)
```

$$\frac{e^{\left(-\frac{1}{4}y^2\right)}}{2\sqrt{\pi}}$$

여기서 var("y")는 y가 변수임을 알려주고, integral(f(x), x, −oo, oo)은 f(x)를 x에 대해 $-\infty$에서 ∞까지 적분하라는 명령이다.[8] 그리고 show(result)는 결과를 수학 기호로 보여달라는 의미이다.

확률변수 X_1, X_2가 서로 독립이고, 다음과 같이 일반적인(평균이 0, 분산이 1로 정해지지 않은) 정규분포를 따른다고 할 때, $Y=X_1+X_2$의 분포를 구해 보자.

8) Sage에서 ∞은 "oo"(영문소문자 o를 두 번 적은 것)으로 나타낼 수도 있고, "infinity"라고 나타낼 수도 있다. 따라서 integral(f(x), x, −oo, oo)은 integral(f(x), x, −infinity, infinity)와 같은 명령이다. 또, Sage에서 integral 명령은 integrate 명령과 같다. 따라서 integrate(f(x), x, −infinity, infinity) 역시 같은 결과를 출력한다.

$$X_1 \sim N(\mu_1, \sigma_1^2),\ X_2 \sim N(\mu_2, \sigma_2^2),\ \ X_1 \perp X_2$$

$$f_1(x) = \frac{1}{\sqrt{2\pi}\,\sigma_1} e^{-\frac{1}{2}\left(\frac{x-\mu_1}{\sigma_1}\right)^2},\ \ f_2(x) = \frac{1}{\sqrt{2\pi}\,\sigma_2} e^{-\frac{1}{2}\left(\frac{x-\mu_2}{\sigma_2}\right)^2}$$

$$\begin{aligned} g(y) &= \int_{-\infty}^{\infty} f_1(y-x) f_2(x)\,dx \\ &= \int_{-\infty}^{\infty} \frac{1}{\sqrt{2\pi}\,\sigma_1} e^{-\frac{1}{2}\left(\frac{y-x-\mu_1}{\sigma_1}\right)^2} \frac{1}{\sqrt{2\pi}\,\sigma_2} e^{-\frac{1}{2}\left(\frac{x-\mu_2}{\sigma_2}\right)^2} dx \\ &= \int_{-\infty}^{\infty} \frac{1}{2\pi\sigma_1\sigma_2} e^{-\frac{1}{2}\left\{\left(\frac{y-x-\mu_1}{\sigma_1}\right)^2 + \left(\frac{x-\mu_2}{\sigma_2}\right)^2\right\}} dx \end{aligned}$$

```
var("m1 m2 s1 s2")
assume(s1>0)
assume(s2>0)
var("Y")
show(integral(1/(2*pi*s1*s2)*exp(-1/2*(((Y-x-m1)/s1)^2+((x-m2)/s2)^2)),x,-oo, oo))
```

$$\frac{\sqrt{2}\, e^{\left(\frac{2(m_1+m_2)Y - Y^2 - m_1^2 - 2m_1m_2 - m_2^2}{2(s_1^2+s_2^2)}\right)}}{2\sqrt{s_1^2+s_2^2}\,\sqrt{\pi}}$$

여기서는 Sage 출력에서 y가 식별하기 힘들기 때문에, Y로 고쳐 적었고, 표준편차를 나타내는 s1, s2(분산은 각 변수를 제곱한 값 s1^2, s2^2)은 0보다 크다는 가정을 하지 않으면, Sage가 계산과정에서 멈추기 때문에 “assume” 명령을 이용하여, s1, s2가 모두 0보다 크다고 명시해 주었다.

위의 결과에서 지수함수의 괄호 안의 수식은 인수분해가 된다. 먼저 괄호 안의 수식을 얻기 위해 show명령을 제외하고 다음과 같이 적분을 한 결과에서 지수함수의 지수에 해당하는 부분을 복사한다.

```
integral(1/(2*pi*s1*s2)*exp(-1/2*(((Y-x-m1)/s1)^2+((x-m2)/s2)^2)),x,-oo, oo)
```

```
1/2*sqrt(2)*e^(1/2*(2*(m1 + m2)*Y - Y^2 - m1^2 - 2*m1*m2 - m2^2)/(s1^2 +
s2^2))/(sqrt(s1^2 + s2^2)*sqrt(pi))
```

그리고 복사한 부분을 "factor" 명령을 써서 인수분해한다.

```
show(factor(1/2*(2*(m1 + m2)*Y - Y^2 - m1^2 - 2*m1*m2 - m2^2)/(s1^2 +s2^2)))
```

$$\frac{-(Y-m_1-m_2)^2}{2(s_1^2+s_2^2)}$$

따라서 $P(Y=y)$는 다음과 같은 함수이다(여기서 y 대신 Y를 썼다).

$$\frac{\sqrt{2}\, e^{\left(\frac{-(Y-m_1-m_2)^2}{2(s_1^2+s_2^2)}\right)}}{2\sqrt{s_1^2+s_2^2}\,\sqrt{\pi}}$$

이 함수는 다음과 같이 전개되고, 그 결과는 평균 m_1+m_2, 분산 $s_1^2+s_2^2$인 정규분포과 일치한다.

$$\frac{\sqrt{2}\, e^{\left(\frac{-(Y-m_1-m_2)^2}{2(s_1^2+s_2^2)}\right)}}{2\sqrt{s_1^2+s_2^2}\,\sqrt{\pi}} = \frac{e^{\left(\frac{-(Y-(m_1+m_2))^2}{2(s_1^2+s_2^2)}\right)}}{\sqrt{2\pi}\,\sqrt{s_1^2+s_2^2}}$$

$$= \frac{e^{-\frac{1}{2}\left\{\frac{(Y-(m_1+m_2))}{\sqrt{s_1^2+s_2^2}}\right\}^2}}{\sqrt{2\pi}\,\sqrt{s_1^2+s_2^2}}$$

이 결과를 이용하여 일반적인 Y의 확률밀도함수를 정의해보자.

```
var("Y")
def f(m1,m2,s1,s2):
    r=integral(1/(2*pi*s1*s2)*exp(-1/2*(((Y-x-m1)/s1)^2+((x-m2)/s2)^2)),x,-oo, oo)
    return r
f(m1,m2,s1,s2)
```

```
1/2*sqrt(2)*e^(1/2*(2*(m1 + m2)*Y - Y^2 - m1^2 - 2*m1*m2 - m2^2)/(s1^2 +
s2^2))/(sqrt(s1^2 + s2^2)*sqrt(pi))
```

이제 함수 f를 사용하여, 평균 m1, 표준편차 s1의 정규분포를 따르는 확률변수 X_1와 평균 m2, 표준편차 s2를 따르는 확률변수 X_2가 있고, 서로 독립일 때, X_1+X_2의 확률밀도함수를 f(m1,m2,s1,s2)을 통해 쉽게 얻을 수 있다.

그리고 함수 f를 사용하여 특정한 m1, m2, s1, s2일 때의 확률밀도함수의 그래프를 그려볼 수 있다. 예를 들어서 m1=0, m2=3, s1=1, s2=3일 때 확률밀도함수는 다음과 같다(Y 다음의 −6, 12는 그래프에서 Y의 범위를 나타낸다).

```
plot(f(0,3,1,3), Y, -6,12)
```

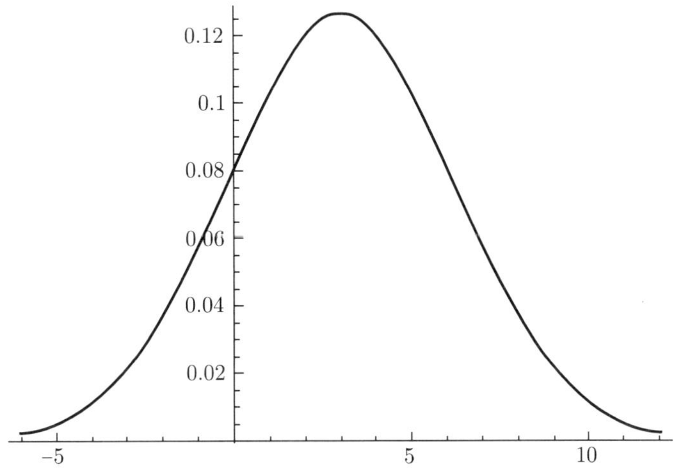

요약

Sage의 기본적인 명령어는 다음과 같다.

Sage 명령/기호	결과
var("a")	a를 변수로 지정한다.
integral(f(x), x, a, b)	정적분 $\int_a^b f(x)dx$ 을 계산한다.
integral(f(x), x)	부정적분 $\int f(x)dx$ 을 계산한다.
assume(a>0)	a>0을 가정한다.
factor(f(x))	f(x)를 인수분해한다.
show(f(x))	f(x)를 수학 기호로 표시한다.
define f(a, b, c, ...): return r	a, b, c, ...를 입력받아 r를 결과로 내놓는 함수 f를 정의한다.
plot(f(x), x, a, b)	x의 범위 a~b에서 f(x)의 그래프를 그린다.
oo, infinity	∞

Sage를 통해 다음을 보였다.

$$X_1 \sim N(\mu_1, \sigma_1^2),\ X_2 \sim N(\mu_2, \sigma_2^2),\ \ X_1 \perp X_2,\ Y = X_1 + X_2$$

$$\Downarrow$$

$$Y \sim N(\mu_1 + \mu_2, \sigma_1^2 + \sigma_2^2)$$

두 정규분포의 합

$X_1 \sim N(\mu_1, \sigma_1^2)$, $X_2 \sim N(\mu_2, \sigma_2^2)$이고, 서로 독립일 때, $X = X_1 + X_2$라고 놓자. 이때, X는 두 확률변수 X_1, X_2의 합으로 정의된 확률변수이고, 앞에서 보인 바와 같이 다음의 분포를 따른다.

$$X \sim N(\mu_1 + \mu_2, \sigma_1^2 + \sigma_2^2)$$

다음 그래프는 X_1의 평균(μ_1)과 X_2의 평균(μ_2)의 차이($d = \mu_2 - \mu_1$)에 따른 X의 분포를 보여준다(실선: X의 분포, 두 점선: X_1, X_2의 분포). 편의상 $\mu_1 + \mu_2 = 0$, $\sigma_1^2 = \sigma_2^2 = 1$로 통일하였다. 따라서 왼쪽 위에서부터 오른쪽 아래까지 각 그래프에서 (μ_1, μ_2)는 $\left(-\frac{1}{2}, \frac{1}{2}\right)$, $(-1, 1)$, $\left(-\frac{3}{2}, \frac{3}{2}\right)$, $(-2, 2)$이 된다. $\mu_1 + \mu_2 = 0$이므로 X의 평균은 0이고, 분산은 $\sigma_1^2 + \sigma_2^2 = 2$이다. $X \sim N(\mu_1 + \mu_2, \sigma_1^2 + \sigma_2^2)$임을 기억하자. 아래의 그래프에서 점선 분포를 따르는 **두 확률변수**(X_1, X_2)**를 더해서 만든 새로운 확률변수**(X)의 분포가 실선이 된다. 두 확률변수의 평균의 차이($d = \mu_2 - \mu_1$)가 늘어남에 따라 확률변수 X_1, X_2의 분포의 위치가 서로 멀어지지만, 평균의 합과 분산의 합이 0과 2로 동일하기 때문에 두 확률변수의 합(X)의 분포는 변하지 않는다.

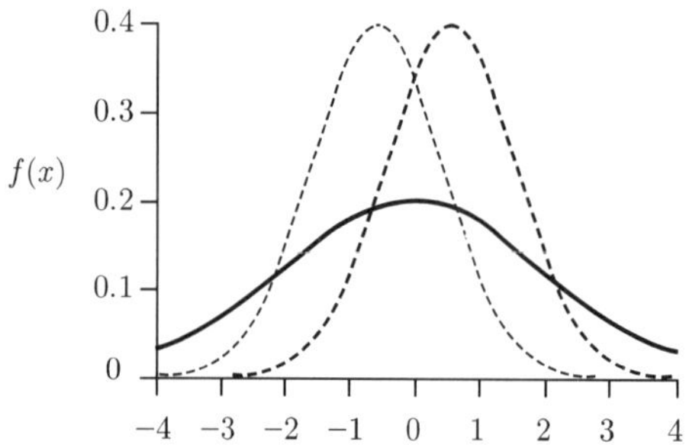

$d = 1$

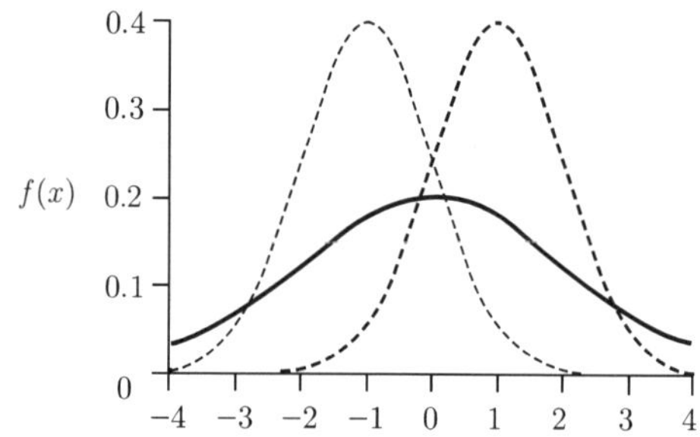

$d = 2$

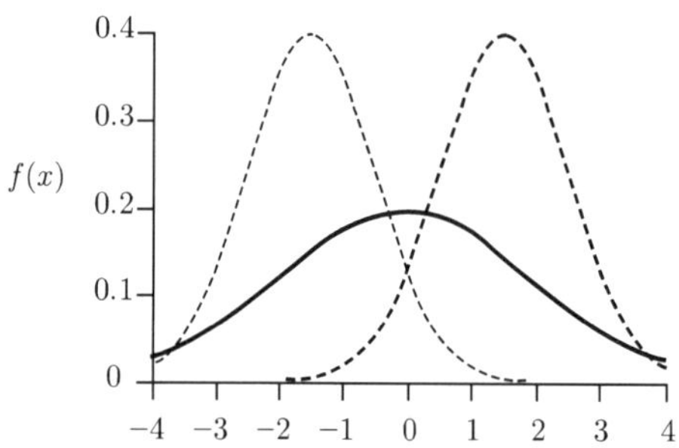

$d = 3$

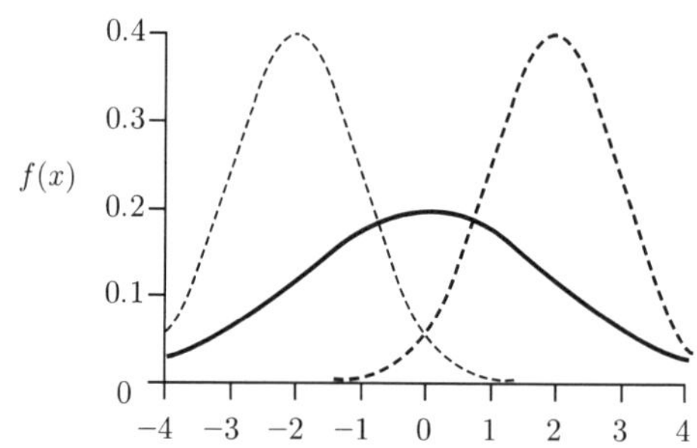

$d = 4$

정규분포를 따르는 두 **확률변수의 합**의 분포에 대해 알아보았다. 만약 **정규분포를 합**한다면? 확률변수를 합하는 것이 아니라, 분포 자체를 합한다고(혹은 섞는다고) 생각을 해보자.

$X_1 \sim N(\mu_1,\ \sigma_1^2)$, $X_2 \sim N(\mu_2,\ \sigma_2^2)$라고 할 때, X_1, X_2의 분포는 X_1, X_2의 확률밀도함수 $f_1(x_1)$, $f_2(x_2)$로 나타낼 수 있다. 그 구체적인 함수는 아래와 같다.

$$f_1(X_1 = x_1) = \frac{1}{\sqrt{2\pi}\,\sigma_1} exp\left(-\frac{1}{2}\left(\frac{x_1 - \mu_1}{\sigma_1}\right)^2\right)$$

$$f_2(X_2 = x_2) = \frac{1}{\sqrt{2\pi}\,\sigma_2} exp\left(-\frac{1}{2}\left(\frac{x_2 - \mu_2}{\sigma_2}\right)^2\right)$$

이 두 분포를 합한다는 의미는 두 확률밀도함수 f_1, f_2를 합해서 새로운 확률밀도함수를 만든다는 의미이다. 예를 들어 새로운 확률밀도함수 f를 $f(x)=f_1(x)+f_2(x)$로 정의해보자. 하지만 여기서 주의해야 할 점은 어떤 함수가 확률밀도함수가 되기 위해서는 $\int_{-\infty}^{\infty} f(x)dx=1$을 만족해야 한다. 앞선 $f=f_1+f_2$의 경우엔 다음과 같다. $\int_{-\infty}^{\infty} f=\int_{-\infty}^{\infty} f_1+f_2=\int_{-\infty}^{\infty} f_1+\int_{-\infty}^{\infty} f_2=1+1=2$. $\int_{-\infty}^{\infty} f(x)dx=1$를 만족하게 만드는 가장 간단한 방법은 $f(x)=\dfrac{f_1(x)+f_2(x)}{2}$로 정의하는 것이나.

새로운 확률밀도함수 $f(x)$를 따르는 새로운 확률변수를 X라고 하자. 따라서 $P(a \le X \le b)=\int_a^b f(x)dx$를 만족한다. 확률변수 X를 확률변수 X_1과 X_2로 나타낼 수도 있을까? 그것을 위해서 우선 X_1, X_2와 독립인 새로운 확률변수 I를 도입하자. I의 확률분포를 다음과 같다.

i	$P(I=i)$
0	$\frac{1}{2}$
1	$\frac{1}{2}$

이때, X는 $X=IX_1+(1-I)X_2$라고 정의한다면, X의 분포는 확률밀도함수 $f(x)$가 나타내는 분포와 동일하다. 그것을 확인해보자. 확률변수 I의 값에 따라 확률변수 X는 다음과 같다.

i	$P(I=i)$	$I=i$일 때, X
0	$\frac{1}{2}$	X_2
1	$\frac{1}{2}$	X_1

따라서 $P(a \le X \le b) = \frac{1}{2}P(a \le X_1 \le b) + \frac{1}{2}P(a \le X_2 \le b)$로 나타낼 수 있고, 확률변수 X의 분포를 나타내는 확률밀도함수 $f(X=x)$는 X_1, X_2의 분포를 나타내는 확률밀도함수 f_1, f_2를 이용하여 다음과 같이 나타낼 수 있다.

$$f(x) = \frac{f_1(x) + f_2(x)}{2}$$

이때 X의 분포를 혼합정규분포mixed normal distribution라고 부른다. 다음 그래프는 $d = \mu_2 - \mu_1$에 따른 X의 확률분포를 보여준다($\mu_1 + \mu_2 = 0$, $\sigma_1^2 = \sigma_2^2 = 1$).

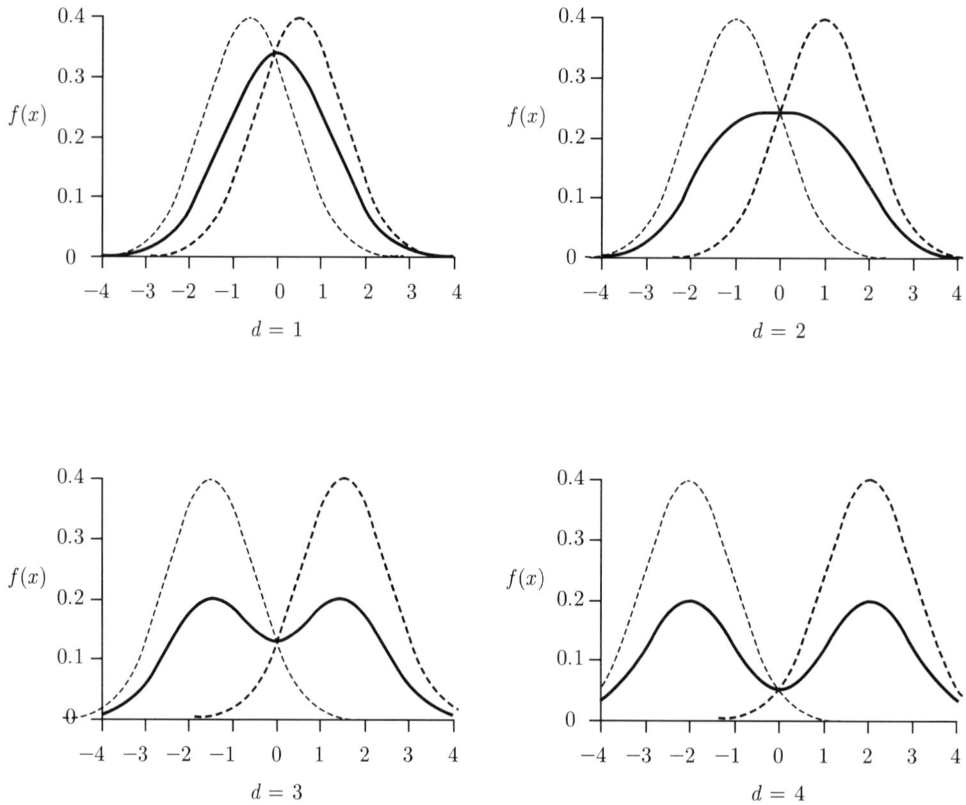

여기서 $X = X_1 + X_2$과 $X = IX_1 + (1-I)X_2$의 차이를 다시 한 번 짚고 넘어가자.

$X = X_1 + X_2$에서 확률변수 X는 정규분포를 따르는 확률변수 X_1과 X_2를 더한 것이고, $X = IX_1 + (1-I)X_2$에서 X의 확률분포는 X_1의 확률분포와 X_2의 확률분포을 평균한 분포이다. 두 확률분포를 더하면, 총넓이가 2가 되므로, 확률분포가 되기 위해선 2로 나눠야 한다.

다음은 확률변수 X_1, X_2의 분산이 다른 경우이다($\sigma_1 \neq \sigma_2$).

$$X_1 \sim N(\mu_1,\ \sigma_1^2),\ X_2 \sim N(\mu_2,\ \sigma_2^2),\ \mu_1 + \mu_2 = 0,\ \mu_2 - \mu_1 = d,\ \sigma_1^2 = 1,\ \sigma_2^2 = 2$$
$$X = X_1 + X_2$$

분산이 다른 두 정규분포를 따르는 확률변수를 더해도, 새로운 확률변수는 정규분포를 따른다. 그리고 그 모양은 평균의 차이에 상관없이 기존의 확률변수의 분산의 합에 의해 결정된다(정규분포에서 평균은 분포의 위치를, 분산은 분포의 모양을 결정한다는 것을 다시 한 번 유의하자).

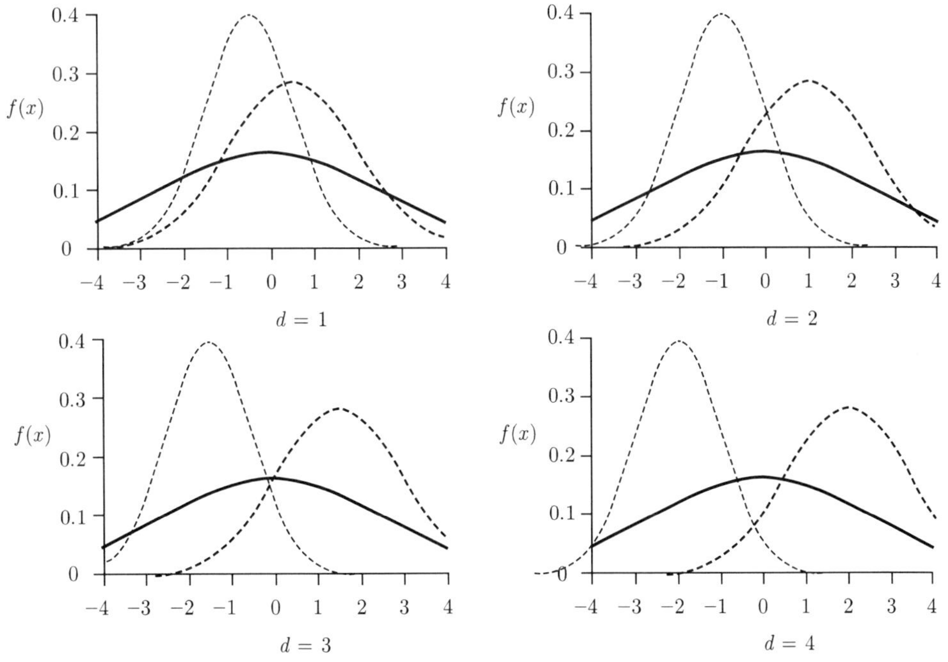

반면, 분산이 다른 두 정규분포의 평균을 새로운 확률변수의 분포로 만들면, 정규분포와 확연히 다른 분포가 만들어진다. 다음의 예를 보자.

$$X_1 \sim N(\mu_1,\ \sigma_1^2),\ X_2 \sim N(\mu_2,\ \sigma_2^2),\ \mu_1 + \mu_2 = 0,\ \mu_2 - \mu_1 = d,\ \sigma_1^2 = 1,\ \sigma_2^2 = 2$$

$$X = IX_1 + (1-I)X_2$$

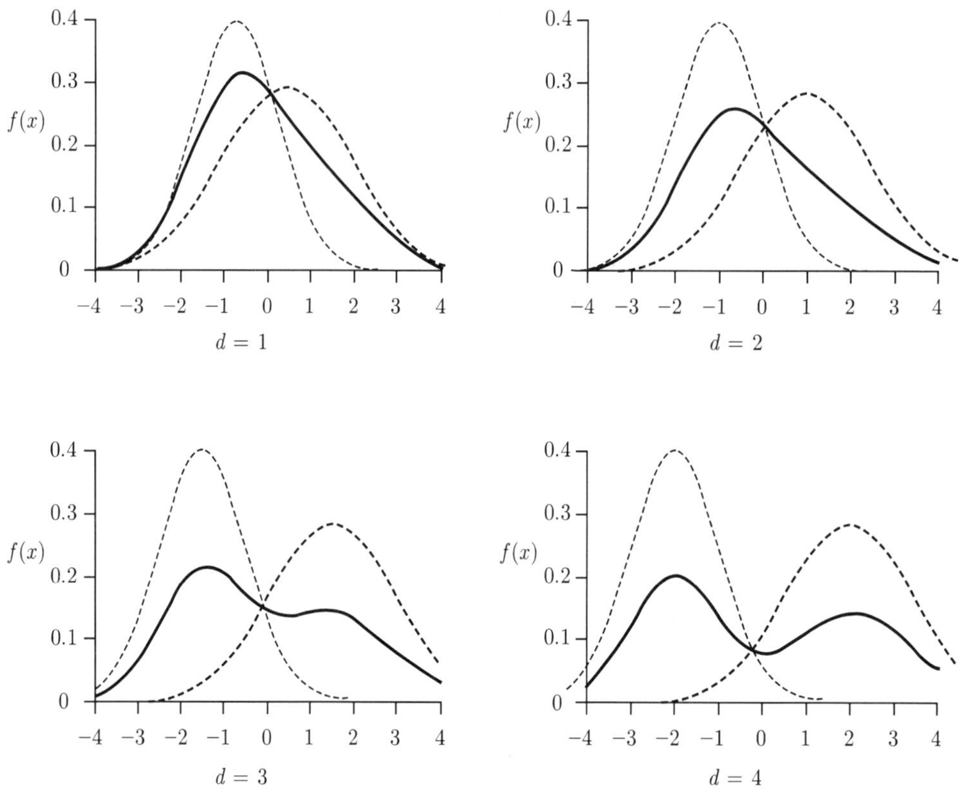

두 확률변수의 합(또는 평균)과 두 분포의 평균은 실제 생활에서 어떻게 구분될까? 예를 들어서, 전체 인구에서 남자의 키의 분포와 여자의 키의 분포가 $N(175, 10^2)$, $N(160, 10^2)$이고, 남녀의 성비가 1 : 1 이라고 가정해보자. 이때 무작위로 남자 한 명, 여자 한 명을 뽑아서 그들의 키의 평균을 구하면, $N\left(\frac{175+160}{2}, \frac{10^2}{2}\right)$의 분포를 띈다. 반면 전체 인구에서 무작위로(남녀 구분없이) 한 명을 뽑아 그

키를 측정한다면, 혼합정규분포를 띈다.

전체 인구에서 무작위로 남자 10명, 여자 10명의 표본을 추출하여, 남자의 평균키$\left(\sim N\left(175, \frac{10^2}{10}\right)\right)$과 여자의 평균키$\left(\sim N\left(165, \frac{10^2}{10}\right)\right)$을 평균하면, $N\left(\frac{175+165}{2},\ 2 \cdot \frac{10^2}{10}\right)$를 따르는 정규분포를 띈다. 반면, 전체 인구에서 남녀에 상관없이 무작위로 20명을 뽑아 평균키를 구하면 매우 복잡한 혼합정규분포를 띈다. 그것은 무작위로 뽑은 20명 중 남자가 몇 명이고, 여자가 몇 명이 될 지 미리 알 수 없기 때문이다. 만약 남자가 10명이고, 여자가 10명이 된다는 것을 미리 안다면, 앞의 상황과 동일해진다. 하지만 그것을 미리 알 수 없기 때문에 남자가 모두 20명이 되는 매우 희귀한 경우와, 남자와 여자의 비율이 비슷한 경우 등을 모두 고려하여 그 분포를 구하여야 한다.

요약

정규분포를 따르는 두 확률변수의 평균의 분포와 두 정규분포를 평균한 분포는 다음과 같이 나타낼 수 있고, 그 분포가 대부분의 경우 확연히 다르다.
정규분포를 따르는 두 확률변수 X_1, X_2의 평균

$$X = \frac{X_1 + X_2}{2}$$

X는 정규분포를 따른다.
두 정규분포를 평균한 분포를 따르는 확률변수

$$X = IX_1 + (1-I)X_2 \ \ (P(I=1) = P(I=0) = \frac{1}{2})$$

X는 혼합정규분포를 따른다.

두 정규분포의 합: Sage의 활용

아래와 같이 정규분포의 확률밀도함수 fNormal과 정규분포를 따르는 두 확률변수의 합의 확률밀도함수를 나타내는 fN_summed, 두 정규분포를 합친 새로운 분포의 확률밀도함수를 나타내는 fN_mixed를 정의한다.

```
def fNormal(x, mu, sd1):
    return 1/sqrt(2*pi*sd1^2)*exp(-1/2*((x-mu)/sd1)^2)

def fN_summed(x, mu1, mu2, sd1, sd2):
    return fNormal(x, mu1+mu2, sqrt(sd1^2+sd2^2))

def fN_mixed(x, mu1, mu2, sd1, sd2, p1):
    return p1*fNormal(x, mu1, sd1)+(1-p1)*fNormal(x, mu2, sd2)
```

먼저 정규분포를 따르는 두 확률변수의 합의 분포를 그려보자.

```
a=plot(fNormal(x,1,1), (x,-3,3),linestyle=":")
b=plot(fNormal(x, -1,1), (x,-3,3),linestyle=":")
c=plot(fN_summed(x, -1,1,1,1), (x, -3,3),linestyle="-")
show(a+b+c)
```

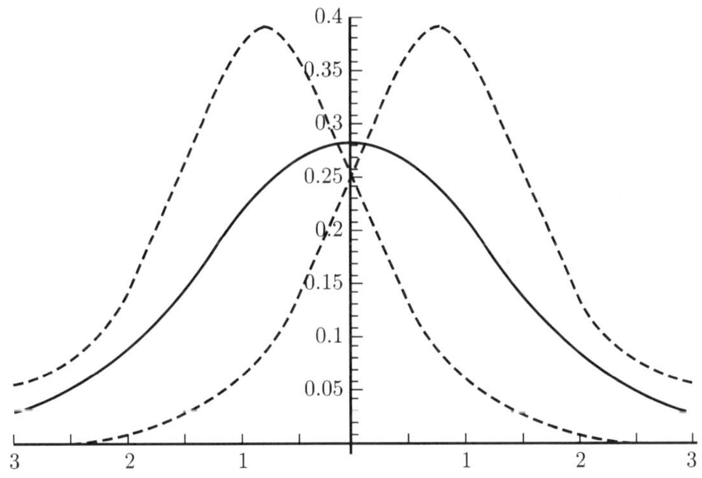

다음은 혼합정규분포의 분포이다.

```
a=plot(fNormal(x,1,1), (x,-3,3),linestyle=":")
b=plot(fNormal(x, -1,1), (x,-3,3),linestyle=":")
c=plot(fN_mixed(x, -1,1,1,1,1/2), (x, -3,3),linestyle="-")
show(a+b+c)
```

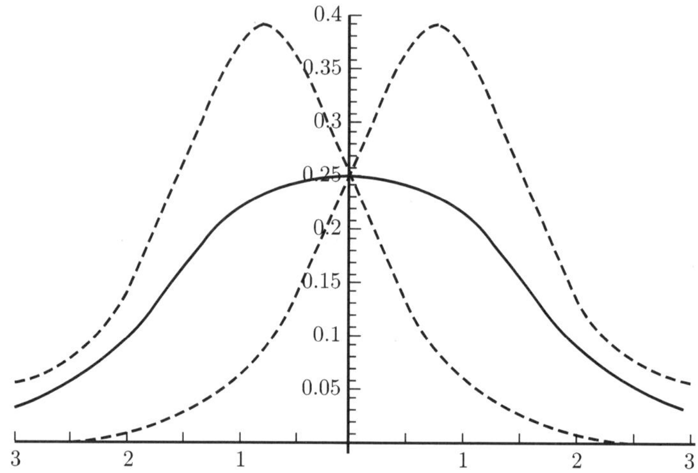

“linestyle=”을 활용하면, 함수를 구분하기 쉽게 그릴 수 있다. 다음의 예가 linestyle의 활용방법을 잘 보여줄 수 있을 것이다. 참고로 linestyle=“ ”는 아무 것도 표시하지 않는다.

```
a=plot(4, (-3,3), linestyle="-")
b=plot(3, (-3,3), linestyle="--")
c=plot(2, (-3,3), linestyle="-.")
d=plot(1, (-3,3), linestyle=":")
e=plot(0, (-3,3), linestyle=" ")
show(a+b+c+d+e)
```

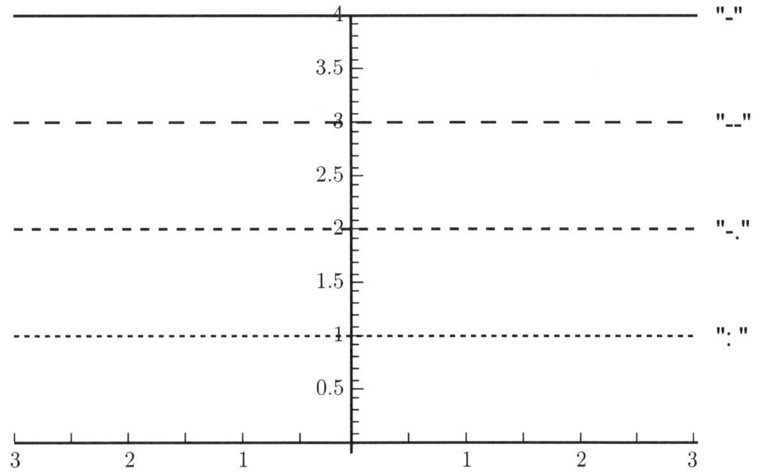
"-"
"--"
"-."
":"
4
3.5
3
2.5
2
1.5
1
0.5
3
2
1
1
2
3

왜 평균절대편차 대신 표준편차를 쓸까? 왜 중앙값이 아니라 평균인가?

주어진 값들의 퍼짐 정도를 나타내는 분산variance은 다음과 같이 구한다.

$$\sigma^2 = \frac{\sum_{i=1}^{n}(x_i - \bar{x})^2}{n}$$

분산은 평균과 각 값의 차이를 제곱한 값들의 평균이다. 처음 분산을 배웠을 때, 왜 제곱을 해야 하는지 의아했을 것이다. 물론 편차($x_i - \bar{x}$; 각 값에서 평균을 뺀 값)를 모두 더하면 항상 0이 되므로, 편차의 평균은 항상 0이다.[9] 그렇기에 편차의 제곱의 평균을 구한다고 설명할 수도 있지만 어딘지 꺼림직하다. 편차의 절대값(절대편차absolute deviation)을 평균할 수도 있지 않은가? 각 값과 평균의 편차의 절대값을 평균한 값을 평균절대편차average absolute deviation라 하고 식은 다음과 같다.

---

9) $\sum_{i=1}^{n}(x_i - \bar{x}) = 0$. 평균의 정의에 의해 $\frac{\sum_{i=1}^{n}x_i}{n} = \bar{x}$이므로, 양변에 n를 곱하면, $\sum_{i=1}^{n}x_i = n\bar{x}$, 평균을 왼쪽으로 옮기면 $\sum_{i=1}^{n}x_i - n\bar{x} = 0$이 되는데, $n\bar{x}$는 $\sum_{i=1}^{n}\bar{x}$과 같으므로($\bar{x}$가 i에 따라 변하는 값이 아니므로, $\sum_{i=1}^{n}\bar{x}$는 $\bar{x}$를 n번 더한 값과 같다.) $\sum_{i=1}^{n}x_i - n\bar{x} = \sum_{i=1}^{n}(x_i - \bar{x}) = 0$이 성립한다.

$$AAD = \frac{\sum_{i=1}^{n} |x_i - \bar{x}|}{n} \qquad (AAD\text{: Average Absolute Deviation})$$

왜 분산을 사용하는지에 대해 알아보기 전에 분산과 절대편차를 구하는 식을 좀더 자세히 살펴보자. 위의 분산을 구하는 식에서 평균 $\bar{x}$는 $\bar{x} = \frac{\sum_{i=1}^{n} x_i}{n}$이지만, 다른 값을 넣어볼 수도 있지 않을까?

$\bar{x}$를 변수 p로 대치한 다음의 식 $\sigma_p^2 = \frac{\sum_{i=1}^{n}(x_i \quad p)^2}{n}$를 p를 중심으로 한 분산이라고 정의하자. x_i값이 주어졌을 때, p값에 따른 σ_p^2의 변화를 살펴보면 재미있는 현상을 볼 수 있다.

구체적으로 $x_1 = 1$, $x_2 = 2$, $x_3 = 5$인 경우를 생각해보자.

$\sigma_p^2 = \frac{(1-p)^2 + (2-p)^2 + (5-p)^2}{3}$이고, 이것을 p-좌표 위의 그래프로 그려보면 다음과 같다.

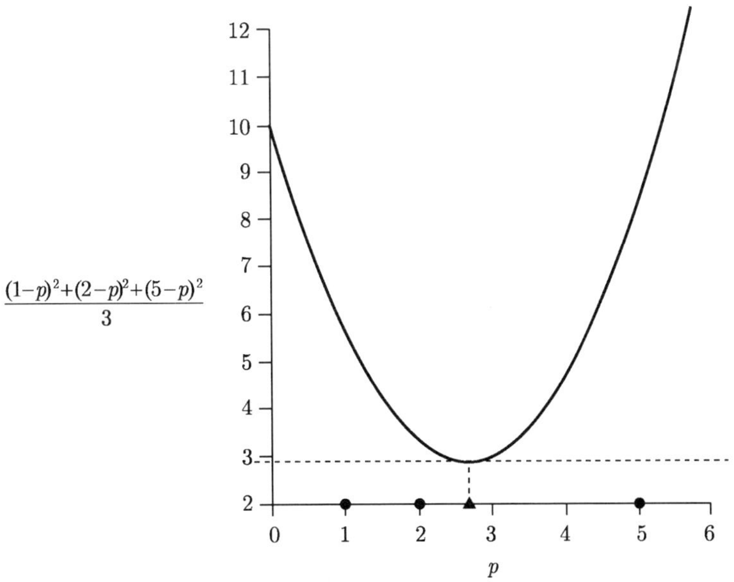

자료의 수가 많아지더라도 σ_p^2은 항상 p의 2차 함수 꼴로 나타난다. 그리고 σ_p^2의 최소값은 p가 x_i의 평균일 때 나타난다. 평균을 특정한 관찰값들의 대푯값이라 생각하고, 분산을 대푯값으로부터 각 관측값들이 얼마나 넓게 퍼져 있는지를 정량화한 값이라고 생각한다면, 대푯값은 분산(자료들이 퍼져 있는 정도)을 최소로 해야 할 것이다. 따라서 분산을 최소화하는 평균을 대푯값으로 정하는 것이 자연스러워 보인다.

하지만 주어진 값들이 어떤 값을 중심으로 얼마나 퍼져 있는지를 정량화하는 방법은 분산만 있는 것이 아니다. 평균절대편차를 쓰면 어떨까? 변수 p를 중심으로 평균절대편차를 구하는 식은 다음과 같다.

$$D_p = \frac{\sum_{i=1}^{n} |x_i - p|}{n}$$

앞에서와 마찬가지로 p값의 변화에 따른 D_p값을 그래프로 그려보면 다음과 같다.

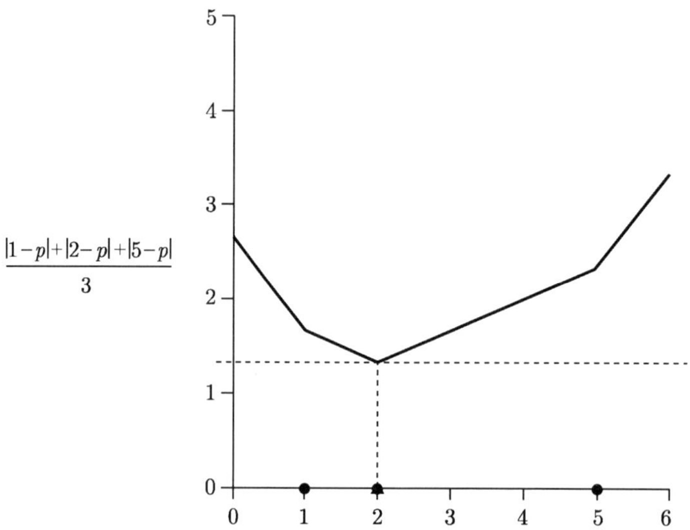

평균절대편차의 경우에도 주어진 값의 수(n)가 그래프의 모양에 큰 영향을 미치지 못한다. 함수의 모양은 항상 주어진 값 x_i에서 꺽어진 직선의 모양으로 나타난다. 그리고 최소값은 항상 자료의 중앙값에서 나타난다. 따라서 평균절대편차를 가지고 주어진 값들이 얼마나 퍼져 있는지를 측정할 때, 대푯값을 중앙값으로 쓰는 것이 자연스럽다.

그렇다면 왜 거의 대부분의 경우 평균절대편차 대신 분산을 쓰는 것일까?

그것을 설명하기 위해 먼저 최대 가능도 방법maximum likelihood method(혹은 최대우도 방법이라고도 한다)을 알 필요가 있다. 최대 가능도 방법이란 모수를 추정함에 있어, 주어진 값이 나올 확률이 가장 큰 모수를 사용하는 것이다.

예를 들어서 어떤 값을 측정할 확률분포가 아래의 정규분포를 따른다고 해보자. 그리고 우리에게 주어진 값들은 이 확률분포에서 독립적으로 측정된 것이라 생각하자.

$$f(x) = \frac{1}{\sqrt{2\pi}\,\sigma} e^{-\frac{1}{2}(\frac{x-\mu}{\sigma})^2}$$

위의 정규분포는 두 개의 모수 μ, σ가 있는데, 이 두 수가 결정되면 확률분포 $f(x)$를 결정할 수 있다. 이 두 개의 모수 μ, σ를 어떻게 추정할 것인가? 최대 가능도 방법은 주어진 값이 나타날 확률을 가장 크게 하는 모수를 찾아서 그 값을 사용한다.

$f(x) = \frac{1}{\sqrt{2\pi}\,\sigma} e^{-\frac{1}{2}(\frac{x-\mu}{\sigma})^2}$을 따르는 x값(x_1, x_2, $\cdots$, x_n)을 실제로 관찰하였다. 이 값을 가지고 모수 μ, σ를 추정할 때, x_1, x_2, $\cdots$, x_n을 관찰할 확률(확률밀도)를 최대가 되게 하는 μ, σ을 구하는 방법은 다음과 같다.

관찰값(x_1, x_2, $\cdots$, x_n)이 주어졌고, 그 값들이 서로 독립적으로 얻어졌을 때, 그 값들을 동시에 얻을 확률밀도인 $f(x_1)f(x_2)\cdots f(x_n)$을 최대로 하는 μ, σ를 구하기 위해서는 $f(x_1)f(x_2)\cdots f(x_n)$를 먼저 구해야 한다.

$f(x) = \frac{1}{\sqrt{2\pi}\,\sigma} e^{-\frac{1}{2}(\frac{x-\mu}{\sigma})^2}$ 이므로 $f(x_1)f(x_2)\cdots f(x_n)$는 다음과 같이 전개할 수 있다.

$$f(x_1)f(x_2)\cdots f(x_n) = \frac{1}{\sqrt{2\pi}\,\sigma} e^{-\frac{1}{2}\left(\frac{x_1-\mu}{\sigma}\right)^2} \frac{1}{\sqrt{2\pi}\,\sigma} e^{-\frac{1}{2}\left(\frac{x_2-\mu}{\sigma}\right)^2} \cdots \frac{1}{\sqrt{2\pi}\,\sigma} e^{-\frac{1}{2}\left(\frac{x_n-\mu}{\sigma}\right)^2}$$

(지수 법칙($e^a e^b = e^{a+b}$)에 따라 공통된 지수의 밑(e)를 합친다.)

$$= \frac{1}{(2\pi)^{n/2}\sigma^n} e^{-\frac{1}{2}\left(\frac{x_1-\mu}{\sigma}\right)^2 - \frac{1}{2}\left(\frac{x_2-\mu}{\sigma}\right)^2 - \cdots - \frac{1}{2}\left(\frac{x_n-\mu}{\sigma}\right)^2}$$

(e의 지수에 반복적으로 나타나는 $-\frac{1}{2}$을 합친다.)

$$= \frac{1}{(2\pi)^{n/2}\sigma^n} e^{-\frac{1}{2}\left[\left(\frac{x_1-\mu}{\sigma}\right)^2 + \left(\frac{x_2-\mu}{\sigma}\right)^2 + \cdots + \left(\frac{x_n-\mu}{\sigma}\right)^2\right]}$$

(e의 지수에 반복적으로 나타나는 $\frac{1}{\sigma^2}$을 합친다.)

$$= \frac{1}{(2\pi)^{n/2}\sigma^n} e^{-\frac{1}{2\sigma^2}\left[(x_1-\mu)^2 + (x_2-\mu)^2 + \cdots + (x_n-\mu)^2\right]}$$

e^{-x} 함수는 다음과 같이 나타난다.

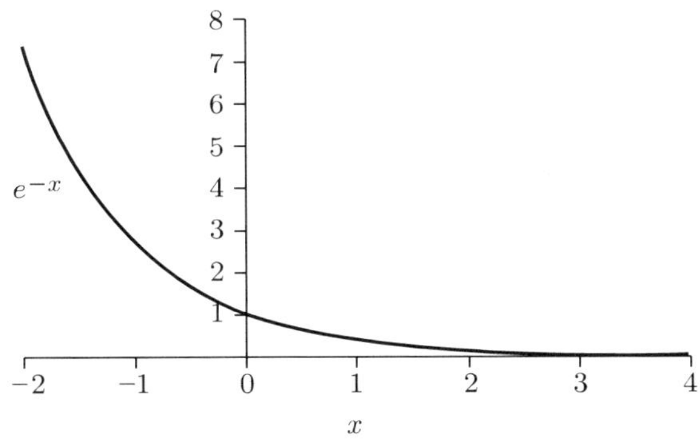

따라서 e^{-x}값이 최대가 되기 위해서는 x값이 최소가 되어야 한다. 즉, $f(x_1)f(x_2)\cdots f(x_n)=\frac{1}{(2\pi)^{n/2}\sigma^n}e^{-\frac{1}{2\sigma^2}\left[(x_1-\mu)^2+(x_2-\mu)^2+\cdots+(x_n-\mu)^2\right]}$의 값이 최대가 되기 위해서는 $\frac{1}{2\sigma^2}\left[(x_1-\mu)^2+(x_2-\mu)^2+\cdots+(x_n-\mu)^2\right]$가 최소가 되어야 하는데, 그것은 앞서 봤듯이 σ의 값에 상관없이 $\mu=\frac{\sum_{i=1}^{n}x_i}{n}$일 때이다.

결국 정규분포일때, 모수 μ의 최대 가능도 추정치는 표본평균이다!

그렇다면 중앙값은 분포가 어떤 경우에 최대 가능도 추정치일까?

만약 확률분포함수가 다음과 같다면 중앙값이 최대 가능도 추정치가 된다. 정규분포일 때와 같이 $f(x_1)f(x_2)\cdots f(x_n)$를 전개한 후, 최대값이 되기 위한 μ값을 구하면 된다.

$$f(x)=\frac{1}{\sqrt{2}\,\sigma}e^{-\sqrt{2}\left|\frac{x-\mu}{\sigma}\right|}$$

이 확률밀도의 그래프는 다음과 같은 모양이다.

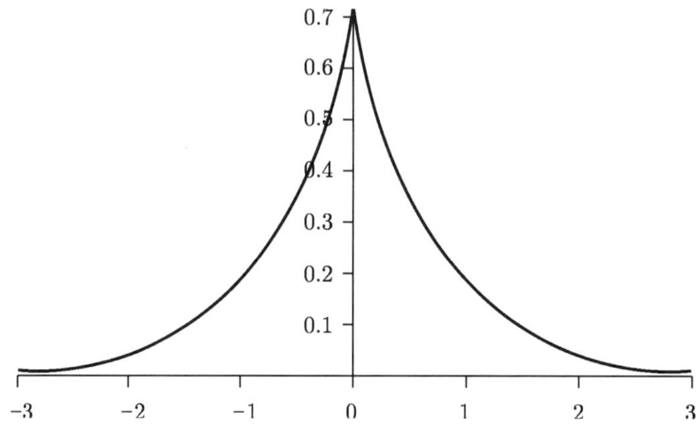

이에 반해 정규분포의 모양은 다음과 같다.

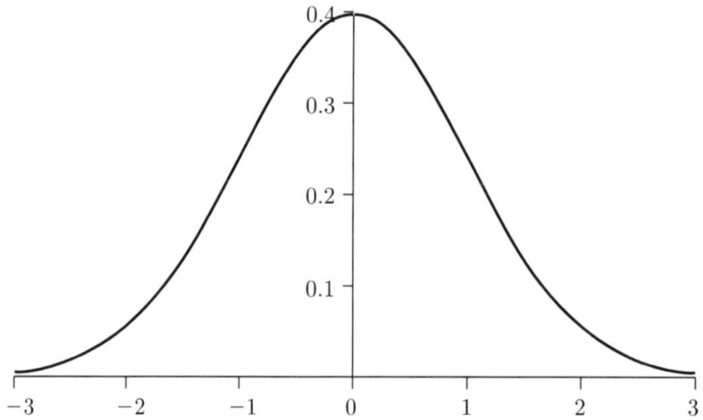

어떤 모양의 확률분포가 더 흔하게 발견될까?

요약

평균은 분산과 **표준편차**(표준편차는 분산의 양의 제곱근이다)을 최소로 만드는 대푯값이고, **중앙값**은 **평균절대편차**를 최소로 만드는 대푯값이다.

정규분포에서는 분산을 최소로 하는 값(평균)이 모평균의 최대 우도 추정치MLE 이고, $f(x) = \frac{1}{\sqrt{2}\sigma} e^{-\sqrt{2}\left|\frac{x-\mu}{\sigma}\right|}$를 따르는 확률분포(이런 확률분포를 라플라스 분포Laplace distribution 혹은 이중지수분포double exponential distribution라고 부른다.)에서는 평균절대편차를 최소로 하는 값(중앙값)이 모평균의 최대 우도 추정치이다.

분포: 모분포 vs 표본분포

만약 앞의 내용("왜 평균절대편차 대신 표준편차를 쓸까?")을 아무런 비판없이 받아들였다면, 통계학의 기본적인 개념에 대한 이해가 아직은 부족하다는 증거이다. 평균, 중앙값, 분산, 절대편차, 표준편차는 그 분포가 무엇이든 상관없이 적용될 수 있다. 그것들은 복잡한 함수의 형태, 또는 테이블의 형태로 표현될 수 밖에 없는 분포의 특징을 몇 개의 수로 요약하려는 정당한 시도이다.[10] 문제가 되는 것은 모평균 혹은 모중앙값을 표본을 통해 추정하려고 할 때이다.

통계학에서 흔히 접하는 문제는 알려지지 않은 모분포에서 표본크기 n의 표본을 추출했을 때, 추출된 표본을 통하여 모분포(평균, 분산, 중앙값, 평균절대편차 등)를 추정하는 것이다.

흔히 생각할 수 있는 방법은 모분포의 평균을 추정하기 위해서 표본의 평균을 사용하고, 모분포의 분산을 추정하기 위해서 표본의 분산을 사용하는 식이다. 만약 표본의 분포가 모분포와 비슷하다면 그렇게 얻은 추정값은 모분포의 추정하

---

10) 예를 들어, 정규분포를 나타내는 함수가 $f(x) = \frac{1}{\sqrt{2\pi}\,\sigma} exp\left(-\frac{1}{2}\left(\frac{x-\mu}{\sigma}\right)^2\right)$이고, 이것을 테이블 형태로 근사적으로(비슷하게) 나타내면 $\mu=0,\ \sigma^2=1$일 때, 다음과 같다.

a, b	$-\infty, -3$	$-3, -2$	$-2, -1$	$-1, 0$	…
$P(a \le x < b)$	0.0013	0.0214	0.1359	0.3413	…

고자 하는 값과 비슷할 것이다. 표본의 분포는 표본의 크기가 클수록 모분포와 닮아가는 경향이 있다. 분명 표본의 분포는 모분포의 영향을 많이 받지만, 우연에 의해서도 영향을 받는다. 예를 들어 모분포에서 특정한 범위의 값이 나올 확률이 0.1일 때, 표본에서도 그 범위의 값의 상대빈도(그 범위의 값의 수를 전체 표본의 크기로 나눈 값)가 0.1과 비슷하게 되겠지만, 경우에 따라서는 0.1보다 굉장히 작을 수도, 클 수도 있다.

다음의 모분포를 살펴보자.

x	-1	0	1
$P(X=x)$	$\frac{2}{10}$	$\frac{5}{10}$	$\frac{3}{10}$

평균, 중앙값, 분산(표준편차), 평균절대편차는 다음과 같다.

평균: $\mu = -1\times\frac{2}{10}+0\times\frac{5}{10}+1\times\frac{3}{10}=\frac{1}{10}$

중앙값: $m=0$

분산: $\sigma^2=\left(-1-\frac{1}{10}\right)^2\times\frac{2}{10}+\left(0-\frac{1}{10}\right)^2\times\frac{5}{10}+\left(1-\frac{1}{10}\right)^2\times\frac{3}{10}=0.49$

표준편차: $\sigma=\sqrt{0.49}=0.7$

평균절대편차: $AAD=|-1-0|\times\frac{2}{10}+|0-0|\times\frac{5}{10}+|1-0|\times\frac{3}{10}=\frac{5}{10}$

크기 3의 표본을 추출했을 때, 가능한 결과와 그 확률은 다음의 표와 같다. 표에서 x_1, x_2, x_3는 주어진 모분포에서 관찰한 첫 번째, 두 번째, 세 번째 값을 나타낸다. 크기 3의 표본을 추출했을 때 나타날 수 있는 결과를 $(x_1,\ x_2,\ x_3)$로 나타낼 때, 표는 가능한 모든 결과를 나열하고 있다. 확률은 $(x_1,\ x_2,\ x_3)$을 관찰하게 될 확률이다. 그리고 그 옆의 평균, 중앙값, 분산, 표준편차, 절대표준편차는 관찰 결과 $(x_1,\ x_2,\ x_3)$를 분포라고 생각했을 때, 그 분포에 대한 평균, 중앙값, 분산 등이다. 이들은 표본 $(x_1,\ x_2,\ x_3)$의 평균, 중앙값, 분산 등이므로 표본평균, 표본중앙값, 표본분산 등이라고 부른다. 하지만 뒤에서 얘기될 이유로 통계학에서 표본분산(표본표준편차)은 여기서와 다르게 정의된다.

x_1	x_2	x_3	확률	평균	중앙값	분산	표준편차	평균절대편차
−1	−1	−1	0.008[11)]	−1	−1	0	0	0
−1	−1	0	0.020	−2/3	−1	2/9	0.471	1/3
−1	−1	1	0.012	**−1/3**	−1	8/9	0.943	2/3
−1	0	−1	0.020	−2/3	−1	2/9	0.471	1/3
−1	0	0	0.050	**−1/3**	0	2/9	0.471	1/3
−1	0	1	0.030	0	0	2/3	0.816	2/3
−1	1	−1	0.012	**−1/3**	−1	8/9	0.943	2/3
−1	1	0	0.030	0	0	2/3	0.816	2/3
−1	1	1	0.018	1/3	1	8/9	0.943	2/3
0	−1	−1	0.020	−2/3	−1	2/9	0.471	1/3
0	−1	0	0.050	**−1/3**	0	2/9	0.471	1/3
0	−1	1	0.030	0	0	2/3	0.816	2/3
0	0	−1	0.050	**−1/3**	0	2/9	0.471	1/3
0	0	0	0.125	0	0	0	0	0
0	0	1	0.075	1/3	0	2/9	0.471	1/3
0	1	−1	0.030	0	0	2/3	0.816	2/3
0	1	0	0.075	1/3	0	2/9	0.471	1/3
0	1	1	0.045	2/3	1	2/9	0.471	1/3
1	−1	−1	0.012	**−1/3**	−1	8/9	0.943	2/3
1	−1	0	0.030	0	0	2/3	0.816	2/3
1	−1	1	0.018	1/3	1	8/9	0.943	2/3
1	0	−1	0.030	0	0	2/3	0.816	2/3
1	0	0	0.075	1/3	0	2/9	0.471	1/3
1	0	1	0.045	2/3	1	2/9	0.471	1/3
1	1	−1	0.018	1/3	1	8/9	0.943	2/3
1	1	0	0.045	2/3	1	2/9	0.471	1/3
1	1	1	0.027	1	1	0	0	0

11) 앞의 표에서 $P(X=-1)\cdot P(X=-1)\cdot P(X=-1)=\left(\frac{2}{10}\right)^3=0.008$이다.

앞의 평균, 중앙값, 분산(표준편차), 평균절대편차는 표본이 주어졌을 때, 그 표본에 대해 평균, 중앙값, 분산(표준편차), 평균절대편차을 구한 것이다.

예를 들어 추출한 표본이 (−1, 0, 0)라면, 평균은 $\frac{-1+0+0}{3}=-\frac{1}{3}$, 중앙값은 0, 분산은 $\frac{(-1-(-1/3))^2+(0-(-1/3))^2+(0-(-1/3))^2}{3}=\frac{2}{9}$, 표준편차는 분산의 제곱근인 $\sqrt{\frac{2}{9}}\approx 0.471$, 평균절대편차는 $\frac{|-1-0|+|0-0|+|0-0|}{3}=\frac{1}{3}$이 된다.

표에서 보듯이 어떤 표본이 추출되었느냐에 따라 표본의 평균, 중앙값, 분산(표준편차), 평균절대편차의 값이 변한다. 표본에 따라 변하는 표본평균, 표본중앙값, 표본분산, 표본평균절대편차가 모평균, 모분산, 모표본분산, 모평균절대편차를 얼마나 정확히 알려줄까?

표본평균, 표본중앙값, 표본분산, 표본평균절대편차는 모두 추출된 표본에 따라 변하는 확률변수이다. 우선 표본평균을 보자. 표본에 따라 표본평균값이 변하므로, 모든 표본에 대해서 표본평균값을 구해서 표본평균의 분포를 생각해 볼 수 있다. 예를 들어서 표본평균의 값이 -1가 되는 경우는 퓨본 (−1, −1, −1)이 추출되었을 때이며, 이 표본이 추출될 확률은 0.008이다. 따라서 앞에서 주어진 모분포에서 독립적으로 3번 관찰을 하여 크기 3의 표본을 추출하고, 표본평균을 구했을 때, 그 값이 −1일 확률은 0.008이다. 반면 표본평균의 값이 −1/3이 될 확률을 생각해보자. 앞의 표에서 표본평균의 값이 −1/3이 되는 경우는 관찰값이 (−1, −1, 0), (−1, 0, 0), (−1, 1, −1), (0, −1, 0), (0, 0, −1), (1, −1, −1)이 되는 경우이다. 그 때의 확률은 0.012, 0.050, 0.012, 0.050, 0.050, 0.012이다. 따라서 표본평균의 값이 −1/3이 되는 것은 위의 6가지 중 1가지에 해당될 때이며, 그 확률은 0.012+0.050+0.012+0.050+0.050+0.012 = 0.186이 된다. 이렇게 표본에 따라 변하는 표본평균의 값과 그 확률 구할 수 있다. 그것이 바로 표본평균의 분포이다. 표본평균은 어떤 표본이 추출되느냐에 따라 달라지는 확률변수이다!

모든 표본평균값에 대해 그 확률을 구하면 다음과 같은 표본평균의 분포를 구할 수 있다. 분포를 얘기할 때, 그것이 확률변수임을 의식하자. 어떤 값이 확률변수가 아니라면, 그 분포는 하나의 값에서 확률 1로 나타난다.

$\bar{x}$	−1	−2/3	−1/3	0	1/3	2/3	1
$P(\bar{X}=\bar{x})$	0.008	0.060	0.186	0.305	0.279	0.135	0.027

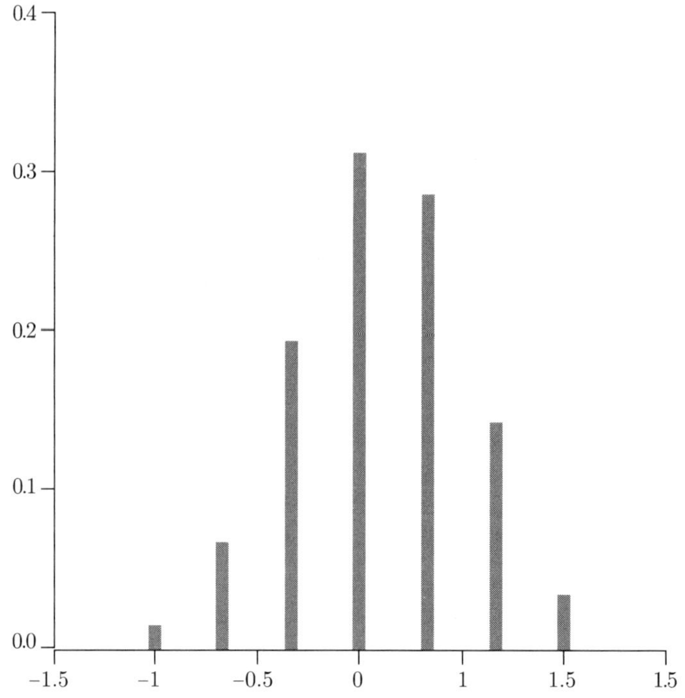

여기서 이것이 "분포"라는 것을 다시 한 번 주목하자. 우리는 어떤 분포에 대해서 평균, 중앙값, 분산, 표준편차, 평균절대편차 등을 구할 수 있다. 우리가 구한 표본평균의 분포에 대해 평균, 중앙값, 분산, 표준편차, 평균절대편차을 구해보자.

	평균	중앙값	분산	표준편차	평균 절대편차
표본평균	0.1	0	0.163	0.404	0.32

다시 한 번 우리의 목적을 상기해보자. 우리는 모집단의 평균, 중앙값 등을 표본을 통해 추정하고자 한다. 가장 생각하기 쉬운 방법은 모평균을 표본평균으로 추정하는 것이다. 하지만 그것이 얼마나 정확할까? 우리가 주어진 모분포에서 표본을 추출할 때, 표본은 모분포에 의해 확률적으로 결정된다. 따라서 표본평균도 모분포에 의해 확률적으로 결정된다. 가능한 모든 표본을 생각했을 때, 특정한 표본평균을 얻게 될 확률을 표본평균의 분포로 나타낼 수 있다. 이 분포가 모평균의 주위에 밀집되어 있다면, 어떤 표본을 추출하던지 그 표본에서 얻은 표본평균은 모평균과 크게 다르지 않다는 의미이다. 반면 이 분포가 거의 대부분 모평균과 멀리 떨어져 있다면, 이것은 대부분의 경우 표본을 통해 구한 표본평균의 값이 모평균과 크게 다르다는 것을 의미한다.

분포는 평균, 중앙값의 위치 측도와 분산(표준편차), 평균절대편차와 같은 산포측도로 요약하여 나타낼 수 있다. 표본평균의 분포에서 각각의 측도는 어떤 의미가 있을까? 표본평균의 분포에서 평균은 표본평균의 기댓값을 나타낸다. 그것이 모평균과 일치한다면, 표본평균이 평균적으로 모평균과 같음을 의미하고, 따라서 표본평균으로 모평균을 추정하는 것이 타당하다는 것을 의미한다. 반면 표본평균의 분포의 평균이 모평균과 크게 다르다면, 표본평균의 **기댓값**이 모평균과 크게 어긋난다는 것을 의미하고, 따라서 모평균을 표본평균을 통해 추정하는 것이 좋은 방법이 아님을 의미한다. 반면 표본평균의 중앙값이 모평균과 같다는 것은 우리가 표본을 추출하여 평균을 구했을 때, 그것이 모평균보다 작을 확률과 클 확률이 정확히 반반이라는 의미이다.

반면 산포측도는 분포가 얼마나 퍼져 있는가를 나타낸다. 만약 표본평균의 산포측도가 크다면, 그것은 주어진 표본에 따라 표본평균의 값이 크게 달라진다는 것을 의미하고, 따라서 표본평균을 통해 모평균을 추정하고자 할 때, 표본평균의 값을 전적으로 믿을 수 없음을 의미한다. 좀더 상술하자면, 위의 예에서 모평균이 0.1인데, 표본평균의 산포측도값이 매우 크다는 의미는 표본평균의 평균이 0.1로 모평균과 같다고 해도 우리가 실제로 얻은 표본평균의 값은 0.1에서 매우 크게 어긋날 수 있음을 의미한다. 따라서 표본평균의 값으로 모평균을 추정할 때, 표본평균의 값과 모평균의 값이 경우에 따라서는 크게 다를 수 있음을 주의해야 한다.

이제껏 우리는 표본평균을 어떤 표본이 추출되느냐에 따라 변하는 확률변수로 취급하였고, 표본평균의 분포에 대해 여러 가지 특징들(평균, 중앙값, 분산 등)을 구할 수 있음을 보였다. 그리고 표본평균이 흔히 모평균을 추정하기 쓰이는데, 표본평균의 분포를 봄으로써 그것이 모평균을 추정하기에 얼마나 적절하고 또 얼마나 믿을 수 있는지를 판단할 수 있음을 보였다.

사실 앞의 모분포의 경우, 그 분포를 정확히 알고 평균값도 정확히 구할 수 있었다. 따라서 모평균의 값을 구하기 위해서 표본평균을 쓰는 것(표본을 추출하는 것)은 불필요하다. 하지만 우리가 일상에서 만나는 많은 경우는 모분포를 정확히 모르는 경우이다. 그런 경우를 상정해서 표본평균이 어떤 역할을 할 수 있는지 생각해보자.

논의를 간단하게 하기 위해 앞서 봤던 모분포를 A라고 하고, 또다른 분포를 가진 모분포 B를 생각해보자.

x	분포	-1	0	1
$P(X=x)$	A	$\frac{2}{10}$	$\frac{5}{10}$	$\frac{3}{10}$
	B	$\frac{1}{10}$	$\frac{2}{10}$	$\frac{7}{10}$

분포 B의 평균은 0.6이다. 앞서 봤듯이, 분포 A의 평균은 0.1이다.

이제 분포 B에서 크기 3의 표본을 추출했을 때, 표본평균의 분포를 분포 A에서 표본을 추출하여 표본평균을 구했을 때와 비교하면 다음과 같다. 수직선은 각각 모분포가 A일 때, 표본평균(분포)의 평균, 모분포가 B일 때 표본평균의 평균을 나타낸다.

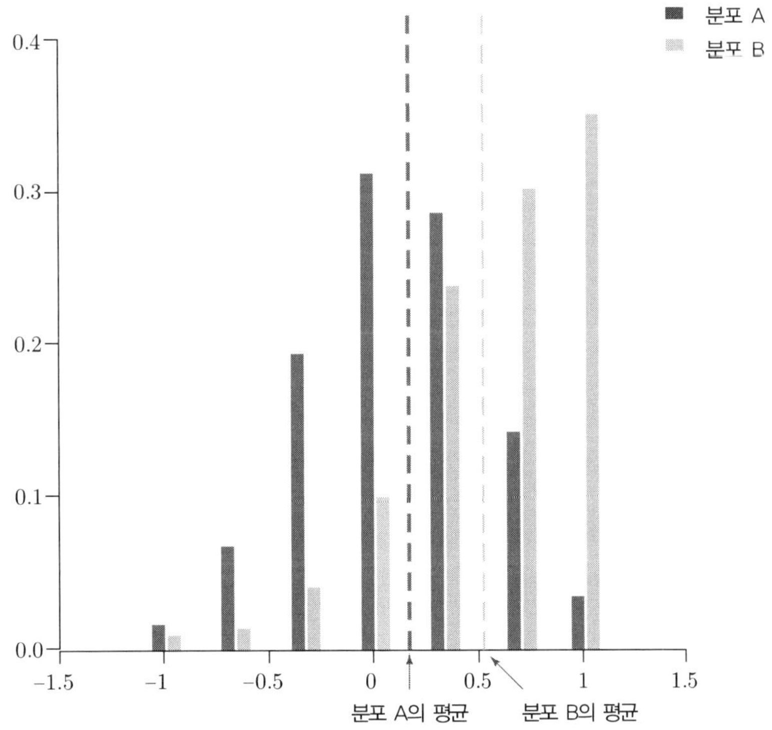

이렇게 모분포의 모양이 다른 경우에도 표본평균은 모평균의 값을 추정하기에 적절하다. 표본평균의 평균이 모평균과 일치한다. 하지만 표본평균의 구체적인 모양이 어떻게 되는지, 그리고 산포측도가 어떻게 다른지는 모분포의 구체적인 모양에 따라 달라질 것임을 위의 그래프를 통해 쉽게 유추해 볼 수 있다. 모분포가 A일 경우 표본평균의 분포에서 분산은 0.163이고, 모분포가 B인 경우 표본평균의 분포에서 분산은 0.147로 모분포가 B인 경우에 표본평균의 분포가 좀 더 밀집되어 있음을 알 수 있다.

요약

표본평균은 모평균을 추정하기에 적절하다(표본평균의 분포의 평균은 모평균이다). 하지만 그것의 정확성은 경우에 따라 달라진다. 표본평균의 분포에서 분산은 모분포의 구체적인 형태에 따라 달라진다. 그리고 후에 상술하겠지만, 그것은 표본의 크기에 따라서도 달라진다.

위치측도와 산포측도: 정규분포와 라플라스 분포의 경우

위치측도: 평균, 중앙값
산포측도: 분산(표준편차), 평균절대편차

주어진 분포의 특성을 나타내기 위해 평균, 중앙값, 분산(표준편차), 평균절대편차 등을 사용할 수 있다. 평균과 중앙값을 통해 분포의 위치를 알 수 있고, 분산(표준편차), 평균절대편차를 통해 분포의 퍼진 정도를 알 수 있다. 만약 우리가 분포를 완전히 알고 있다면[12], 그것의 평균, 중앙값, 분산(표준편차), 평균절대편차는 다음의 공식으로 손쉽게 구할 수 있다. 여기서는 확률밀도함수를 $f(x)$로 나타낼 수 있고, 정의역이 $(-\infty,\ \infty)$인 경우를 가정하였다.

$$\mu = \int_{-\infty}^{\infty} xf(x)dx \quad (\mu\text{: 평균})$$

$$\int_{-\infty}^{m} f(x) = 0.5 \quad (m\text{: 중앙값})$$

$$\sigma^2 = \int (x-\overline{x})^2 f(x)dx \quad (\sigma^2\text{: 분산})$$

$$AAD = \int |x-m| f(x)dx \quad (AAD\text{: 평균절대편차})$$

---

12) 임의의 a, b에 대해 $P(a \le x \le b)$를 구할 수 있다면, 분포를 완전히 아는 것이다. 만약 확률밀도함수 $f(x)$를 알고 있다면 $P(a \le x \le b) = \int_a^b f(x)dx$이므로, 모든 a, b에 대해 $\int_a^b f(x)dx$를 구할 수 있고, 따라서 분포를 완전히 아는 것이다.

정규분포와 라플라스 분포의 경우에 평균, 중앙값, 분산, 평균절대편차를 Sage를 사용하여 구해보자. 정규분포와 라플라스 분포의 확률밀도함수는 다음과 같다.

$$f_1(x) = \frac{1}{\sqrt{2\pi}\,\sigma} exp\left(-\frac{1}{2}\left(\frac{x-\mu}{\sigma}\right)^2\right)$$

$$f_2(x) = \frac{1}{\sqrt{2}\,\sigma} exp\left(-\sqrt{2}\left|\frac{x-\mu}{\sigma}\right|\right)$$

먼저 확률밀도함수 $f_1(x)$, $f_2(x)$를 정의하자.

```
def f1(x,mu1,sigma1):
    return 1/sqrt(2*pi*sigma1^2)*exp(-1/2*((x-mu1)/sigma1)^2)
def f2(x,mu2,sigma2):
    return 1/sqrt(2*sigma2^2)*exp(-sqrt(2)*abs((x-mu2)/sigma2))13)
```

확률밀도함수 $f_1(x)$, $f_2(x)$의 그래프를 그려본다.

13) 함수 f1과 f2에서 sigma1, sigma2를 모두 제곱 혹은 절대값을 취해 주었다. 따라서 sigma1, sigma2가 음수일 때에도 주어진 함수가 성립한다.

```
plot(f1(x,0,1),x,-4,4)
```

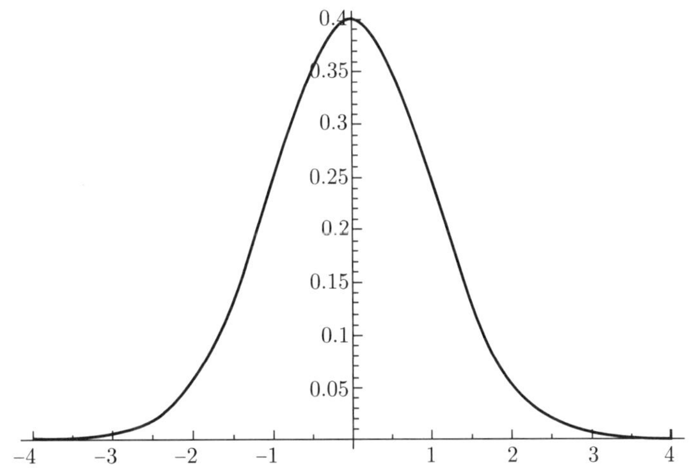


```
plot(f2(x,0,1),x,-4,4)
```

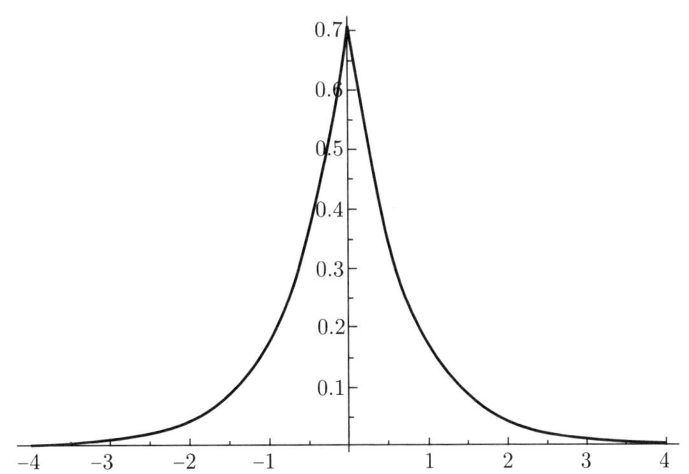

평균을 구해보자. $\mu=\int_{-\infty}^{\infty} xf(x)dx$ 에서 $f(x)$ 대신에 $f_1(x)$ 또는 $f_2(x)$를 사용하면 된다.

```
var("mu sigma")
assume(sigma>0)[14]
integral(x*f1(x,mu,sigma), x, -oo,oo)
```

```
mu
```

```
factor(integral(x*f2(x,mu,sigma), x, mu, oo)+integral(x*f2(x,mu,sigma), x, -oo, mu))[15]
```

```
mu
```

중앙값의 정의는 $\int_{-\infty}^{m} f(x)=0.5$ 을 만족하는 m 이다. $f_1(\mu+x)=f_1(\mu-x)$, $f_2(\mu+x)=f_2(\mu-x)$를 만족하므로, 두 확률분포는 μ를 중심으로 대칭인 분포이고, 따라서 중앙값은 m이 된다. 이것을 Sage에서 풀어보면 다소 복잡한 결과가 나타나지만, $F_1(x)=\int_{-\infty}^{x} f_1(x)dx$, $F_2(x)=\int_{-\infty}^{x} f_2(x)dx$ 의 그래프를 그려보면 손쉽게 알 수 있다.

---

14) sigma가 0 또는 음수인 경우, 함수 f1, f2는 정의되지 않는다!

15) 평균의 공식을 그대로 사용한다면 integral(x*f2(x,mu,sigma), x, -oo, oo)이 되어야 할 것이다. 하지만 그렇게 했을 경우 Sage 버전 4.5.2는 계산을 제대로 하지 못했다. 우리는 $\int_{-\infty}^{\infty} xf_2(x)dx=\int_{-\infty}^{\mu} xf_2(x)dx+\int_{\mu}^{\infty} xf_2(x)dx$ 라는 것을 안다. 따라서 Sage에게 약간의 힌트를 줬다고 생각하자. 버전 5.0에서는 integral(x*f2(x,mu,sigma), x, -oo, oo)를 사용해도 된다.

```
show(solve(integral(f1(x,mu,sigma), x, -oo,m)==1/2, m))
```

$$\left[-erf\left(\frac{-\sqrt{2}\,m-\sqrt{2}\,\mu}{2\sigma}\right)=0\right]$$

여기서 erf는 오차함수error function를 뜻한다.[16] 위의 해를 얻는 방법의 하나는 Sage에서 좌변의 함수인 erf의 그래프를 그려보는 것이다.

```
plot(-erf(x),x,-4,4)
```

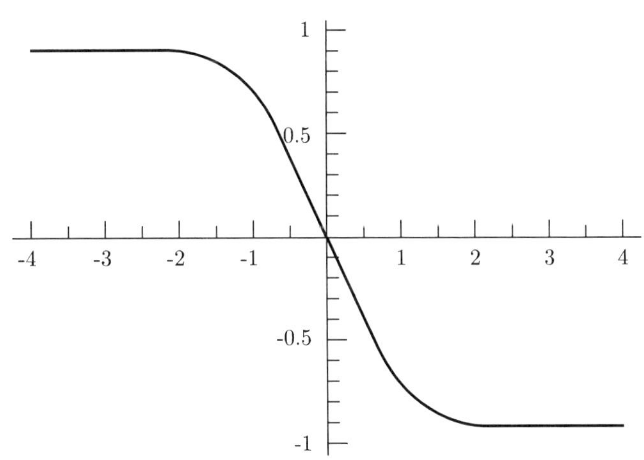

16) erf는 오차함수를 뜻하고 다음과 같이 정의된다.

$$erf(x)=\frac{2}{\sqrt{\pi}}\int_0^x e^{-t^2}dt$$

적분기호가 들어가서 지레짐작 겁을 먹을 필요는 없다. 정규분포의 확률밀도함수는 다음과 같다. $f(x)=\frac{1}{\sqrt{2\pi}\,\sigma}exp\left(-\frac{1}{2}\left(\frac{x-\mu}{\sigma}\right)^2\right)$. 만약 $\mu=0, \sigma=\frac{1}{\sqrt{2}}$라면, $f(x)=\frac{1}{\sqrt{\pi}}exp(-x^2)$이 되므로, $erf(x)=\int_{-x}^{x}\frac{1}{\sqrt{\pi}}exp(-t^2)dt=\int_{-x}^{x}f(t)\,dt$가 된다. 즉, $erf(x)$는 평균이 0이고, 분산이 $\frac{1}{2}$인 정규분포함수 그래프에서 $-x$에서 x까지의 넓이에 해당한다!

$-erf(x)=0$의 해가 $x=0$이라는 것을 알 수 있다. 따라서 $\frac{-\sqrt{2}m-\sqrt{2}\mu}{2\sigma}=0$을 만족하는 m을 구하면 $m=\mu$이 된다!

리플라스 분포에서 중앙값은 아래와 같이 Sage를 활용하여 얻을 수 있다.

```
show(solve(integral(f2(x,mu,sigma), x, -oo,m)==1/2, m))
```

```
[m == mu, e^((sqrt(2)*m - sqrt(2)*mu)/sigma) == (sgn(-m + mu) -1)/(sgn(-m
+ mu) + 1)]
```

두 분포의 분산을 구해보자.

```
integral((x-mu)^2*f1(x,mu,sigma), x, -oo,oo)
```

```
sigma^2
```

```
integral((x-mu)^2*f2(x,mu,sigma), x, mu, oo)+integral((x-mu)^2*f2(x,mu,sigma), x,
-oo, mu)
```

```
sigma^2
```

두 분포의 평균절대편차를 구해보자.

```
factor(integral((mu-x)*f1(x,mu,sigma), x, -oo,mu)+integral((x-mu)*f1(x,mu,
sigma), x, mu,oo))17)
```

17) 이번에도 공식을 그대로 적용한다면, integral(abs(mu-x)*f1(x,mu,sigma), x, -oo, oo)이 되어야 하겠으나, Sage가 계산을 제대로 하지 못한다. 앞서와 마찬가지로 factor(integral(abs(mu-x)*f1(x,mu,sigma), x, -oo,mu)+integral(abs(x-mu)*f1(x,mu,sigma), x, mu,oo))을 시도했을 때에도 Sage는 횡성수설했다. 그래서 좀더 힌트를 주었다. $|x-\mu|$는 $-\infty<x\leq\mu$의 범위에서 $\mu-x$와 같고, $-\mu\leq x<\infty$ 범위에서는 $x-\mu$와 같다는 것을 Sage에게 알려주었다. 하지만 버전 5.0에서는 공식을 그대로 적용해도 된다.

```
sqrt(2)*sigma/sqrt(pi)
```

```
integral(abs(x-mu)*f2(x,mu,sigma), x, mu, oo)+integral(abs(x-mu)*f2(x,mu,
sigma), x, -oo, mu)
```

```
1/2*sqrt(2)*sigma
```

이로써 정규분포와 라플라스 분포의 평균, 중앙값, 분산(표준편차), 평균절대편차를 주어진 공식을 사용하여 Sage에서 구해보았다. 실제로 Sage에서 구해보면 버전에 따라 결과가 약간씩 다를 수 있다. 하지만 여기에서 중요한 것은 분포의 확률밀도함수를 알고 있을 때, 그것의 평균, 중앙값, 분산(표준편차), 평균절대편차를 구하기 위해서는 단지 공식에 대입하기만 하면 된다는 것이다. 그것을 실제로 어떻게 계산할지(직접 계산하거나 다른 사람에게 물어보거나, 혹은 Sage와 같은 컴퓨터 프로그램을 이용하거나)는 스스로 선택할 수 있다.

다음의 요약을 보자. 평균과 분산이 동일한 정규분포와 라플라스 분포는 중앙값이 일치하지만, 평균절대편차는 다소 차이를 보임을 알 수 있다.

요약

	정규분포	라플라스 분포
확률밀도 함수	$f_1(x)=\frac{1}{\sqrt{2\pi}\,\sigma}exp\left(-\frac{1}{2}\left(\frac{x-\mu}{\sigma}\right)^2\right)$	$f_2(x)=\frac{1}{\sqrt{2}\,\sigma}exp\left(-\sqrt{2}\left\lvert\frac{x-\mu}{\sigma}\right\rvert\right)$
평균	μ	μ
중앙값	μ	μ

	정규분포	라플라스 분포
분산 (표준편차)	$\sigma^2(\sigma)$	$\sigma^2(\sigma)$
평균 절대편차	$\sqrt{\frac{2}{\pi}}\sigma \approx 0.798\sigma$	$\frac{\sigma}{\sqrt{2}} \approx 0.707\sigma$

표본이 주어졌을 때, 모평균를 추정하기 : 정규분포와 라플라스 분포의 경우

"분포: 모분포 vs 표본분포"에서 표본평균의 분포에 대해서만 얘기를 했지만, 표본중앙값, 표본의 분산, 표본의 표준편차, 표본의 평균절대편차에 대해서도 분포를 알아 볼 수 있다. 우선 여기서는 앞서와 같은 모집단에서 크기 3의 표본을 추출했을 때, 표본평균과 표본중앙값을 비교해 보자. 아래의 표는 표본중앙값의 분포이고, 그래프는 표본평균과 표본중앙값의 분포를 비교한 것이다.

$x_{(2)}$	−1	0	1
$P(X_{(2)} = x_{(2)})$	0.104	0.680	0.216

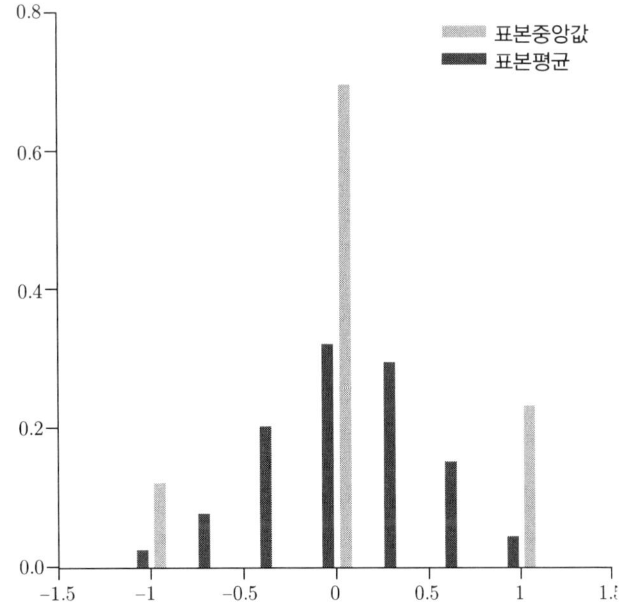

표본중앙값의 분포에 대해서도 평균, 중앙값, 분산, 표준편차, 평균절대편차 등을 구할 수 있다.

	평균	중앙값	분산	표준편차	평균 절대편차
표본중앙값	0.112	0	0.307	0.554	0.32

위에서 표본중앙값의 평균은 0.112로 모중앙값(0)보다는 모평균(0.1)에 가깝다. 따라서 만약 크기 3인 표본을 여럿 추출하여, 각각의 표본에 대해 표본중앙값을 구했다면, 그것들의 평균보다는 중앙값을 사용하여 모중앙값을 추정하는 것이 나을 것이다. 예를 들어 표본크기 3인 표본을 추출하여 표본중앙값을 구한다. 그리고 그것을 10번 반복하여 10개의 표본중앙값을 얻었을 때, 그것들의 평균보다는 중앙값을 사용하여 모중앙값을 구하는 것이 좀더 정확하리라는 것이다. 하지만 정확한 비교는 표본중앙값들의 중앙값과 평균값의 분포를 비교해봐야 한다. 표본중앙값 10개의 중앙값의 분포와 표본중앙값 10개의 평균의 분포를 비교한다는 의미이다. 여기서 표본중앙값 10개의 중앙값과 평균은 우리가 표본 10개를 어떻게 추출하느냐에 따라 달라지는 확률변수가 된다. 앞서 얘기했듯이 확률변수가 어떤 값을 얼마나 잘 반영하는지는 확률변수의 분포의 평균(기댓값) 뿐만 아니라 퍼진 정도(산포측도)도 봐야 한다.

만약 표본의 크기를 무한정 늘릴 수 있다면, 모평균을 구하기 위해서 표본평균을 쓰고, 모중앙값을 구하기 위해서 표본중앙값을 쓰는 것이 당연하고 자연스럽다. 언제나 문제는 표본의 크기가 유한하고, 작다는 것에 있다.

만약 모평균과 모중앙값이 같을 경우엔, 표본평균과 표본중앙값 중 어느 것을 써야 할까?

앞에서 정규분포와 라플라스 분포는 평균과 중앙값이 같음을 보였다. 하지만 표본평균과 표본중앙값은 어떤 표본이 추출되느냐에 따라 달라진다.

	정규분포	라플라스 분포
확률밀도함수	$f_1(x)=\frac{1}{\sqrt{2\pi}\,\sigma}exp\left(-\frac{1}{2}\left(\frac{x-\mu}{\sigma}\right)^2\right)$	$f_2(x)=\frac{1}{\sqrt{2}\,\sigma}exp\left(-\sqrt{2}\left\|\frac{x-\mu}{\sigma}\right\|\right)$
평균	μ	μ
중앙값	μ	μ

여기서는 분산이 1인 정규분포와 라플라스 분포에서 모평균(혹은 모중앙값)을 추정하기 위해 표본평균과 표본중앙값 중 어느 것을 써야 할지 비교해보자.

먼저 모분포가 평균 0, 분산 1인 정규분포인 경우를 생각해보자. 표본크기 3인 표본을 추출하였을 때, 표본평균의 분포와 표본중앙값의 분포를 비교해보자. 표본평균의 분포는 $N\left(\mu, \frac{\sigma^2}{3}\right)$이다. 반면 표본중앙값의 분포는 구하기가 쉽지 않다. 확률밀도함수 $f(x)$를 따르는 모분포에서 관할한 n개의 관찰값을 작은 순서로 배열했을 때, i번째 관찰값이 x일 확률밀도는 다음과 같이 나타난다.[18]

$$f_{i:n}(X_{(i)}=x)=\frac{n!}{(i-1)!(n-i)!}F(x)^{i-1}(1-F(x))^{n-i}f(x)$$

위의 공식을 활용하자. 평균 0, 분산 1인 정규분포이므로 $f(x)=\frac{1}{\sqrt{2\pi}}exp\left(-\frac{1}{2}x^2\right)$이 되고, $n=3$, $i=2$이다. 그에 따라 $f_{2:3}(x)$의 그래프를 $N\left(\mu, \frac{\sigma^2}{3}\right)$과 비교해보자.

$f_{2:3}(x)$의 그래프를 그리기 위한 Sage 코드는 다음과 같다. f1은 정규분포를, f2는 라플라스 분포, f1_int는 정규분포의 누적함수, f2_int는 라플라스 분포의 누적함수, f1_order2는 모분포가 정규분포일 때, 표본(크기 3)의 중앙값에 대

18) $F(x)=\int_{-\infty}^{x} f(t)dt$. $F(x)$는 $f(x)$의 누적확률분포함수로, 확률변수 X의 분포를 확률밀도함수 f로 나타낼 수 있을 때, x와 같거나 작은 값을 관찰하게 될 확률을 의미한다. 주어진 식은 크기가 i번째 관찰값이 x가 되기 위해서는 $i-1$개의 관찰값이 x와 같거나 작아야 하고, $n-i$개의 관찰값이 x보다 커야 함을 나타낸다.

한 확률밀도함수, f2_order2는 모분포가 라플라스 분포일 때, 표본(크기 3)의 중앙값에 대한 확률밀도함수이다.

```
var("x mu1 sd1 mu2 sd2 Y")

def f1(x,mu1,sd1):
  return 1/sqrt(2*pi*sd1^2)*exp(-1/2*((x-mu1)/sd1)^2)
def f2(x,mu2,sd2):
  return 1/sqrt(2*sd2^2)*exp(-sqrt(2)*abs((x-mu2)/sd2))

def f1_int(Y, mu1, sd1):
    return integrate(f1(x,mu1,sd1),x,-infinity, Y)
def f2_int(Y, mu2, sd2):
    return integrate(f2(x,mu2,sd2),x,-infinity, Y)

def f1_order2(x):
    return  factorial(3)/factorial(2-1)/factorial(3-2)*(f1_int(x,0,1)^(2-1)*
(1-f1_int(x,0,1))^(3-2)*f1(x,0,1))
def f2_order2(x):
    return factorial(3)/factorial(2-1)/factorial(3-2)*(f2_int(x,0,1)^(2-1)*
(1-f2_int(x,0,1))^(3-2)*f2(x,0,1))

plot(f1_order2(x), x, -4, 4)
```

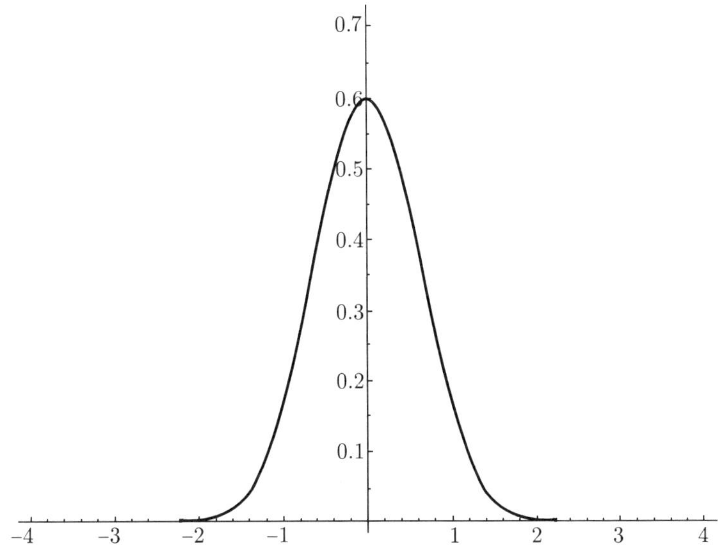


```
plot(f1(x,0,1/sqrt(3)),x,-4,4)
```

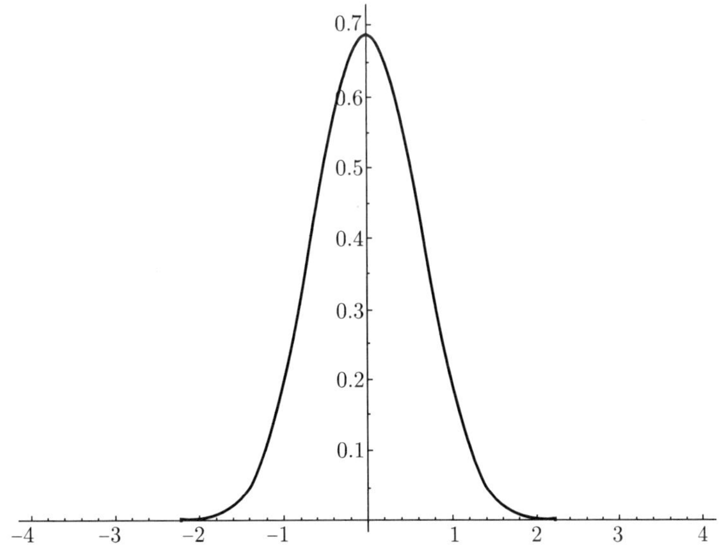

첫 번째 그래프는, 모분포가 정규분포 $N(0, 1)$일 때, 표본크기 3인 표본중앙값의 분포이다. 반면, 표본평균의 분포는 $N(0, 1/3)$이며, 두 번째 그래프와 같다.

그래프에서 보듯이 표본평균의 분포가 표본중앙값의 분포보다 훨씬 조밀함을 알 수 있다($x = 0$일 때 y값을 주목하자). 따라서 모분포가 정규분포일 때에 표본평균을 사용하면 좀더 정확하게 모평균(혹은 모중앙값)을 추정할 수 있다.

만약 모분포가 평균 0, 분산 1인 라플라스 분포를 따르다면 어떨까? 먼저 크기 3인 표본중앙값의 분포를 그려보자.

```
plot(f2_order2(x), x, -4, 4)
```

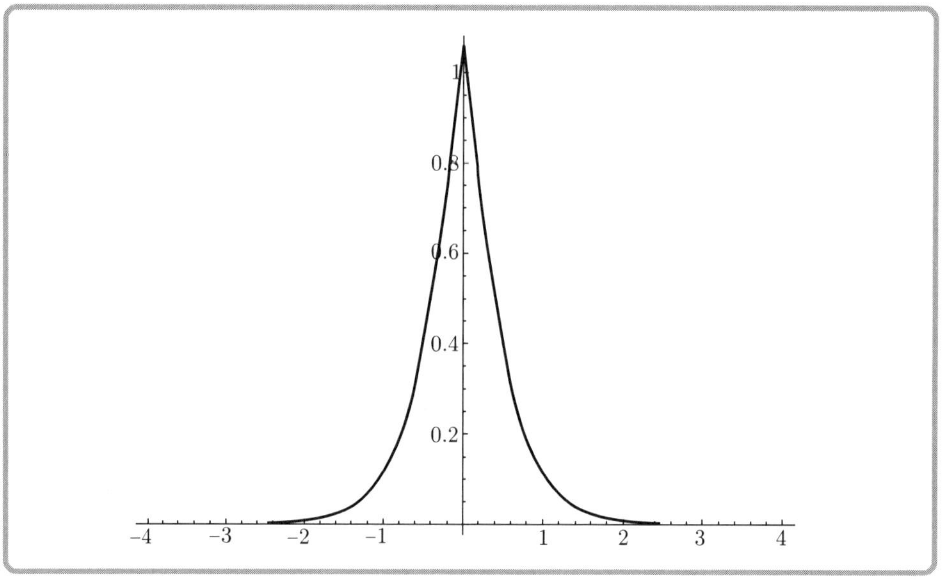

반면 크기 3인 표본평균의 분포는 Sage에서 쉽게 그릴 수 없었다. 하지만 다른 방법으로 분포를 그려보면 표본중앙값의 분포보다 넓게 퍼져 있음을 알 수 있다. 따라서 모분포가 라플라스 분포일 경우에는 모평균(혹은 모중앙값)을 추정하기 위해 표본중앙값을 쓰는 것이 좀더 정확하다.

결론적으로 모평균과 모중앙값이 같을 때, 모평균(혹은 모중앙값)을 추정하기 위해서 표본평균을 쓸지, 아니면 표본중앙값을 쓸지는 주어진 모분포의 모양에 따라 달라진다. 왜냐하면 모분포에 따라 표본평균과 표본중앙값의 분포가 다르게 나타나기 때문이다. 표본평균의 분포가 모평균에 좀더 조밀하게 분포되어 있다면 표본평균을 쓰는 것이 낫고, 표본중앙값의 분포가 모평균에 좀더 조밀하게 분포되어 있다면 표본중앙값을 쓰는 것이 낫다.

요약

앞에서 모분포가 정규분포일 때는 모평균(모중앙값)의 최대 우도 추정치MLE는 표본평균이고, 모분포가 라플라스 분포일 때, 모평균(모중앙값)의 최대 우도 추정치는 표본중앙값임을 보였다. 여기에서는 모분포가 정규분포일 때 표본평균의 분포가 표본중앙값의 분포보다 모평균(모중앙값)에 좀더 조밀하게 밀집되어 있고, 모분포가 라플라스 분포일 때는 표본중앙값의 분포가 표본평균의 분포보다 모평균(모중앙값)에 좀더 조밀하게 밀집되어 있음을 보였다. 일반적으로 최대 우도 추정치는 표본의 크기가 커질수록 가장 효율적인 추정치로 알려져 있다.

모분산의 추정: 표본분산의 정의

앞의 모분포와 표본분포에서 분산과 평균의 경우를 살펴보자.

x_1	x_2	x_3	확률	분산	평균
−1	−1	−1	0.008	0	−1
−1	−1	0	0.020	**2/9**	−2/3
−1	−1	1	0.012	8/9	−1/3
−1	0	−1	0.020	**2/9**	−2/3
−1	0	0	0.050	**2/9**	−1/3
−1	0	1	0.030	2/3	0
−1	1	−1	0.012	8/9	−1/3
−1	1	0	0.030	2/3	0
−1	1	1	0.018	8/9	1/3
0	−1	−1	0.020	**2/9**	−2/3
0	−1	0	0.050	**2/9**	−1/3
0	−1	1	0.030	2/3	0
0	0	−1	0.050	**2/9**	−1/3
0	0	0	0.125	0	0

x_1	x_2	x_3	확률	분산	평균
0	0	1	0.075	**2/9**	1/3
0	1	−1	0.030	2/3	0
0	1	0	0.075	**2/9**	1/3
0	1	1	0.045	**2/9**	2/3
1	−1	−1	0.012	8/9	−1/3
1	−1	0	0.030	2/3	0
1	−1	1	0.018	8/9	1/3
1	0	−1	0.030	2/3	0
1	0	0	0.075	**2/9**	1/3
1	0	1	0.045	**2/9**	2/3
1	1	−1	0.018	8/9	1/3
1	1	0	0.045	**2/9**	2/3
1	1	1	0.027	0	1

동일한 분산을 나타내는 경우를 합치면, 분산의 분포를 구할 수 있다.

v	0	2/9	2/3	8/9
$P(\frac{\sum(X_i-\overline{X})^2}{3}=v)$	0.16	0.57	0.18	0.09

이 분산의 분포에 대해 평균(기대값), 중앙값, 분산(표준편차), 평균절대편차를 구해보았다.

	평균	중앙값	분산	표준편차	평균 절대편차
$\frac{\sum(X_i-\overline{X})^2}{3}$	0.327	0.222	0.073	0.269	0.176

여기서 주목할 점은 분산의 분포를 생각했을 때, 그 평균값(기댓값)이 0.327로 모분산 0.49보다 상당히 작다는 것이다. 앞에서 표본평균의 기댓값은 모평균과 일치했었다.

이것은 주어진 표본에 대해 분산을 구할 때, 다음과 같이 **표본평균값**을 쓰기 때문이다.

$$\frac{\sum(x_i-\overline{x})^2}{3}$$

만약 모평균을 쓸 경우($\frac{\sum(x_i-\mu)^2}{3}$), 그 기댓값은 모분산과 일치한다.[19] 하

19) X_i가 서로 독립이고, 동일한 분포를 따른다는 가정하에서 다음이 성립한다.

$$\sigma^2=E[(X_i-\mu)^2]$$

지만 대부분의 경우 모평균을 정확히 알 수 없다. 따라서 표본평균을 통해 모평균을 추정하기 마련인데, 그럴 경우에는 표본의 분산값의 기댓값이 모분산과 일치하지 않는다.

앞서 살펴본 바와 같이 $\sigma^2(p) = \frac{\sum_{i=1}^{3}(x_i - p)^2}{3}$라고 놓으면, $\sigma^2(p)$의 최소값은 $p = \bar{x}$일 때 얻는다. 따라서 모든 p에 대해 $\sigma^2(p) \geq \sigma^2(\bar{x})$가 성립한다. 모평균 μ의 경우에도 $\sigma^2(\mu) \geq \sigma^2(\bar{x})$이다. 다시 풀어 쓰면, 어떤 x_1, x_2, x_3에 대해서도 $\frac{\sum_{i=1}^{3}(x_i - \mu)^2}{3} \geq \frac{\sum_{i=1}^{3}(x_i - \bar{x})^2}{3}$이 성립하므로, $E\left[\frac{\sum_{i=1}^{3}(X_i - \mu)^2}{3}\right] > E\left[\frac{\sum_{i=1}^{3}(X_i - \bar{X})^2}{3}\right]$이다!

그에 대한 해결책은 분산을 구할 때, 모평균 대신 표본평균을 쓸 경우에는 표본의 크기만큼 나눠주지 않고, 표본의 크기에서 1을 뺀 수로 나눠주는 것이다. 우리의 예에서는 3이 아니라 2로 나눠주는 것이다. 그렇게 했을 때 분포를 보면 다음과 같다.

v	0	1/3	1	4/3
$P(\frac{\sum(X_i - \bar{X})^2}{2} = v)$	0.16	0.57	0.18	0.09

	평균	중앙값	분산	표준편차	평균 절대편차
$\frac{\sum(X_i - \bar{X})^2}{2}$	0.49	0.333	0.163	0.404	0.263

기댓값(평균)이 모분산과 일치한다. 따라서 주어진 표본을 통해 모분산을 추정하려고 할 때, 모평균을 알 수 없는 경우(거의 대부분의 경우에 해당)에 표본평

$$E\left[\frac{\sum_{i=1}^{N}(X_i - \mu)^2}{N}\right] = \frac{1}{N}(E[(X_1 - \mu)^2] + E[(X_2 - \mu)^2] + \cdots + E[(X_N - \mu)^2]) = \sigma^2$$

균을 사용하여 모분산을 추정할 수 밖에 없는데, 이렇게 표본평균을 사용하여 구한 분산을 **표본분산**이라고 하고, 다음의 식을 통해 구한다.

$$\frac{\sum_{i=1}^{N}(x_i - \overline{x})^2}{N-1} \quad (N\text{: 표본크기})$$

이렇게 정의된 표본분산의 기대값은 모분산과 일치한다! 여기서는 일단 모평균 대신 표본평균을 사용하여 모분산을 추정할 경우 표본의 크기가 하나 줄어드는 효과가 있다고 생각하면 쉽다. 자세한 내용은 후에 더 소개된다.

요약

표본분산은 주어진 표본을 모집단으로 생각해서 구하는 분산($\frac{\sum_{i=1}^{N}(x_i - \overline{x})^2}{N}$)이 아니라, 주어진 표본이 모분포에서 추출된 (여러 가능한 표본들 중의) 하나의 표본이라고 생각하고, 그것을 통해 모분포의 분산를 추정하기 위해 사용되는 값이며, 다음의 식으로 구한다.

$$\frac{\sum_{i=1}^{N}(x_i - \overline{x})^2}{N-1} \quad (N\text{: 표본크기})$$

모평균를 추정하기: 좀더 일반적인 경우

정규분포와 라플라스 분포는 평균값과 중앙값이 일치한다. 따라서 표본을 통해 모평균 또는 모중앙값을 추정하려고 할 때, 표본평균을 쓸 수도 있고, 표본중앙값을 쓸 수도 있다. 하지만 앞에서 보았듯이 모분포가 무엇이냐에 따라 그 효율성이 달라진다.

정규분포와 라플라스 분포에서 평균값과 중앙값이 일치하는 것은 매우 이례적인 현상이라고 생각할 수도 있다. 하지만 그렇지 않다. 우리는 주어진 분포에서 일치하는 여러 가지 값을 고안해낼 수 있다.

절사평균은 평균값과 중앙값을 모두 포함하는 일반적인 개념이다. 평균과 중앙값은 절사평균의 특수한 경우이다. $\alpha\%$-절사평균은 주어진 분포에서 하위 $\alpha\%$와 상위 $\alpha\%$를 제외한 나머지에 대한 평균을 말한다. 아래의 표를 보자. 평균은 0.1이다. 반면 아래의 분포에서 20%-절사평균을 구하기 위해서는 먼저 상위 20%, 하위 20%를 분포에서 제외시킨 분포를 상정한 후 평균값을 구한다. 그 값은 0.125이다.

x	-1	0	1
$P(X=x)$	$\frac{2}{10}$	$\frac{5}{10}$	$\frac{3}{10}$

$$\mu = -1 \times \frac{2}{10} + 0 \times \frac{5}{10} + 1 \times \frac{3}{10} = \frac{1}{10}$$

상위 20%, 하위 20%를 제외한 분포

x	-1	0	1
$P(X=x)$	0	$\frac{5}{10} \times \frac{10}{8}$	$\frac{1}{10} \times \frac{10}{8}$

$$\mu = -1 \times 0 + 0 \times \frac{5}{8} + 1 \times \frac{1}{8} = \frac{1}{8}$$

절사평균의 관점에서 평균값은 0%-절사평균이고, 중앙값은 50%-절사평균이다.

정규분포와 라플라스 분포를 포함한 모든 대칭적인 분포에서 $\alpha\%$ − 절사평균의 값은 α에 관계없이 동일한다. 그렇다면, 모분포가 대칭적인 분포일 때, 어떤 $\alpha\%$ − 절사평균을 써서 모분포의 $\alpha\%$ − 절사평균를 추정하는 것이 효율적일까? 모든 대칭적 모분포에서 $\alpha\%$ − 절사평균이 동일하지만, 표본에서는 $\alpha\%$ − 절사평균이 α에 따라 달라짐을 기억하자! 앞에서 표본평균과 표본중앙값이 대부분 달랐던 것처럼 말이다. α가 50인 중앙값? α가 0인 평균값? 아니면 그 사이값?

이 질문에 대한 답 역시 모분포에 따라 달라진다. 우리는 앞에서 라플라스 분포에서는 0%-절사평균보다는 50%-절사평균이, 정규분포에서는 50%-절사평균보다 0%-절사평균이 모평균(모중앙값, 혹은 모 $\alpha\%$ − 절사평균)의 값을 좀더 효율적으로 추정함을 보았다.

현실 세계에서 모분포가 정규분포와 비슷한 경우가 많지만, 그렇지 않은 경우도 많다. 특히 이질적인 두 분포가 섞여 있지만, 그것을 구분하지 않고 측정할 경우에는 정규분포로 나타나지 않는다. 다음에 나오는 "두 정규분포의 합"을 참조하라. 예를 들어서 정상 시력인 사람과 사시인 사람의 비율이 전체 인구에서

9:1로 나타나는 데, 이들이 어떤 테스트에서 $N(0, 1)$, $N(0, 3^2)$의 분포를 보인다고 하자. 정상 시력과 사시임을 구별하지 않고 테스트를 실시했을 때, 그 분포는 아래와 같은 혼합정규분포를 띄게 된다.

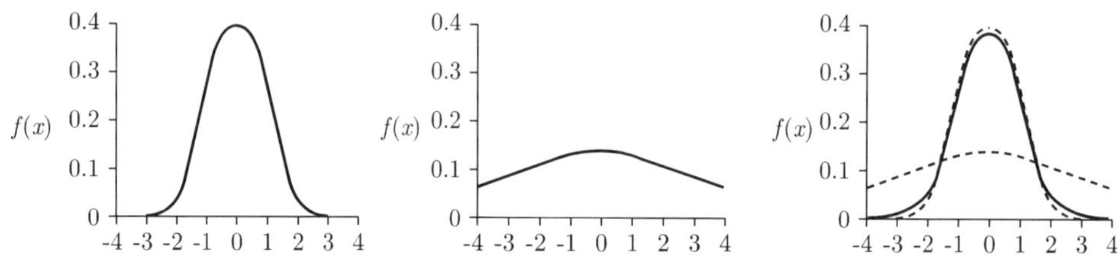

$N(0, 1)$ $N(0, 3^2)$ 혼합정규분포

이 분포의 성질 중에서 주목할 점은 이 분포가 정규분포와 크게 다르지 않지만, 그 분산은 정규분포와 큰 차이를 보인다는 것이다. 위의 세 번째 그래프에서 점선은 $N(0, 1)$과 $N(0, 3^2)$의 분포이다. 특히 $N(0, 1)$ 분포와 혼합정규분포를 비교해보자. 한가운데와 양끝에서 약간의 차이만을 보이고 있다. 특히, 꼬리가 더 두껍다는 것을 주목하자.

모분포가 이런 경우에 모평균을 추정할 때, 표본 0%-절사평균이 그다지 효율적이 아님이 알려져 있다. 모분포가 정규분포와 비슷하지만, 꼬리가 굵은 경우에 20%-절사평균이 0%-절사평균이나 50%-절사평균보다 훨씬 모평균을 추청하는데 효율적이다. 20%는 모분포가 정규분포일 때, 절사평균의 분포가 표본평균의 분포와 크게 다르지 않지만, 모분포의 꼬리가 굵어질 때, 표본절사평균의 분산을 최소화한다는 기준으로 결정된 것이다. 그것은 앞서 표본평균과 표본중앙값을 비교했던 것처럼, 표본 0%-절사평균과 표본 20%-절사평균의 분포를 그려보면 쉽게 알 수 있다.

다음은 모분포가 $N(0, 1)$, 그리고 위에서와 같이 혼합정규분포 $\frac{9}{10}N(0,1)+\frac{1}{10}N(0, 3^2)$일 때, 표본 0%-절사평균(표본평균, 실선)과 표본 20%-절사평균(점선)의 분포를 비교한 것이다.

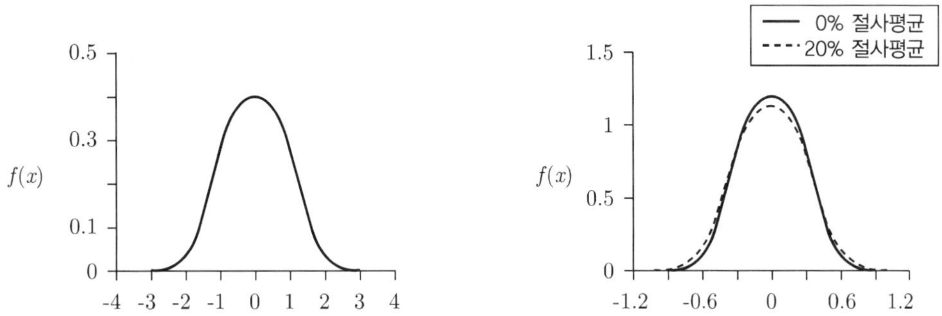

$N(0, 1)$

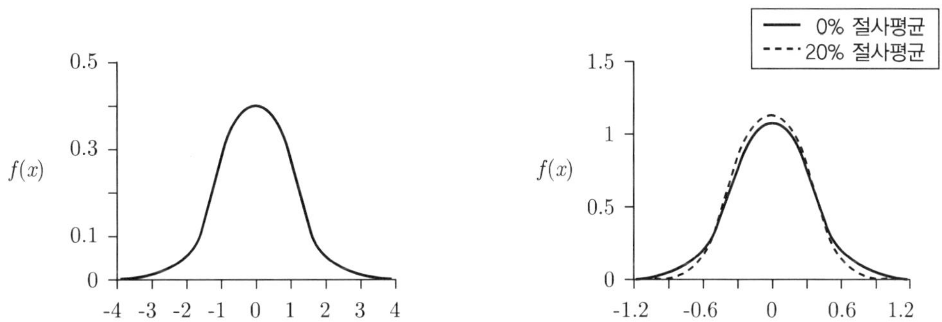

$\frac{9}{10}N(0, 1)+\frac{1}{10}N(0, 3^2)$

요약

정규분포와 비슷하지만 좀더 굵은 꼬리를 가지는 모분포일 때, 표본 20%-절사평균이 평균보다 모평균을 좀더 효율적으로 추정한다.

참고 문헌

Rand R. Wilcox(2009). *Fundamentals of Modern Statistical Methods*.

정규분포를 따르는 모집단에서 표본을 추출했을 때, 표본평균과 표본분산

모분포가 평균 μ, 분산 σ^2인 정규분포를 따른다고 하자. 독립적으로 n개의 값을 추출(표본크기 n인 독립표본 추출)하자. 이때, 얻어진 표본의 평균의 분포는 앞서 살펴본 '정규분포를 따르는 두 확률변수의 합'의 분포를 통해 쉽게 구할 수 있다.

먼저, 모분포 $N(\mu, \sigma^2)$에서 2개의 값 X_1, X_2을 **"독립적으로"** 관찰하여, 표본평균 $\overline{X}$을 구하였을 때, 표본평균 $\overline{X}$는 $\overline{X}=\dfrac{X_1+X_2}{2}$이다. $\overline{X}=\dfrac{X_1}{2}+\dfrac{X_2}{2}$이므로, 정규분포를 따르는 두 확률변수의 합의 분포에 대한 공식에 적용하면 다음을 얻을 수 있다.

$$\frac{X_1}{2} \sim N\left(\frac{\mu}{2},\ \frac{\sigma^2}{2^2}\right),\ \frac{X_2}{2} \sim N\left(\frac{\mu}{2},\ \frac{\sigma^2}{2^2}\right),\ X_1 \perp X_2,\ \overline{X}=\frac{X_1}{2}+\frac{X_2}{2}$$

$$\Downarrow$$

$$\overline{X} \sim N\left(\frac{\mu}{2}+\frac{\mu}{2},\ \frac{\sigma^2}{2^2}+\frac{\sigma^2}{2^2}\right)$$

일반적으로 모분포가 평균 μ, 분산 σ^2인 정규분포를 따를 때, 독립적으로 n개의 값을 추출한다면(표본크기 n인 독립표본 추출), 표본평균의 평균과 분산은 다음과 같다.

$$\frac{X_i}{n} \sim N\left(\frac{\mu}{n},\ \frac{\sigma^2}{n^2}\right),\ X_i \perp X_j (\text{모든 } i, j\,(i \neq j)\text{에 대해서}),\ \overline{X} = \sum_{i=1}^{n} \frac{X_i}{n}$$

$$\Downarrow$$

$$\overline{X} \sim N\left(\mu, \frac{\sigma^2}{n}\right)$$

표본평균은 어떤 표본이 추출되느냐에 따라 값이 변하는 확률변수이고, 일정한 분포를 따른다. 그 분포에 대해 평균과 분산을 구할 수 있고, 그것이 표본평균의 평균과 분산이다.

$\overline{X}$가 분포를 가지고 있는 확률변수라는 것이 처음에는 잘 받아들여지지 않을 수도 있다. 하지만 $\overline{X}$는 어떤 표본을 추출했느냐에 따라 달라지기 때문에 확률변수이다. X_1, X_2, $\cdots$, X_n가 확률변수이므로 그것으로부터 결정되는 $\overline{X}$ 역시 확률변수가 되는 것이다.

$\overline{X}$의 확률밀도함수를 구해보자.

$$\overline{X} \sim N\left(\mu, \frac{\sigma^2}{n}\right)$$

$$\Downarrow$$

$$f(\overline{X} = x) = \frac{1}{\sqrt{2\pi}\,\dfrac{\sigma}{\sqrt{n}}} e^{-\frac{1}{2}\left(\frac{x-\mu}{\sigma/\sqrt{n}}\right)^2}$$

표본분산 s^2 역시 표본에 따라 달라지는 확률변수이다. 정규분포 $N(\mu, \sigma^2)$에서 독립적으로 값을 세 개 관찰했을 때, 그 값을 X_1, X_2, X_3라고 하면 다음이 성립한다.

$$X_1,\ X_2,\ X_3 \sim N(\mu,\ \sigma^2)\ \ (X_1, X_2, X_3\text{는 서로 독립})$$

$$\Downarrow$$

$$\overline{X} = \frac{X_1 + X_2 + X_3}{3} \sim N\left(\mu,\ \frac{\sigma^2}{3}\right)$$

그리고 표본분산 s^2는 다음과 같이 구한다.

$$s^2 = \frac{\sum_{i=1}^{3}(X_i - \overline{X})^2}{3-1}$$

표본분산의 분포는 어떻게 구할 수 있을까? 앞서 살펴본 정규분포를 따르는 두 확률변수의 합을 상기해보자. $Z = X_1 + X_2$ $(X_1,\ X_2 \sim N(\mu,\ \sigma^2),\ i.i.d)$라고 놓았을 때, $f(Z=z)$ (확률변수 Z가 특정한 값 z를 가질 확률밀도)를 구하기 위해서 $z = x_1 + x_2$를 만족시키는 모든 $x_1,\ x_2$에 대해 확률밀도의 곱 $f(X_1 = x_1)f(X_2 = x_2)$를 적분했었다. 여기서도 마찬가지를 생각해볼 수 있다.

예를 들어 s^2이 1일 확률밀도를 구하기 위해서, $s^2 = 1$이 되는 모든 $x_1,\ x_2,\ x_3$을 생각해 볼 수 있다. $1 = \frac{\sum_{i=1}^{3}(x_i - \overline{x})^2}{3-1}$이 성립해야 하므로, 다음 역시 성립해야 한다.

$$2 = \sum_{i=1}^{3}\left(x_i - \frac{x_1+x_2+x_3}{3}\right)^2 = \left(\frac{2x_1 - x_2 - x_3}{3}\right)^2 + \left(\frac{-x_1 + 2x_2 - x_3}{3}\right)^2 + \left(\frac{-x_1 - x_2 + 2x_3}{3}\right)^2$$

$(x_1,\ x_2,\ x_3)$의 삼차원 공간에서 위의 조건을 만족하는 모든 $(x_1,\ x_2,\ x_3)$에서 $f(X_1 = x_1)f(X_2 = x_2)f(X_3 = x_3)$을 적분하면, $f(s^2 = 1)$을 얻을 수 있다.

논리는 간단하다. $s^2 = 1$을 만족시키는 모든 $(x_1,\ x_2,\ x_3)$에 대해 확률밀도를 적분하면 된다. 하지만 앞의 식에서 보듯이, 그것이 결코 쉽지 않을 것임을 짐작할 수 있다. 특히, 표본크기가 100, 1000으로 늘어나면 과연 얼마나 복잡해 지겠는가?

하지만 수학자들은 복잡한 수식에서 어떤 규칙성을 찾아내고, 문제를 단순하게 만드는 데 타고난 솜씨를 가진 사람들이다. 수학자들은 다음과 같은 사실을 알아냈다.

$X_i \sim N(\mu,\ \sigma^2)$이고 X_i가 서로 독립일 때, $\sum_{i=1}^{n}(X_i - \overline{X})^2$의 분포는 $\sum_{i=1}^{n-1}(X_i - \mu)^2$의 분포가 동일하다. 여기서 $\sum_{i=1}^{n}(X_i - \overline{X})^2 = \sum_{i=1}^{n-1}(X_i - \mu)^2$을 의미하는 것이 아님을 유의하자.[20] 분포가 같다는 것은 가정($X_i \sim N(\mu, \sigma^2)$이고 X_i가 서로 독립)이 성립할 때, $\sum_{i=1}^{n}(X_i - \overline{X})^2=3$일 확률밀도와 $\sum_{i=1}^{n-1}(X_i - \mu)^2 = 3$일 확률밀도가 같다는 의미이다. 하지만 $\sum_{i=1}^{n}(X_i - \overline{X})^2 = 3$을 만족시키는 $X_1,\ X_2,\ X_3,\ \cdots,\ X_n$과 $\sum_{i=1}^{n-1}(X_i - \mu)^2 = 3$을 만족시키는 $X_1,\ X_2,\ X_3,\ \cdots,\ X_{n-1}$은 서로 다르다. (물론 비단 3뿐 아니라 모든 값에 대해서 성립한다. 이 책에서는 이해를 좀더 쉽게 하기 위해 k와 같은 변수를 쓰는 대신 3과 같이 상수를 써서 설명했다. 하지만 일반적인 경우로의 확장은 누구나 쉽게 할 수 있을 것이다.)

위의 예를 다시 보자. $s^2 = \dfrac{\sum_{i=1}^{3}(X_i - \overline{X})^2}{3-1}$에서

$$\sum_{i=1}^{3}(X_i - \overline{X})^2 = \sum_{i=1}^{3}\left(X_i - \frac{X_1 + X_2 + X_3}{3}\right)^2$$

$$= \left(\frac{2X_1 - X_2 - X_3}{3}\right)^2 + \left(\frac{-X_1 + 2X_2 - X_3}{3}\right)^2 + \left(\frac{-X_1 - X_2 + 2X_3}{3}\right)^2$$

$$= \frac{6X_1^2 - 6X_1X_2 - 6X_1X_3 + 6X_2^2 - 6X_2X_3 + 6X_3^2}{3^2} = \frac{2X_1^2 - 2X_1X_2 - 2X_1X_3 + 2X_2^2 - 2X_2X_3 + 2X_3^2}{3}$$

20) $\sum_{i=1}^{n}(X_i - \overline{X})^2 = \sum_{i=1}^{n-1}(X_i - \mu)^2$는 절대 성립할 수 없는 식이다. 왜냐하면, 우변에는 X_n이 없고, 좌변에는 X_n이 포함되어 있다. 따라서 우변은 X_n의 값에 상관없이 일정한 반면, 좌변은 X_n에 따라 변한다.

가 되는데, 이때 이 식은 다음과 같이 묶을 수 있다.

$$\left(-\frac{1}{\sqrt{2}}X_1+\frac{1}{\sqrt{2}}X_3\right)^2+\left(-\frac{1}{\sqrt{6}}X_1+\sqrt{\frac{2}{3}}X_2-\frac{1}{\sqrt{6}}X_3\right)^2$$

이때 $Z_1=-\frac{1}{\sqrt{2}}X_1+\frac{1}{\sqrt{2}}X_3$, $Z_2=-\frac{1}{\sqrt{6}}X_1+\sqrt{\frac{2}{3}}X_2-\frac{1}{\sqrt{6}}X_3$라 놓으면, $Z_1\sim N(0,1)$, $Z_2\sim N(0,1)$, $Cov(Z_1, Z_2)=0$이므로, Z_1, Z_2는 서로 독립이다. 따라서 $s^2=\frac{\sum_{i=1}^{3}(X_i-\overline{X})^2}{3-1}=\frac{Z_1^2+Z_2^2}{2}$이 된다. $(Z_1, Z_2\sim N(0,1),\ Z_1\perp Z_2)$

그런데 다음의 등식을 어떻게 알아냈을까?

$$\frac{2X_1^2-2X_1X_2-2X_1X_3+2X_2^2-2X_2X_3+2X_3^2}{3}$$
$$=\left(-\frac{1}{\sqrt{2}}X_1+\frac{1}{\sqrt{2}}X_3\right)^2+\left(-\frac{1}{\sqrt{6}}X_1+\sqrt{\frac{2}{3}}X_2-\frac{1}{\sqrt{6}}X_3\right)^2$$

사실 그것보다 중요한 것은 표본크기 n인 표본분산 s^2이 다음과 같이 수학적으로 증명되었다는 것이다.

$$s^2=\frac{\sum_{i=1}^{n}(X_i-\overline{X})^2}{n-1}(X_i\sim N(0,1),\ i.i.d)\ \sim\ \frac{\sum_{i=1}^{n-1}Z_i^2}{n-1}(Z_i\sim N(0,1),\ i.i.d)$$

위에서 표본크기 3일 때, 주어진 식을 행렬식으로 나타내고, 그것을 조작하면, 우리가 원하는 식을 얻을 수 있다. 행렬을 배워야 하므로, 이런 게 있다는 정도만 알고 넘어가자.

$$\frac{2X_1^2-2X_1X_2-2X_1X_3+2X_2^2-2X_2X_3+2X_3^2}{3}=(X_1\ X_2\ X_3)\begin{pmatrix}\frac{2}{3} & -\frac{1}{3} & -\frac{1}{3}\\ -\frac{1}{3} & \frac{2}{3} & -\frac{1}{3}\\ -\frac{1}{3} & -\frac{1}{3} & \frac{2}{3}\end{pmatrix}\begin{pmatrix}X_1\\X_2\\X_3\end{pmatrix}$$

이때

$$\begin{pmatrix}\frac{2}{3} & -\frac{1}{3} & -\frac{1}{3}\\ -\frac{1}{3} & \frac{2}{3} & -\frac{1}{3}\\ -\frac{1}{3} & -\frac{1}{3} & \frac{2}{3}\end{pmatrix}=\begin{pmatrix}-\frac{1}{\sqrt{2}} & -\frac{1}{\sqrt{6}} & \frac{1}{\sqrt{3}}\\ 0 & \sqrt{\frac{2}{3}} & \frac{1}{\sqrt{3}}\\ \frac{1}{\sqrt{2}} & -\frac{1}{\sqrt{6}} & \frac{1}{\sqrt{3}}\end{pmatrix}\begin{pmatrix}1&0&0\\0&1&0\\0&0&0\end{pmatrix}\begin{pmatrix}-\frac{1}{\sqrt{2}} & 0 & \frac{1}{\sqrt{2}}\\ -\frac{1}{\sqrt{6}} & \sqrt{\frac{2}{3}} & -\frac{1}{\sqrt{6}}\\ \frac{1}{\sqrt{3}} & \frac{1}{\sqrt{3}} & \frac{1}{\sqrt{3}}\end{pmatrix}$$

$$=\begin{pmatrix}-\frac{1}{\sqrt{2}} & 0 & \frac{1}{\sqrt{2}}\\ -\frac{1}{\sqrt{6}} & \sqrt{\frac{2}{3}} & -\frac{1}{\sqrt{6}}\\ \frac{1}{\sqrt{3}} & \frac{1}{\sqrt{3}} & \frac{1}{\sqrt{3}}\end{pmatrix}^T\begin{pmatrix}1&0&0\\0&1&0\\0&0&0\end{pmatrix}\begin{pmatrix}-\frac{1}{\sqrt{2}} & 0 & \frac{1}{\sqrt{2}}\\ -\frac{1}{\sqrt{6}} & \sqrt{\frac{2}{3}} & -\frac{1}{\sqrt{6}}\\ \frac{1}{\sqrt{3}} & \frac{1}{\sqrt{3}} & \frac{1}{\sqrt{3}}\end{pmatrix}$$

따라서 앞선 식은 다음과 같이 전개된다.

$$\frac{2X_1^2-2X_1X_2-2X_1X_3+2X_2^2-2X_2X_3+2X_3^2}{3}=(X_1\ X_2\ X_3)\begin{pmatrix}\frac{2}{3} & -\frac{1}{3} & -\frac{1}{3}\\ -\frac{1}{3} & \frac{2}{3} & -\frac{1}{3}\\ -\frac{1}{3} & -\frac{1}{3} & \frac{2}{3}\end{pmatrix}\begin{pmatrix}X_1\\X_2\\X_3\end{pmatrix}$$

$$=(X_1\ X_2\ X_3)\begin{pmatrix}-\frac{1}{\sqrt{2}} & 0 & \frac{1}{\sqrt{2}}\\ -\frac{1}{\sqrt{6}} & \sqrt{\frac{2}{3}} & -\frac{1}{\sqrt{6}}\\ \frac{1}{\sqrt{3}} & \frac{1}{\sqrt{3}} & \frac{1}{\sqrt{3}}\end{pmatrix}^T\begin{pmatrix}1&0&0\\0&1&0\\0&0&0\end{pmatrix}\begin{pmatrix}-\frac{1}{\sqrt{2}} & 0 & \frac{1}{\sqrt{2}}\\ -\frac{1}{\sqrt{6}} & \sqrt{\frac{2}{3}} & -\frac{1}{\sqrt{6}}\\ \frac{1}{\sqrt{3}} & \frac{1}{\sqrt{3}} & \frac{1}{\sqrt{3}}\end{pmatrix}\begin{pmatrix}X_1\\X_2\\X_3\end{pmatrix}$$

$$=\left(-\frac{1}{\sqrt{2}}X_1+\frac{1}{\sqrt{2}}X_3\right)^2+\left(-\frac{1}{\sqrt{6}}X_1+\sqrt{\frac{2}{3}}X_2-\frac{1}{\sqrt{6}}X_3\right)^2$$

일반적으로 표본크기가 n인 경우에 표본분산의 분포는 다음과 같다. 앞의 경우는 X_i가 모두 $N(0, 1)$, 즉 표준정규분포를 띄는 경우이고, 다음은 X_i가 $N(\mu, \sigma^2)$의 일반적인 정규분포를 띌 때이다.

$$s^2 \sim \frac{\sigma^2}{n-1}\chi^2(n-1)$$

$$E(s^2) = \sigma^2,\ Var(s^2) = \frac{2\sigma^4}{n-1}$$

$$\frac{n-1}{\sigma^2}s^2 \sim \chi^2(n-1)$$

참고로 위에서 사용된 정규분포와 카이-제곱분포의 확률밀도함수는 다음과 같다. 많은 사람들이 감마함수($\Gamma(x)$)를 모를 것이므로 이런 것이 있다는 것만 확인하자.

$$s^2 \sim \chi^2(n-1) \Rightarrow f(s^2 = x) = \begin{cases} \dfrac{x^{(n-1)/2-1}e^{-x/2}}{2^{(n-1)/2}\Gamma\left(\dfrac{n-1}{2}\right)}, & x \geq 0 \\ 0, & x < 0 \end{cases}$$

$$s^2 \sim \frac{\sigma^2}{n-1}\chi^2(n-1) \Rightarrow f(s^2 = x) = \begin{cases} \dfrac{\left(\dfrac{n-1}{\sigma^2}x\right)^{(n-1)/2-1} e^{-\frac{n-1}{2\sigma^2}x}}{\dfrac{\sigma^2 2^{(n-1)/2}}{n-1}\Gamma\left(\dfrac{n-1}{2}\right)}, & x \geq 0 \\ 0, & x < 0 \end{cases}$$

표본분산의 분포(확률밀도함수)를 그려보자. 모분산이 1인 모집단에서 표본크기 n인 표본을 추출하여 얻어진 표본분산의 확률밀도함수의 그래프를 그려보면 다음과 같다. 표본크기가 커질수록 모분산인 1의 주위로 표본분산이 나타날 확률이 커지고, 모양도 정규분포와 비슷해진다.

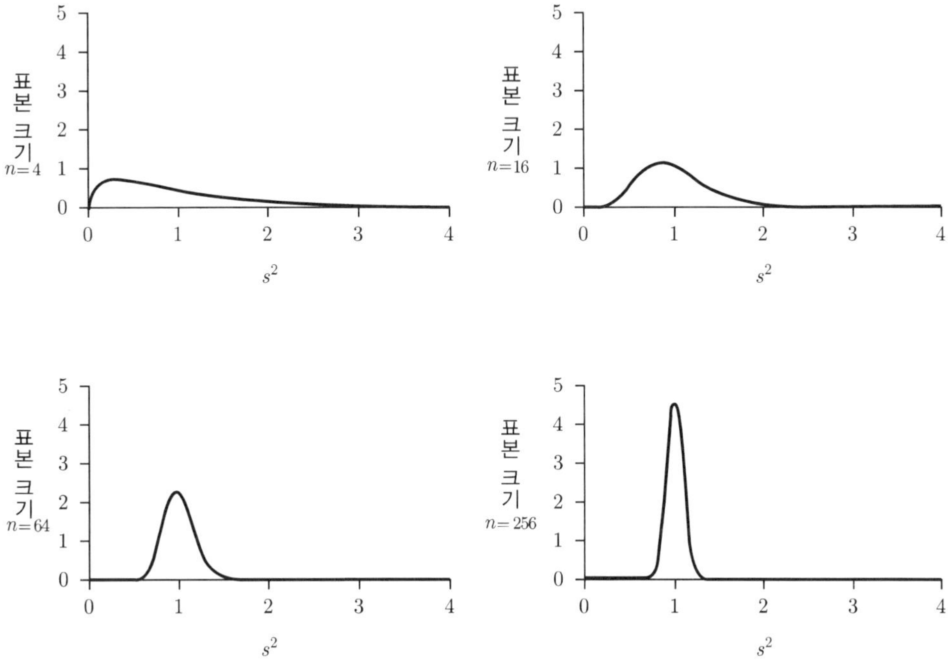

이번에는 x축에 표본평균, y축에 표본분산, z축에 확률밀도를 넣어 3차원 그래프를 그려보자. 표본평균과 표본분산의 결합확률밀도를 구하기 위해서는 모분포가 정규분포일 때, 표본평균과 표본평균이 서로 독립이라는 사실 활용한다.[21] 3차원 조망도와 3차원 그래프를 2차원에 나타내기 위한 등고선 그래프를 그려본 결과는 다음과 같다.

21) 모집단의 분포가 정규분포일 때, 표본평균과 표본분산이 독립이다. 그것은 정규분포에서 크기 n의 표본을 추출했을 때, 표본평균값을 안다는 것이 표본분산을 추측하는 데 도움이 되지 않는다는 의미이다. 반대로 표본분산을 알아도 표본평균에 대해 좀더 정확히 추측할 수 없다. 이것은 모분포가 정규분포일 때만 나타나는 굉장히 특수한 현상이다. 표본평균과 표본분산이 독립인 분포는 정규분포가 유일하다는 것이 수학적으로 증명되었다. 하지만 정규분포에서 표본평균과 표본분산이 독립이라는 것과 표본평균과 표본분산이 서로 독립인 분포는 정규분포뿐이라는 것을 수학적으로 증명하는 것은 굉장히 어려우므로 이 책에서는 그 결과만을 알려둔다.

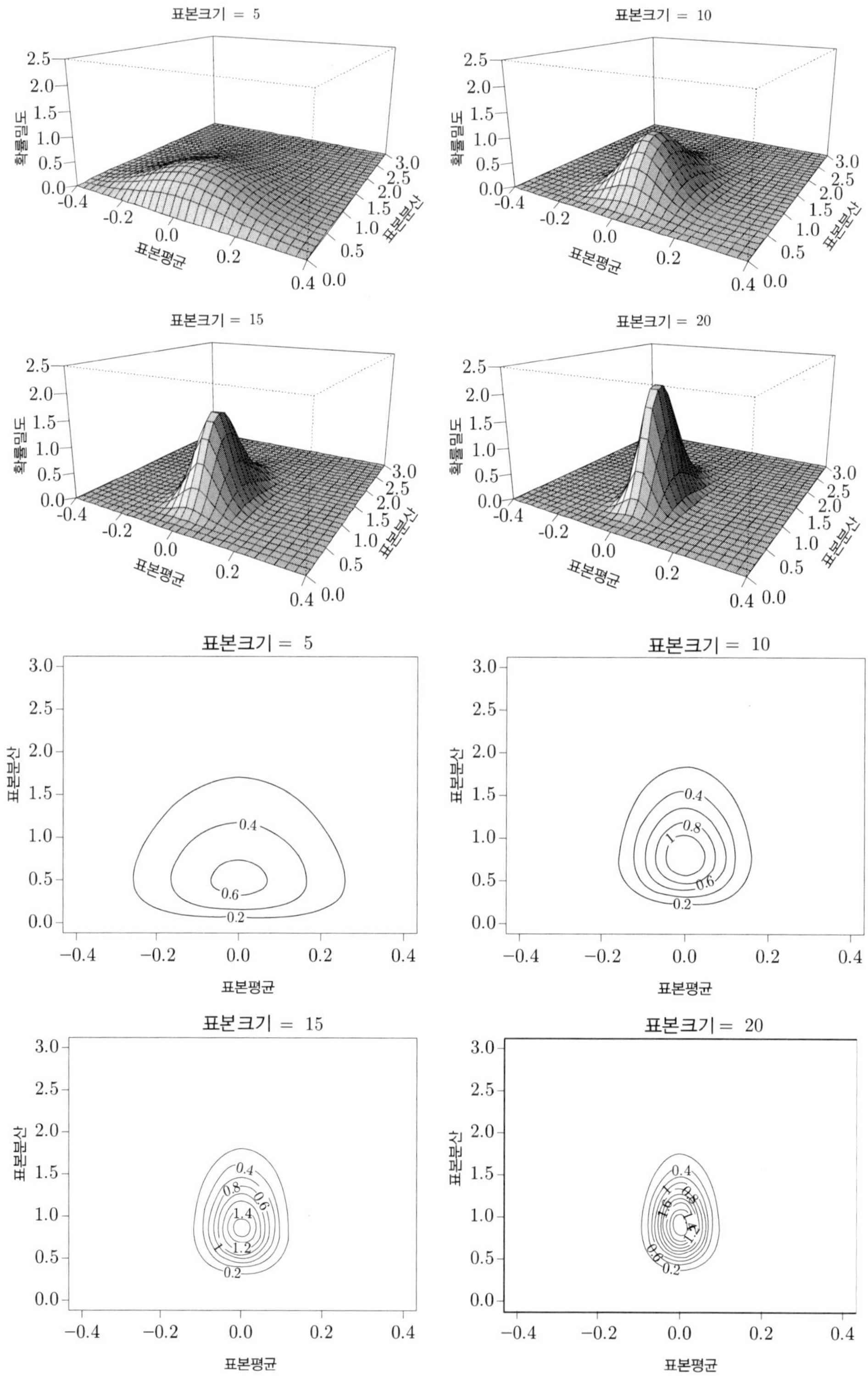
표본크기 = 5
표본크기 = 10
표본크기 = 15
표본크기 = 20
확률밀도
표본평균
표본분산
표본크기 = 5
표본크기 = 10
표본크기 = 15
표본크기 = 20
표본분산
표본평균

요약

모집단이 정규분포일 때, 표본평균과 표본분산의 분포를 구할 수 있다. 표본평균과 표본분산은 서로 독립이며, 표본의 크기가 커질수록 모평균과 모분산의 근처의 확률밀도가 커진다.

표본평균을 통해 모평균의 신뢰구간 구하기: 모분산을 알 때

모집단이 평균이 μ이고, 분산이 σ^2인 정규분포를 따를 때, 표본크기 n의 표본을 독립 추출하면, 표본평균 $\overline{X}$의 분포는 다음과 같다.22)

$$X \sim N(\mu, \sigma^2) \Rightarrow \overline{X} \sim N\left(\mu, \frac{\sigma^2}{n}\right)$$

다시 한 번 그 의미를 정리하자. 정규분포에서 표본크기 n의 표본을 추출했을 때, 표본평균은 어떤 표본이 추출되느냐에 따라 결정되는 확률변수이다. 표본평균의 분포은 표본의 크기가 커질수록 모평균의 근처에 집중되는 특징이 있다.

여기서 모분산 σ^2은 알지만, 모평균 μ의 값을 모른다고 해보자. 그것은 모집단의 분포의 모양(정규분포, 모분산)은 알지만, 그 위치를 정확히 모른다는 것이다. 이때 우리는 표본을 추출하여 표본평균 $\overline{X}$를 통해 모평균 μ를 추정하고 싶다.

일반적으로 어떤 확률변수가 정규분포를 따를 때, 관찰값이 평균에서 ± 1.96 표준편차의 범위 안에 있을 확률은 0.95(95%)이다. 그것은 다음과 같이 나타낼 수 있다.

22) 표본평균 $\overline{X}$의 분포는 표본크기 n에 따라 달라짐을 명시적으로 표시하기 위해 $\overline{X}_n$ 혹은 $\overline{X}(n)$으로 표기하기도 한다.

$$\mu - 1.96\sqrt{\sigma^2} \le X \le \mu + 1.96\sqrt{\sigma^2} \quad (95\%)$$

$$\text{정리하면, } \mu - 1.96\sigma \le X \le \mu + 1.96\sigma \quad (95\%)$$

그것을 표본평균에 대해서도 적용해보면, 다음과 같다.

$$\mu - 1.96\sqrt{\frac{\sigma^2}{n}} \le \overline{X} \le \mu + 1.96\sqrt{\frac{\sigma^2}{n}} \ (95\%)$$

$$\text{정리하면, } \mu - 1.96\frac{\sigma}{\sqrt{n}} \le \overline{X} \le \mu + 1.96\frac{\sigma}{\sqrt{n}} \ (95\%)$$

이제 실제로 표본크기 n인 표본을 구성하여 표본평균 $\bar{x}$을 구하였다.[23] 이 값이 위의 95%에 속한다고 가정하자. 드물게 나타나는 나머지 5%를 포기하는 것이다. 그러면 간단한 산수에 의해 위의 식을 모평균에 대한 식으로 바꿔서 다음과 같이 나타낼 수 있다.

$$\bar{x} - 1.96\frac{\sigma}{\sqrt{n}} \le \mu \le \bar{x} + 1.96\frac{\sigma}{\sqrt{n}} \ (95\%)$$

자, 이것이 표본평균을 통해 구한 모평균의 95% 신뢰구간이다!

한 가지 주의할 점이 있다. 95% 신뢰구간은 모평균이 신뢰구간 안에 있을 확률이 95%라는 말과 다르다. 우리가 구한 95% 신뢰구간은 어떤 표본이 뽑히고, 그에 따라 표본평균의 값($\bar{x}$)이 무엇인지에 따라 달라진다. 예를 들어서 모분산 1이고, 표본의 크기가 4인 경우, 표본평균이 0이었다면, 모평균의 95% 신뢰구간은 $-0.98 \le \mu \le 0.98$이 되지만, 표본평균이 0.2였다면, 신뢰구간은 $-0.96 \le \mu \le 1$이 된다. 동일한 모집단(따라서 모평균도 동일하다!)에서 뽑은 표본은 뽑을 때마다 다르기 마련이다! 하지만 우리가 알고 싶어하는 모평균 μ은 우리가 어떤 표본

23) 확률변수로써 표본평균은 $\overline{X}$로 표시하고, 관찰된 값으로 표본평균은 $\bar{x}$로 표기하였다.

을 뽑았는지에 상관없이 일정한 값이다. 적어도, 우리는 모평균이 우리가 어떤 표본을 뽑았느냐에 따라 변하지 않는다고 가정한다!

바뀌지 않고 고정되어 있는 모평균에 대해서 확률적인 얘기를 할 수는 없다. 굳이 하고 싶다면 확률은 1 또는 0다. 예를 들어 모평균이 3일 때, 모평균 μ가 $2.98 \le \mu \le 3.98$을 만족할 확률은 1이고, $1.98 \le \mu \le 2.98$을 만족할 확률은 0이다.

95% 신뢰구간을 얘기할 때, 95%는 우리가 얻은 표본에 대해 가정하는 바를 나타낸다. 표본평균은 정규분포를 따르기 때문에 $-\infty$부터 $+\infty$까지 어떤 값도 가능하다. 물론 그런 값들 중에서 어떤 범위의 값들은 매우 빈번하게 관찰되는(확률이 높은) 값들이고, 어떤 범위의 값들은 매우 드물게 관찰되는(확률이 낮은) 값이다. 그리고 $\overline{X} < \mu - 1.96\frac{\sigma}{\sqrt{n}}$, $\mu + 1.96\frac{\sigma}{\sqrt{n}} < \overline{X}$를 만족하는 표본평균은 매우 드물게 관찰되는 5%의 확률에 속하는 값이다.

95% 신뢰구간을 얘기할 때, 95%는 확률이 낮은 5%의 표본들을 포기하겠다는 것이다! 이렇게 5%의 표본들이 일어나지 않았다라고 가정을 했을 때, 모평균의 가능한 범위를 구한 것이 95% 신뢰구간이 된다.

이것을 좀더 구체적으로 설명을 해보자. 5%의 희귀한 표본을 포기했을 때, 우리는 다음과 같은 표본평균의 범위를 구할 수 있었다.

$$\mu - 1.96\frac{\sigma}{\sqrt{n}} \le \overline{X} \le \mu + 1.96\frac{\sigma}{\sqrt{n}} \quad (95\%)$$

그것을 모평균에 대해서 정리를 하면 다음과 같이 된다.

$$\overline{X} - 1.96\frac{\sigma}{\sqrt{n}} \le \mu \le \overline{X} + 1.96\frac{\sigma}{\sqrt{n}} \quad (95\%)$$

위의 식의 의미를 좀더 상술하자면, 5%의 희귀한 표본을 포기했을 때, 표본평균은 더 이상 어떤 값도 가능한 상태가 아니라, 특정한 범위의 값들로 한정이 된다.[24] 5%의 희귀한 표본들을 포기한 대가로, 표본평균의 값은 모평균 주위의 일정한 범위로 한정이 되었으므로 특정한 표본평균값을 가능케 하는 모평균의 범위도 한정이 되는 것이다.

신뢰구간은 많은 학생들이 이해하기 어려워하는 부분이므로 다시 구체적으로 설명해보자. 모집단이 $N(0,1)$인 분포에서 표본크기 9인 표본을 추출했을 때, 표본평균은 $N(0, 1/9 = 1/3^2)$을 따른다. 따라서 표본평균의 95%는 -0.653 $(1.96 \times \frac{1}{3})$과 $+0.653$ 사이에서 관찰될 것이다. 이렇게 드문 5%를 제외하면 관찰 가능한 표본평균값은 일정한 범위로 제한된다(만약 "드문 5%"를 제외하지 않는다면, 관찰 가능한 표본평균값은 $-\infty$에서 ∞, 즉 모든 실수를 포함한다). 그것은 역으로 특정한 표본평균값에 대해 그 값을 발생시킬 수 있는 모평균의 값을 제한할 수 있다는 의미이다. 예를 들어, 표본평균값이 -1이라고 한다면, 우리가 "드문 5%"를 제외했을 때, 모평균 0에서 **발생할 수 없는** 표본평균값이다. "드문 5%"를 제외했을 때, 표본평균값 -1을 발생시킬 수 있는 모평균의 범위는 무엇인가? 그것이 모평균의 95% 신뢰구간이다.

만약 우리의 표본이 포기한 5%에 속했다면 어떤 일이 일어날까? 만약 그런 일이 일어났다면, 표본평균에 대한 다음의 가정이 맞지 않다는 것이고, 그것에 근거하여 추정한 모평균의 95% 신뢰구간 역시 맞지 않게 된다.

$$\mu - 1.96\frac{\sigma}{\sqrt{n}} \le \bar{x} \le \mu + 1.96\frac{\sigma}{\sqrt{n}}$$

$$\Updownarrow$$

$$\bar{x} - 1.96\frac{\sigma}{\sqrt{n}} \le \mu \le \bar{x} + 1.96\frac{\sigma}{\sqrt{n}}$$

24) $\bar{X} \sim N\left(\mu, \frac{\sigma^2}{n}\right)$라고 했을 때, 이론적으로 $\bar{X}$는 어떤 값이든 될 수 있다. 물론 μ에서 $\pm 1.96\sqrt{\frac{\sigma^2}{n}}$를 넘어가는 값들이 관찰될 확률은 0.05(5%)밖에 되지 않고, μ에서 $\pm 3\sqrt{\frac{\sigma^2}{n}}$를 넘어가는 값들이 관찰될 확률은 0.0013(0.13%)밖에 되지 않지만, 불가능하지는 않다!

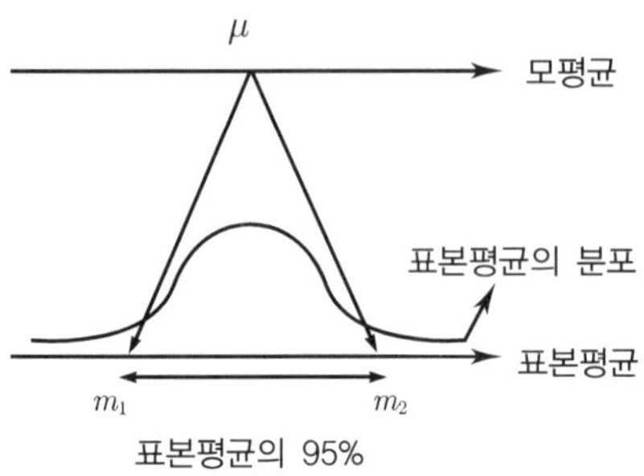

모평균이 μ로 주어졌을 때, 표본평균의 가장 빈번한 95%는 m_1에서 m_2까지로 한정된다.

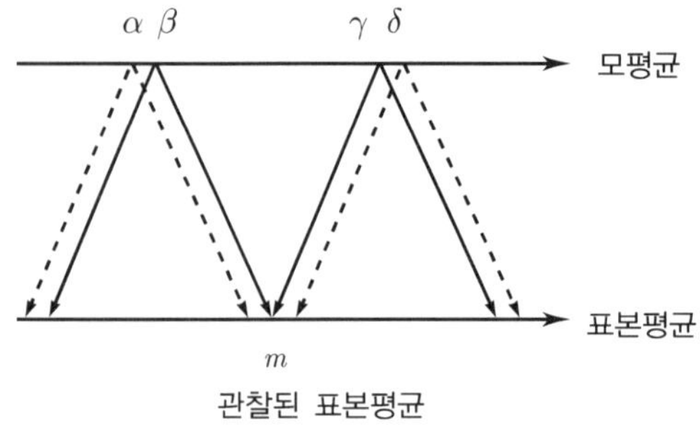

표본평균의 가장 빈번한 95%를 가정했을 때, 모평균이 α인 모집단에서 표본을 추출했을 때 표본평균 m이 관찰될 수 없다. 마찬가지로 모평균 δ인 모집단에서 표본을 추출했을 때 표본평균 m이 관찰될 수 없다. (가장 빈번한 표본평균의 95%를 가정했을 때) 모평균 β와 γ는 m이 관찰될 수 있는 모평균의 최소·최대값이다. 이때의 범위 $\beta \sim \gamma$는 표본평균 m에서 구한 모평균의 95% 신뢰구간이다.

그런데 우리의 표본이 희귀한 5%에 속하지 않았다는 것을 어떻게 알 수 있을까? 하나의 표본만으로 그것을 판단할 수 있는 방법은 없다!

한 가지 방법은 표본을 여러 번 추출해보는 것이다. 평균적으로 5%의 확률은 100번에 5번 정도 일어나기 마련이다. 따라서 100번 중 평균적으로 95%에 해당하는 경우에 우리의 가정이 맞고, 95% 신뢰구간은 모평균을 포함하지만, 5%에 해당하는 경우에는 그렇지 않을 것이다.

그렇지만 그것 역시 100% 정확하다고 말하긴 힘들다. 우리가 10번 표본을 추출했을 때에도, 10번 모두 5%에 해당하는 희귀한 표본이 추출될 수도 있기 때문이다. 하지만 안심인 것은 그럴 확률은 지극히 낮다. 참고로 다음 표는 10개의 표본을 독립적으로 구성했을 때, 5%에 해당하는 희귀한 표본이 n번 나올 확률이다. 그것은 모평균의 95% 신뢰구간이 모평균을 포함하지 않을 확률과 같다!

n	0	1	2	3	4~10
P	59.9	31.5	7.5	0.1	< 0.1

10번 실험을 반복했을 때, 10개의 95% 신뢰구간이 모두 모수를 포함할 확률이 거의 60% 가깝다. 반면 10개의 95% 신뢰구간이 모두 모수를 포함하지 못할 확률은 0.0000000000001%도 안 된다!

많은 사람들이 "모평균의 95% 신뢰구간"의 의미를 모평균이 그 구간 안에 속할 확률이 95%라는 의미로 생각한다. 하지만 그것은 잘못된 생각이다. 앞서 얘기했듯이 모평균이 변하지 않는 이상, 모평균이 특정한 범위 안에 속할 확률은 1 또는 0이다.

그것은 표본에 대해서도 마찬가지이다. 우리가 표본을 추출했을 때, 그것은 희귀한 5%에 속하거나, 속하지 않는다.[25] 따라서 이미 나온 표본평균에 대해서는 1 또는 0의 확률만을 얘기할 수 있다.[26] 앞으로 추출할 표본에 대해서만 95%, 5%의 확률을 얘기할 수 있는 것이다. 반면 이미 구해진 95% 신뢰구간은 우리가 얻은 표본이 95%의 빈번한 표본에 속했다고 가정했을 때, 모평균의 범위를 나타낸다. 만약 표본이 우리의 가정(95%의 빈번한 표본에 속한다)에 어긋난다면, 그 가정을 통해 얻어진 95% 신뢰구간도 거짓이 된다.

만약 95% 신뢰구간을 확률적으로 해석하자면 다음과 같이 생각해볼 수도 있다. "표본을 추출하기 전에, 앞으로 추출할 표본으로부터 신뢰구간을 구하면, 95%의 확률로 신뢰구간이 정확할 것이다."

---

25) 희귀한 5%는 우리가 어떤 표본을 뽑기 전에, (가능한 모든 표본을 고려한) 표본의 분포를 보고 결정한 것이다. 따라서 어떤 표본을 뽑았을 때, 그 표본은 희귀한 5%에 속하거나 속하지 않는다. 예를 들어, 앞면이 나올 확률이 80%이고, 뒷면이 나올 확률이 20%인 동전을 던져서 앞면 혹은 뒷면이 나왔다고 지자. 이미 앞면 혹은 뒷면이 결정되었기 때문에 이 결과에 대해 앞면이 나올 확률이 80%라고 할 수 없다. 굳이 확률을 얘기하자면, 앞면이 나왔다면, 앞면이 나왔을 확률은 1이고, 뒷면이 나왔을 확률은 0이다.

26) 95%의 확률로 다음이 성립한다. $\mu-1.96\frac{\sigma}{\sqrt{n}} \le \bar{X} \le \mu+1.96\frac{\sigma}{\sqrt{n}}$. 반면 관찰된 표본평균 $\bar{x}$과 변하지 않는 값으로써 모평균 μ를 생각하면, $\mu-1.96\frac{\sigma}{\sqrt{n}} \le \bar{x} \le \mu+1.96\frac{\sigma}{\sqrt{n}}$는 참이거나 거짓이다. 확률적으로는 1 또는 0이다.

다시 비교를 해보자. 모분산이 1인 모집단에서 표본크기가 100인 표본을 추출하여, 표본평균 1을 얻었다고 치자. 그에 따라, 계산한 신뢰구간($-0.96 \le \mu \le 1.04$)은 모평균을 포함하고 있거나, 포함하고 있지 않다.

반면, 모분산이 1인 모집단에서 표본크기가 100인 표본을 추출하여, 표본평균 $\overline{X}$를 구했을 때, 그에 따라 계산한 신뢰구간 $\overline{X}-1.96\frac{\sigma}{\sqrt{n}} \le \mu \le \overline{X}+1.96\frac{\sigma}{\sqrt{n}}$이 모평균을 포함하고 있을 확률은 0.95이다.

가장 큰 차이점은 표본평균이 확률변수로 취급되느냐, 아니면 특정한 값이냐는 것이다. 표본평균이 확률변수로 취급되면, 표본평균이 희귀한 5%에 포함될 확률이 5%이지만, 이미 값이 얻어진 표본평균은 이미 희귀한 5%에 포함되거나 포함되지 있지 않다.

많은 사람들이 신뢰구간 95%란 말의 의미를 정확히 모른다. 앞에서 얘기했던 모평균의 95% 신뢰구간 $-0.96 \le \mu \le 1.04$은 모평균의 확률에 대해서는 얘기하고 있지 않다. 오히려 우리가 가정하고 있는 표본평균의 특징(빈번한 95%에 속함)에 대해 얘기하고 있고, 같은 방식(무작위 표본 추출)으로 모평균의 신뢰구간을 구했을 때 그것이 모평균을 포함할 확률을 얘기한다.

요약

모평균에 대한 신뢰구간은 표본평균의 분포에서 시작한다. 매우 드물게 발생하는 표본평균들을 포기한다면, 주어진 모평균에서 관찰 가능한 표본평균의 구간을 제한할 수 있고, 역으로 관찰된 표본평균을 통해 모평균의 가능한 구간을 계산할 수 있다.

모평균에 대한 95% 신뢰구간이란 **이미 구한 신뢰구간** 속에 모평균이 속할 확률이 95%라는 뜻이 아니다. **앞으로 구할 신뢰구간** 속에 모평균이 속할 확률이 95%이다. 이미 구한 95% 신뢰구간은 우리의 표본이 빈번한 95%에 속한다고 가정했을 때, 가능한 모평균의 범위를 나타낸다. 하지만 아쉽게도 우리는 우리가 관찰한 표본평균이 희귀한 5%에 속하는지, 그렇지 않은지를 확인할 수 있는 방법은 없다.

모분산을 모를 때 모평균의 신뢰구간 구하기: t-분포

모분산을 모를 때, 모평균에 대한 신뢰구간을 어떻게 구할 수 있을까? 한 가지 방법은 다소 부정확하겠지만, 표본분산을 사용하는 것이다.

모분산(σ^2)을 알 경우, 모평균의 95% 신뢰구간은 표본평균이 $\overline{X}$, 표본크기가 n일 때, 다음과 같다.

$$\overline{X} - 1.96\sqrt{\frac{\sigma^2}{n}} \le \mu \le \overline{X} + 1.96\sqrt{\frac{\sigma^2}{n}}$$

모분산 σ^2을 모르는 경우, 모분산 σ^2 대신 표본분산인 s^2을 사용하여 다음과 같이 모평균을 추정하는 것이다.

$$\overline{X} - 1.96\sqrt{\frac{s^2}{n}} \le \mu \le \overline{X} + 1.96\sqrt{\frac{s^2}{n}}$$

문제는 표본분산 s^2는 표본에 따라 달라지는 값이고, 만약 표본분산이 모분산보다 작다면($s^2 < \sigma^2$), s^2를 사용한 위의 모평균의 신뢰구간은 정확한 95%

신뢰구간($\overline{X}-1.96\sqrt{\frac{\sigma^2}{n}} \le \mu \le \overline{X}+1.96\sqrt{\frac{\sigma^2}{n}}$)보다 작을 것이다. 반면 표본분산이 모분산보다 크다면($s^2 > \sigma^2$), s^2를 사용한 모평균의 신뢰구간은 모평균의 정확한 95% 신뢰구간보다 클 것이다.

이런 문제를 해결하기 위해서 표본분산 s^2이 모분산 σ^2보다 작다면 모평균의 신뢰구간 $\overline{X}-1.96\sqrt{\frac{s^2}{n}} \le \mu \le \overline{X}+1.96\sqrt{\frac{s^2}{n}}$에서 1.96 대신 좀더 큰 값(2 또는 2.5)을 넣어 좀더 넓은 신뢰구간을 만들고, 표본분산이 모분산보다 크다면, 1.96보다 좀더 작은 값을 넣으면 될 것이다. 하지만 표본분산이 모분산보다 큰지, 작은지 알 수 있는 방법이 없다. 애당초 모분산을 정확히 알고 있었다면, 표본분산으로 모분산을 추정하려 하지 않았을 것이다.

표본분산이 모분산보다 큰지, 작은지를 알 수 없으므로, 표본분산의 크기에 따라 신뢰구간 $\overline{X}-1.96\sqrt{\frac{s^2}{n}} \le \mu \le \overline{X}+1.96\sqrt{\frac{s^2}{n}}$의 1.96을 바꿀 수 없다. 따라서 우리가 $\overline{X}-c\sqrt{\frac{s^2}{n}} \le \mu \le \overline{X}+c\sqrt{\frac{s^2}{n}}$ 꼴의 신뢰구간을 구한다면, 표본분산이 모분산보다 큰지 작은지를 알 수 없는 이상, c는 표본분산의 크기에 따라 바뀌지 않는 상수값이 되어야 한다!

그렇다면, 신뢰구간 $\overline{X}-c\sqrt{\frac{s^2}{n}} \le \mu \le \overline{X}+c\sqrt{\frac{s^2}{n}}$에서 표본분산이 모분산보다 크던지, 작던지 상관없이 95%에 해당하는 경우에 모평균을 포함하도록 하려면, c의 값을 어떻게 정해야 할까?

혹은, $c=1.96$을 사용했을 때, 표본분산 s^2이 모분산 σ^2보다 작을 경우 신뢰구간 $\overline{X}-1.96\sqrt{\frac{s^2}{n}} \le \mu \le \overline{X}+1.96\sqrt{\frac{s^2}{n}}$은 95% 신뢰구간보다 작게 되고[27], 표본분산 s^2이 모분산 σ^2보다 클 경우 신뢰구간 $\overline{X}-1.96\sqrt{\frac{s^2}{n}} \le \mu \le \overline{X}+1.96\sqrt{\frac{s^2}{n}}$은 95% 신뢰구간보다 크겠지만, 그것들을 모든 표본분산 s^2에 대해 평균을 한다면 정확히 95% 신뢰구간이 되는가라고 물어 볼 수 있다.

모분산을 알고 있을 때, 모평균의 신뢰구간을 구하는 방법을 다시 한 번 복습해보자. 모평균의 신뢰구간은 표본평균의 분포에서 출발하였다.

27) 95% 신뢰구간보다 좁다면, 그 확률에 따라 94% 또는 93% 신뢰구간이라 불리게 된다.

$\overline{X}-1.96\sqrt{\dfrac{\sigma^2}{n}} \le \mu \le \overline{X}+1.96\sqrt{\dfrac{\sigma^2}{n}}$ 이 모평균의 95% 신뢰구간이 되는 이유는 표본평균의 95%가 $\mu-1.96\sqrt{\dfrac{\sigma^2}{n}} \le \overline{X} \le \mu+1.96\sqrt{\dfrac{\sigma^2}{n}}$ 의 범위에 나타나기 때문이다. 마찬가지로, 표본평균과 표본 분산을 동시에 고려했을 때, 전체의 95%의 경우에

$$\mu-1.96\sqrt{\frac{s^2}{n}} \le \overline{X} \le \mu+1.96\sqrt{\frac{s^2}{n}} \quad \left(\text{혹은 } -1.96 \le \frac{\mu-\overline{X}}{\sqrt{\frac{s^2}{n}}} \le 1.96\right)$$[28]

를 만족한다면, 모평균의 신뢰구간 $\overline{X}-1.96\sqrt{\dfrac{s^2}{n}} \le \mu \le \overline{X}+1.96\sqrt{\dfrac{s^2}{n}}$ 를 정확한 95% 신뢰구간이라고 부를 수 있을 것이다. 왜냐하면 표본을 뽑아, 표본평균과 표본 분산을 계산한 후, 모평균의 신뢰구간 $\overline{X}-1.96\sqrt{\dfrac{s^2}{n}} \le \mu \le \overline{X}+1.96\sqrt{\dfrac{s^2}{n}}$ 을 구하면, 그 속에 모평균이 포함될 확률이 95%이기 때문이다.[29]

$-1.96 \le \dfrac{\mu-\overline{X}}{\sqrt{\frac{s^2}{n}}} \le 1.96$ 이 전체 표본에서 몇 %의 경우에 만족할까? 또는 $-c \le \dfrac{\mu-\overline{X}}{\sqrt{\frac{s^2}{n}}} \le c$ 이 95%의 확률로 만족하기 위해서 c를 어떻게 정해야 할까?

만약 우리가 $T=\dfrac{\mu-\overline{X}}{\sqrt{\frac{s^2}{n}}}$ 에서 T의 정확한 분포를 안다면, 그것의 가장 빈번한 95%의 범위를 손쉽게 구할 수 있다. 통계학자들은 T의 정확한 분포를 계산해 냈는데, 그 분포를 t-분포라고 명명하였다. t-분포는 자유도라는 모수가 있다.[30] 자유도 df의 t-분포를 보통 $t(df)$라고 쓴다. 자유도가 3인 t-분포는

---

28) $\mu-1.96\sqrt{\frac{s^2}{n}} \le \overline{X} \le \mu+1.96\sqrt{\frac{s^2}{n}}$ 에서 하나의 부등식만 따로 떼어낸다. $\mu-1.96\sqrt{\frac{s^2}{n}} \le \overline{X}$에서 표본과 관련된 변수(표본평균 $\overline{X}$, 표본분산 s^2, 표본의 크기 n, 그리고 표본평균의 기댓값 μ를 모두 한 쪽으로 모아본다.

29) 모분산을 알 때, 모평균의 신뢰구간 $\overline{X}-1.96\sqrt{\frac{\sigma^2}{n}} \le \mu \le \overline{X}+1.96\sqrt{\frac{\sigma^2}{n}}$ 는 표본평균만을 고려한 신뢰구간이라고 한다면, $\overline{X}-1.96\sqrt{\frac{s^2}{n}} \le \mu \le \overline{X}+1.96\sqrt{\frac{s^2}{n}}$ 는 표본평균과 표본분산을 동시에 고려한 신뢰구간이라고 할 수 있다.

30) t-분포를 정확히 결정하기 위해서는 자유도라는 모수를 결정해야 한다.

"$t(3)$ − 분포"라고 적는다.

우리가 궁금해했던 $T=\dfrac{\mu-\overline{X}}{\sqrt{\dfrac{s^2}{n}}}$ 는 정확히 $t(n-1)$−분포를 따른다는 것이 알려져 있다. 즉, 정규분포에서 표본크기 n의 표본을 추출하여, 표본평균과 표본분산을 구하고, $T=\dfrac{\mu-\overline{X}}{\sqrt{\dfrac{s^2}{n}}}$ 을 계산했을 때, T의 분포는 자유도 $n-1$(표본크기보다 하나 작은 자유도)의 t − 분포를 따른다. 서로 다른 자유도 df에 따른 t − 분포를 그려보면 다음과 같다.

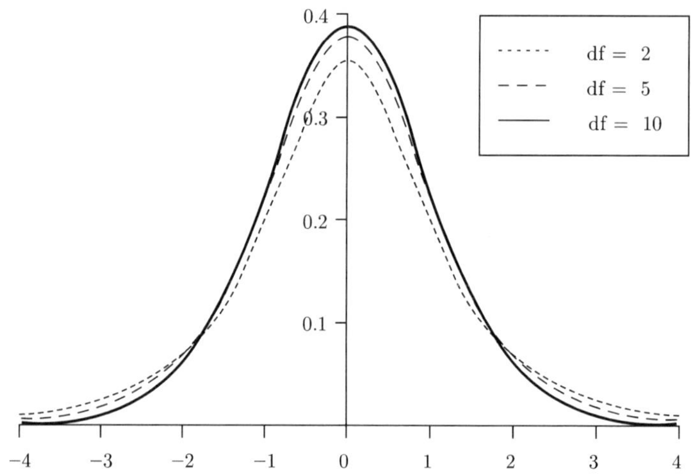

그림에서 보듯이 t − 분포는 정규분포보다 꼬리의 두께가 두껍고, 자유도의 값이 커질수록 꼬리의 두께가 얇아지면서 표준정규분포와 비슷해지는 성질이 있다.

이렇게 분포를 정확히 알기 때문에 가장 빈번한 95%의 범위는 손쉽게 구할 수 있다. 자유도 $n-1$의 t − 분포, $t(n-1)$은 가장 빈번한 95%의 경우에 있어 다음을 만족한다.

$$t_{0.025}(n-1) \leq T \leq t_{0.975}(n-1)$$

여기서 $t_{0.025}(n-1)$는 T값이 $-\infty$에서 $t_{0.025}(n-1)$까지의 확률밀도함수를 적분한 결과가 0.025인 점을 가르킨다. 예를 들어 다음의 그래프에서 수직선의 왼쪽을 적분한 값이 0.025이다. 따라서 수직선의 x값은 $t_{0.025}(5)$이다($t_{0.025}(5)$ =-2.57).

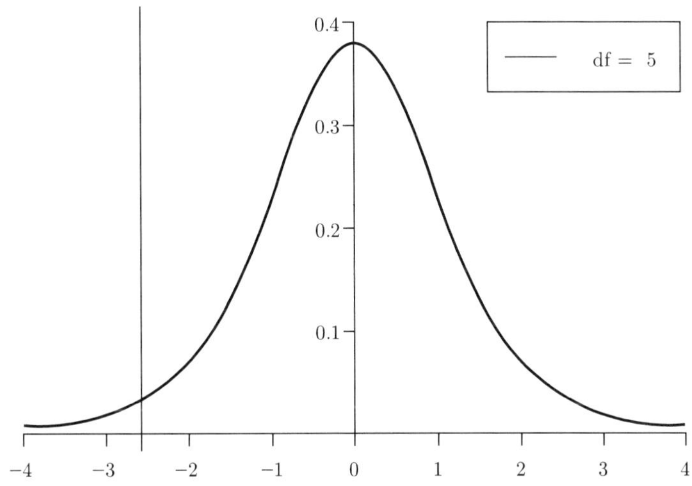

가장 왼쪽의 2.5%에 해당하는 T값의 범위는 $-\infty < T \leq t_{0.025}(df)$가 된다. 그리고 $t_{0.025}(df)$의 값은 아래와 같이 자유도 df에 따라 달라진다. $t_{0.025}(df)$는

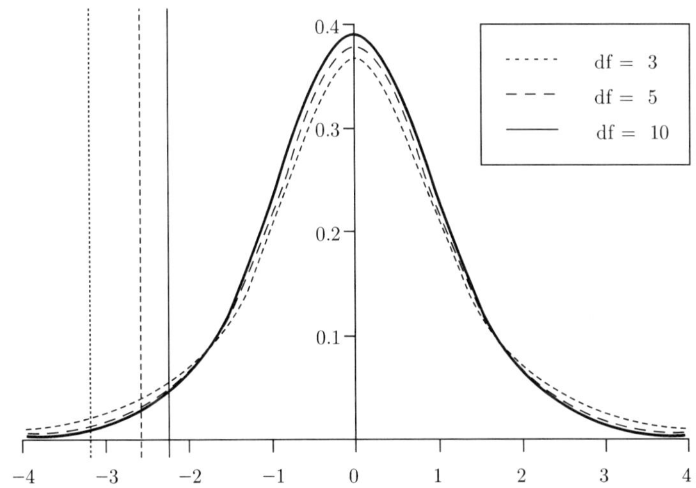

자유도 df가 증가할수록 표준정규분포의 왼쪽 2.5%에 해당하는 값 $N_{0.025}$에 근접하는 성질이 있다.

사실 엄밀하게 말해서 T의 가장 빈번한 95%의 범위를 $t_{0.025}(n-1) \leq T \leq t_{0.975}(n-1)$라고 놓을 수 있는 것은 T의 분포가 대칭이기 때문이다. 다음의 예를 보자.

확률변수 W가 다음 확률분포를 따른다고 하자.

w	1	2	3	4	5	6	7	8	9	10	11	12	13
$P(W=w)$	0.05	0.1	0.2	0.2	0.2	0.1	0.05	0.025	0.025	0.0125	0.0125	0.0125	0.0125

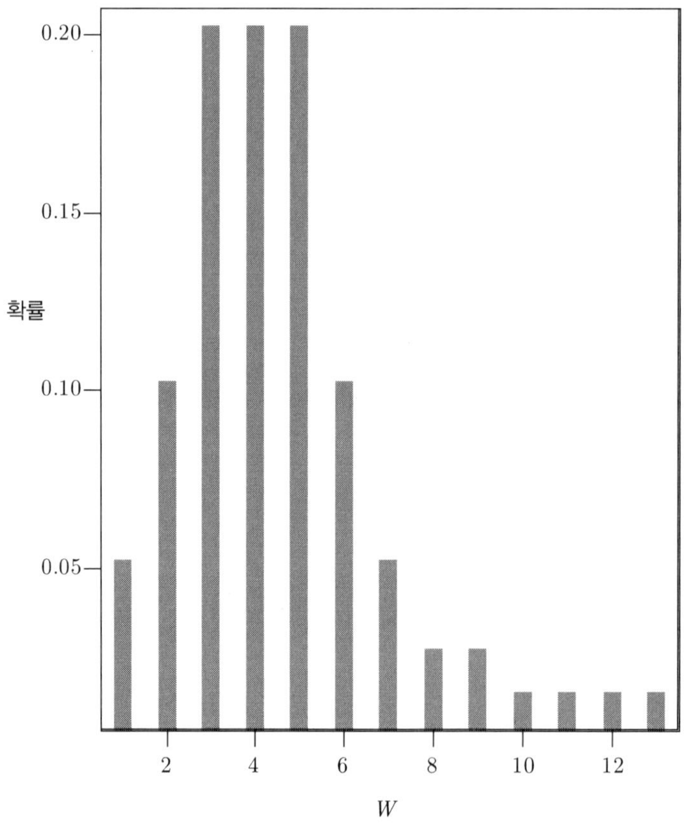

이 분포는 비대칭이다. 가장 빈번한 95%에 해당하는 W는 $1 \leq W \leq 9$이다. 반면 $w_{0.025}$, 즉 왼쪽에서 0.025에 해당하는 W값은 1이고, $w_{0.975}$는 11.5이다. 따라서 가장 빈번한 95%에 해당하는 W의 범위를 $w_{0.025} \leq W \leq w_{0.975}$라고 쓸 수 없다. 일반적으로 비대칭인 분포에서는 가장 빈번한 95%에 해당하는 W의 범위를 $w_{0.025} \leq W \leq w_{0.975}$라고 쓸 수 없다. 그것은 W의 분포가 대칭일 경우에만 가능하다.

T의 가장 빈번한 95%에 해당하는 범위($t_{0.025}(n-1) \leq T \leq t_{0.975}(n-1)$)를 구했으므로, 이 값을 통해 모평균을 구하는 것은 단순한 덧셈, 뺄셈으로 구할 수 있다. 다음을 보자.

$$t_{0.025}(n-1) \leq \frac{\overline{X}-\mu}{s/\sqrt{n}} \leq t_{0.975}(n-1)$$

$$\Downarrow$$

$$\overline{X}-t_{0.975}(n-1) \cdot s/\sqrt{n} \leq \mu \leq \overline{X}-t_{0.025}(n-1) \cdot s/\sqrt{n}$$

t-분포의 경우, 0을 중심으로 대칭이므로, $t_{0.025}(n-1) = -t_{0.975}(n-1)$이 성립한다. 따라서 흔히 위의 조건을 다음과 같이 고쳐 쓰기도 한다.

$$\overline{X}-t_{0.975}(n-1) \cdot s/\sqrt{n} \leq \mu \leq \overline{X}-t_{0.025}(n-1) \cdot s/\sqrt{n}$$

$$\Downarrow$$

$$\overline{X}+t_{0.025}(n-1) \cdot s/\sqrt{n} \leq \mu \leq \overline{X}+t_{0.975}(n-1) \cdot s/\sqrt{n}$$

이것이 우리가 구하고자 하는 모평균의 95% 신뢰구간이다. 이 신뢰구간은 표본평균과 표본분산을 모두 고려한 신뢰구간이다. 반면 모평균의 95% 신뢰구간 $\overline{X}+N_{0.025} \cdot \sigma/\sqrt{n} \leq \mu \leq \overline{X}+N_{0.975} \cdot \sigma/\sqrt{n}$은 표본분산에 상관없는 신뢰구간이다. 그리고 모분산을 정확히 알 때만 사용할 수 있다.

표본평균과 표본분산을 모두 고려한 모평균의 95% 신뢰구간을 구하기 위해서는 $t_{0.025}(n-1)$, $t_{0.975}(n-1)$ 값만 알면 된다. 물론 표본평균 $\overline{X}$, 표본분산 s^2, 표본의 크기 n이 모두 주어졌을 때이다.

일반적으로 정규분포를 따르는 모집단에서 표본크기 n인 표본을 추출하여, 표본평균과 표본분산을 구했을 때, 모평균의 $1-\alpha$ 신뢰구간[31]은 $t_{\alpha/2}(n-1)$과 $t_{1-\alpha/2}(n-1)$값만을 알면 구할 수 있다. 그 구체적인 범위는 다음과 같이 나타난다.

$$\overline{X}+t_{\alpha/2}(n-1)\cdot s/\sqrt{n}\le\mu\le\overline{X}+t_{1-\alpha/2}(n-1)\cdot s/\sqrt{n}$$

여러 가지 경우에 있어 $t_{\alpha/2}(n-1)$과 $t_{1-\alpha/2}(n-1)$의 값을 통계학자들이 이미 구해놓았으므로 우리들은 그 값을 직접 계산할 필요는 없다. 직접 계산해야 할 필요가 있을 경우에도 일반적인 n과 α에 대해 $t_{\alpha/2}(n-1)$과 $t_{1-\alpha/2}(n-1)$를 구할 수 있는 컴퓨터 프로그램이 있으므로, 그것을 사용하면 손쉽게 구할 수 있다.

이제 앞에서 미쳐 대답하지 못했던 질문을 다시 해보자. 모분산 대신 표본분산을 사용한 신뢰구간 $\overline{X}-1.96\sqrt{\frac{s^2}{n}}\le\mu\le\overline{X}+1.96\sqrt{\frac{s^2}{n}}$ 은 정확히 몇 % 신뢰구간인가? 이 질문은 $-1.96\le\frac{\mu-\overline{X}}{\sqrt{\frac{s^2}{n}}}\le 1.96$이 전체의 몇 %에서 성립하느냐를 묻는 것과 동일하다. 우리는 $T=\frac{\mu-\overline{X}}{\sqrt{\frac{s^2}{n}}}$가 $t(n-1)$-분포를 따른다는 것을 알고 있으므로, T값을 -1.96에서 1.96까지 적분하여 구할 수 있다. 실제로 구해보면 다음과 같다.

---

31) 보통 95% 신뢰구간은 1-0.05 신뢰구간으로 나타낸다. 그것은 전체에서 제외되는 0.05의 확률에 초점을 맞춘 표현이다. 전체에서 제외되는 0.05을 유의수준이라고도 한다.

	$n=5$	$n=10$	$n=15$	$n=20$
$P(-1.96 \le T \le 1.96)$	88%	92%	93%	93.5%

따라서 95% 신뢰구간을 얻고자 모분산 대신 표본분산을 사용한 신뢰구간 $\overline{X}-1.96\sqrt{\frac{s^2}{n}} \le \mu \le \overline{X}+1.96\sqrt{\frac{s^2}{n}}$ 는 표본의 크기가 5일 때에 실제로는 88% 신뢰구간이고, 표본크기가 10일 때는 92% 신뢰구간이다.

요약

모평균의 95% 신뢰구간을 구하기 위해 모분산 대신 표본분산을 아래의 식에 대입하면, 그것은 95%보다 좁은 신뢰구간이 된다.

$$\overline{X}-1.96\sqrt{\frac{\sigma^2}{n}} \le \mu \le \overline{X}+1.96\sqrt{\frac{\sigma^2}{n}} \quad \text{(95\% 신뢰구간)}$$

$$\Downarrow$$

$$\overline{X}+N_{0.025}\sqrt{\frac{s^2}{n}} \le \mu \le \overline{X}+N_{0.975}\sqrt{\frac{s^2}{n}} \quad \text{(95\% 신뢰구간보다 좁다!)}$$

$$(N_{0.025}=-1.96,\ N_{0.975}=1.96)$$

그것을 보정하기 위해서 t-분포를 사용한다.

$$\overline{X}+t_{0.025}(n-1)\cdot\sqrt{\frac{s^2}{n}} \le \mu \le \overline{X}+t_{0.975}(n-1)\cdot\sqrt{\frac{s^2}{n}} \quad \text{(95\% 신뢰구간)}$$

카이제곱 분포: 정의, 가법성

확률변수 X_1, X_2, $X_3, \cdots, X_n$이 평균이 0이고 분산이 1인 정규분포를 따를 때, $\sum_{i=1}^{n} X_i^2$의 분포를 생각해볼 수 있다. 이런 분포를 카이제곱 분포라고 하며, $\chi^2(n)$으로 표시한다. 수학적으로 표시하면 다음과 같다.

$$Z_i \sim i.i.d., N(0,1) \;\; (i = 1, 2, \cdots, n)$$[32]

$$\sum_{i=1}^{n} Z_i^2 \sim \chi^2(n)$$

여기서 n은 카이제곱 분포를 결정하는 모수이다. 카이제곱의 모수를 자유도(degree of freedom: d.f)라고 부른다. n이 변함에 따라 카이제곱 분포의 모양은 다음과 같이 변한다.

32) identically and independently distributed의 약자로 확률변수 Z_1, Z_2, $\cdots$, Z_n이 동일한 분포($N(0,1)$)를 따르고, 서로 독립($i \neq j \Rightarrow Z_i \perp Z_j$)임을 나타낸다.

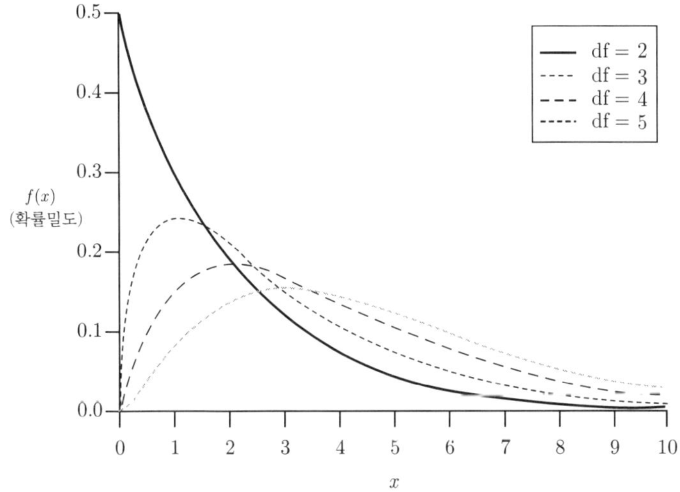

자유도 5인 카이제곱 분포를 예를 들어보자. 확률변수 Y가 자유도 5인 카이제곱 분포를 따른다는 것은 확률변수 Y를 다음과 같이 표현할 수 있다는 것을 의미한다.

$$X_1 \sim N(0,1),\ X_2 \sim N(0,1),\ X_3 \sim N(0,1),\ X_4 \sim N(0,1),\ X_5 \sim N(0,1)$$
$$Y = X_1^2 + X_2^2 + X_3^2 + X_4^2 + X_5^2$$

여기서, Y는 다음과 같이도 표현될 수 있다.

$$Y = (X_1^2 + X_2^2) + (X_3^2 + X_4^2 + X_5^2)$$

그리고 $Y = A + B$, $A = X_1^2 + X_2^2$, $B = X_3^2 + X_4^2 + X_5^2$라고 표현할 수도 있다. 여기서, A와 B를 살펴보자. $A = X_1^2 + X_2^2$이고, 앞서 정했듯이 $X_1 \sim N(0,1)$, $X_2 \sim N(0,1)$이므로, A는 자유도 2의 카이제곱 분포를 따른다. 마찬가지로 $B = X_3^2 + X_4^2 + X_5^2$은 자유도 3인 카이제곱 분포를 따른다. 이렇게 자유도 5의 카이제곱 분포를 따르는 확률변수의 분포는 자유도 2의 카이제곱 분포를 따르는 확률변수와 자유도 3의 카이제곱 분포를 따르는 확률변수의 합의 분포와 동일하다! 여기서, 특정한 분포, 그 분포를 따르는 확률변수, 그리고 확률변수의 합의 분포를 잘 구분해보자. Y를 다르게 표현해보자.

$$Y = X_1^2 + (X_2^2 + X_3^2 + X_4^2 + X_5^2)$$

이렇게 표현된 Y의 분포는 자유도 1의 카이제곱 분포를 따르는 확률변수와 자유도 4의 카이제곱 분포를 따르는 확률변수의 합의 분포와 동일하다.

일반적으로 $n_1 + n_2$의 자유도를 따르는 카이제곱 분포는 자유도 n_1의 카이제곱 분포를 따르는 확률변수와 자유도 n_2의 카이제곱 분포를 따르는 확률변수의 합의 분포와 동일하다. 역으로 자유도 n_1의 카이제곱 분포를 따르는 확률변수와 자유도 n_2의 카이제곱 분포를 따르는 확률변수의 합의 분포는 $n_1 + n_2$의 자유도를 따르는 카이제곱 분포이 된다. 이것을 수학적으로 다음과 같이 설명할 수 있다.

카이제곱 분포은 가법성additivity라는 성질이 있다. Y_1과 Y_2가 각각 자유도 n_1과 n_2인 카이제곱 분포를 따를 때, $Y_1 + Y_2$의 분포는 다음과 같다.

$$Z_i \sim i.i.d., N(0,1) \ \ (i = 1, 2, \cdots, n_1)$$

$$W_j \sim i.i.d., N(0,1) \ \ (j = 1, 2, \cdots, n_2)$$

$$Y_1 = \sum_{i=1}^{n_1} Z_i^2, \ \ Y_2 = \sum_{j=1}^{n_2} W_j^2$$

$$Y_1 \sim \chi^2(n_1), \ \ Y_2 \sim \chi^2(n_2)$$

$$Y_1 + Y_2 \sim \chi^2(n_1 + n_2)$$

그것은 $Y_1 + Y_2$를 다음과 같이 다시 쓸 수 있기 때문이다.

$$Z_i \sim i.i.d., N(0,1) \quad (i = 1, 2, \cdots, n_1 + n_2)$$

$$Y_1 + Y_2 = \sum_{i=1}^{n_1+n_2} Z_i^2 \sim \chi^2(n_1 + n_2)$$

이처럼 자유도 n_1의 카이제곱 분포를 따르는 확률변수와 자유도 n_2의 카이제곱 분포를 따르는 확률변수의 합의 분포는 자유도 $n_1 + n_2$의 카이제곱 분포과 같다!

요약

자유도 n의 카이 제곱분포는 다음과 같이 표준정규분포를 따르는 n개의 확률변수의 제곱의 합의 분포이다. 그렇게 정의된 카이제곱 분포는 가법성을 지닐 수 밖에 없다!

카이제곱 분포	
정의	$Z_i \sim i.i.d., N(0,1) \quad (i=1,2,\cdots,n)$ $\sum_{i=1}^{n} Z_i^2 \sim \chi^2(n)$
가법성	$Y_1 \sim \chi^2(n_1),\ Y_2 \sim \chi^2(n_2),\ Y_1 \perp Y_2,$ $Y_1 + Y_2 \sim \chi^2(n_1 + n_2)$

카이제곱 분포를 활용하여 제곱합의 분포 표현하기

앞에서 카이제곱 분포를 표준정규분포를 따르고, 서로 독립인 확률변수 Z_i의 제곱합($\sum_{i=1}^{n} Z_i^2$)의 분포로 정의하였다. 그렇다면 표준정규분포를 따르지 않는 확률변수 X_i의 제곱합의 분포는 어떻게 될까? 그 구체적인 분포는 몰라도 카이제곱 분포로 나타낼 수 있는 방법이 있지 않을까?

$$Z_i \sim i.i.d., N(0,1) \ \ (i=1,2,\cdots,n) \ \Rightarrow \ \sum_{i=1}^{n} Z_i^2 \sim \chi^2(n)$$

$$X_i \sim i.i.d., N(\mu,\sigma^2) \ \ (i=1,2,\cdots,n) \ \Rightarrow \ \sum_{i=1}^{n} X_i^2 \sim \ ?$$

결론부터 얘기하자면, $\sum_{i=1}^{n}(X_i-\mu)^2$의 분포는 카이제곱 분포를 살짝 변형하여 나타나는 분포와 일치한다. 하지만 $a \neq \mu$인 경우에 $\sum_{i=1}^{n}(X_i-a)^2$의 분포는 일반적으로 카이제곱 분포와 상당히 다른 분포를 따른다. 그것을 비중심 카이제곱 분포noncentral chi-square distribution이라고 한다. 카이제곱 분포의 정의에 쓰인 $\sum_{i=1}^{n} Z_i^2$의 경우, Z_i의 평균이 0이기 때문에 $\sum_{i=1}^{n} Z_i^2 = \sum_{i=1}^{n}(Z_i-0)^2$이 성립한다.

우리는 평균 μ, 분산 σ^2인 정규분포를 따르는 확률변수 X_i를 표준정규분포

$N(0,1)$를 따르게 만들 수 있다. 그에 따라 다음이 성립한다.

$$X_i \sim i.i.d., N(\mu, \sigma^2) \Rightarrow \frac{X_i - \mu}{\sigma} \sim i.i.d., \boldsymbol{N}(\mathbf{0}, 1)$$

$$\sum_{i=1}^{n}\left(\frac{X_i - \mu}{\sigma}\right)^2 \sim \chi^2(n)$$

자유도 1인 카이제곱 분포 구하기

자유도 1인 카이제곱 분포는 확률변수 X가 평균 1, 분산 1인 표준정규분포를 따를 때 X^2의 분포이다. 자유도의 의미는 다음 장에서 분명해진다.

가장 간단하게 X^2의 분포를 구하는 방법은 X^2의 값을 구간별로 나눠서, 각 구간에 해당하는 확률을 구해보는 것이다. 우선 $0 \leq X^2 < 1$인 확률을 구해보자. $0 \leq X^2 < 1$을 만족하기 위해서는 $-1 < X < 1$을 만족해야 하고, 그 확률은 $\int_{-1}^{1} \frac{1}{\sqrt{2\pi}} exp\left(-\frac{1}{2}x^2\right)dx$로 쉽게 구할 수 있다. 그 값은 약 0.683이다. 마찬가지로 $1 \leq X^2 < 2$이 되기 위해서는 $1 \leq X < \sqrt{2}$ 또는 $\sqrt{2} < X \leq -1$이 되어야 하며, 그 확률은 $\int_{1}^{\sqrt{2}} \frac{1}{\sqrt{2\pi}} exp\left(-\frac{1}{2}x^2\right)dx + \int_{-\sqrt{2}}^{-1} \frac{1}{\sqrt{2\pi}} exp\left(-\frac{1}{2}x^2\right)dx = 2\int_{1}^{\sqrt{2}} \frac{1}{\sqrt{2\pi}} exp\left(-\frac{1}{2}x^2\right)dx$이 된다. 그 값은 약 0.160이다. 이런 식으로 X^2의 구간별 확률을 구해보면 다음과 같아진다.

$[a, b)$	$[0, 1)$	$[1, \sqrt{2}) \simeq [1, 1.414)$	$[1.414, 1.732)$	$[1.732, 2)$	$[2, 2.236)$	$[2.236, \infty)$
$P(a \leq X < b)$	0.683	0.160	0.074	0.038	0.020	0.025
$[a^2, b^2)$	$[0, 1)$	$[1, 2)$	$[2, 3)$	$[3, 4)$	$[4, 5)$	$[5, \infty)$
$P(a^2 \leq X^2 < b^2)$	0.683	0.160	0.074	0.038	0.020	0.025

이것을 그래프로 그려보면 다음과 같다.

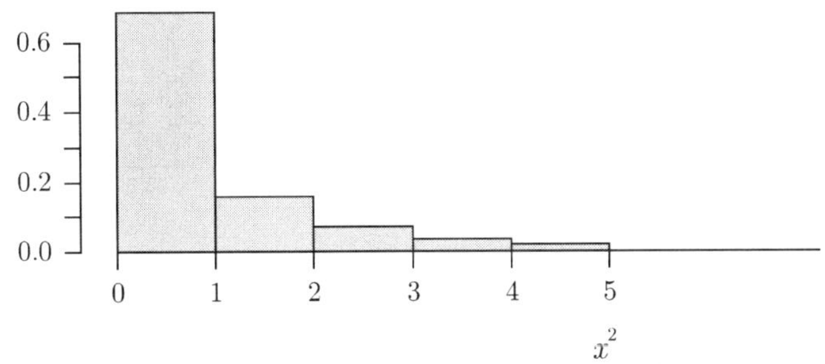

이 그래프의 마지막을 주목하자. 위의 표를 보면 $P(4 \leq X^2 < 5) = 0.020$, $P(5 \leq X^2 < \infty) = 0.025$로 분명 X^2이 5 이상일 확률이 4와 같거나 크고 5보다 작을 확률보다 크다. 하지만 그래프에서는 그것이 드러나지 않는데, 그것은 X^2이 5 이상일 경우에 해당하는 X^2의 범위가, X^2이 4와 같거나 크고 5보다 작은 경우에 해당하는 범위보다 훨씬 크기 때문이다. $5 \sim \infty$의 범위는 무한하다!

X^2의 분포를 X를 기준으로 구해볼 수도 있다. 다음의 표를 보자.

$[a, b)$	$[0, 1)$	$[1, 2)$	$[2, 3)$	$[3, 4)$	$[4, \infty)$
$P(a \leq X < b)$	0.683	0.272	0.043	0.003	0
$[a^2, b^2)$	$[0, 1)$	$[1, 4)$	$[4, 9)$	$[9, 16)$	$[16, 25)$
$P(a^2 \leq X^2 < b^2)$	0.683	0.272	0.043	0.003	0
$[a^2, b^2)$	$[0, 1)$	$[1, 4)$	$[4, 9)$	$[9, 16)$	$[16, 25)$
$f_{X^2}(x^2)$	0.683	0.090	0.009	0	0

여기서는 X를 길이 1의 구간으로 나누어서, 해당하는 확률을 구하고, 그에 해당하는 X^2에 대해 확률을 구하였다. 여기에서 X^2의 범위는 위에서와 다르게 일정하지 않다. 그에 따라, X^2의 구간 $[1, 4)$에서 확률밀도함수 f_{X^2}를 구하기 위해서

는 $P(1 \le X^2 < 4)$를 구한 후, 구간의 길이인 3을 나눠 줘야 한다. 물론 여기에서는 확률밀도함수 f_{X^2}가 구간 $[1, 4)$에서 일정하다는 가정을 하였다. 이것을 그래프로 그려보면 다음과 같아진다.

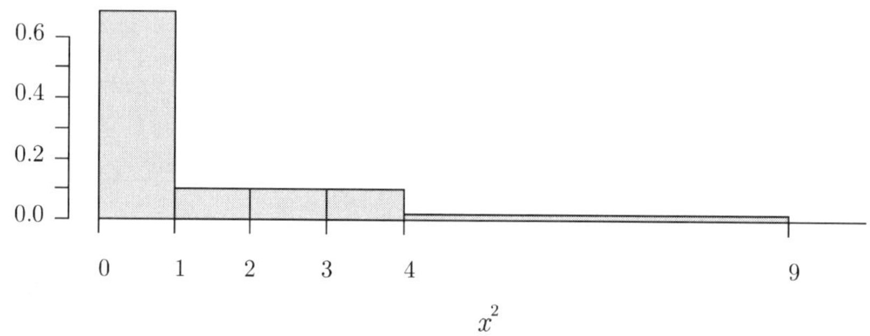

이렇듯 f_X(확률변수 X의 분포)를 알면, f_{X^2}(확률변수 X^2)의 분포를 알 수 있다. 좀더 정확한 분포를 알고 싶다면 X 또는 X^2의 구간을 좀더 세분화하면 된다. 앞의 예에서는 X 또는 X^2의 구간을 길이 1로 하였으나, 길이를 좀더 짧게 하면, 좀더 정확한 확률밀도함수 f_{X^2}를 구할 수 있다. 정확한 확률밀도함수 f_{X^2}를 구하기 위해서는 구간의 길이를 한없이 짧게 만들면 된다. 하지만 실제로 그것을 계산을 통해 구한다는 것은 불가능에 가깝다. 첫째로 매우 정확한 분포를 구하기 위해서는 구간의 길이를 매우 짧게 해야 하며, 구간의 길이가 짧을수록 계산량이 엄청나게 증가한다. 그리고 그 구간을 매우 짧게 하더라도, 그것은 어디까지나 매우 근사한 값이지, 정확한 값은 아니다. 하지만 수학은 주어진 상황에서 특별한 관계와 규칙성을 통하여 정확한 값을 구한다.

우선 구간의 길이를 h로 놓자. 그렇다면 f_{X^2}의 정확한 값은 다음과 같다.[33]

---

33) 위에서 f_{X^2}의 근사값(특정한 구간에서 일정한 f_{X^2})를 구하기 위해서 다음의 식을 활용한 것과 비교할 수 있다.

$$f_{X^2}(x^2 \le X^2 < x^2+1) = \frac{P(x^2 \le X^2 < x^2+1)}{1}, \quad f_{X^2}(a^2 \le X^2 < b^2) = \frac{P(a^2 \le X^2 < b^2)}{b^2-a^2}$$

$$f_{X^2}(X^2 = x^2) = \lim_{h \to 0} \frac{P(x^2 \le X^2 < x^2 + h)}{h}$$

그리고 이론적으로 이 값은 f_X로부터 얻어낼 수 있어야 할 것이다. 이제 f_X로부터 f_{X^2}를 유도해보자.

우선 $f_X(X = x) = \lim_{h \to 0} \frac{P(x \le X < x + h)}{h}$이다. 확률변수 X를 제곱하면 다음과 같다.

$$f_X(X = x) = \lim_{h \to 0} \frac{P(x \le X < x + h)}{h} = \lim_{h \to 0} \frac{P(x^2 \le X^2 < (x + h)^2)}{h}$$
$$= \lim_{h \to 0} \frac{P(x^2 \le X^2 < x^2 + 2hx + h^2)}{h}$$

더 진행하기 전에 한 가지 주목할 것은 $f_X(X = x) = \lim_{h \to 0} \frac{P(x \le X < x + h)}{h}$일 때, $\lim_{h \to 0} \frac{P(x \le X < x + 2h)}{h}$는 $f_X(X = x)$의 2배가 된다는 것이다. 이 사실을 사용하여 위의 식을 정리하면 다음과 같다.

$$\lim_{h \to 0} \frac{P(x^2 \le X^2 < x^2 + 2hx + h^2)}{h} = \lim_{h \to 0} \frac{P(x^2 \le X^2 < x^2 + (2x + h)h)}{h}$$
$$= (2x + h) f_{X^2}(X^2 = x^2)$$

여기서 h는 0으로 수렴하므로, $(2x + h) f_{X^2}(X^2 = x^2) = 2x f_{X^2}(X^2 = x^2)$가 될 것이고, 따라서 다음의 식이 성립한다.

$$f_X(X = x) = 2x f_{X^2}(X^2 = x^2)$$

$$f_{X^2}(X^2 = x^2) = \frac{f_X(X = x)}{2x} \quad (X > 0)$$

위에서 보인 확률밀도함수의 근사치 그래프에서 생각을 해보면, 확률변수 X가 X^2으로 변형되면서, 그 범위가 넓어지는 것을 $2x$라는 항을 통해 보정하고 있음을 알 수 있다.

따라서 우리가 구하고자 하는 확률분포, 즉, 확률변수 X가 평균 1, 분산 1인 표준정규분포를 따를 때 X^2의 분포는 다음의 확률밀도함수로 나타난다.

$$f_{X^2}(X^2 = x^2) = \frac{f_X(X = x)}{2x} = \frac{\frac{1}{\sqrt{2\pi}} exp(-\frac{1}{2}x^2)}{2x} \quad (X > 0)$$

여기서 두 가지를 주의해야 한다. 먼저 $X^2 = x^2$이기 위해서는 $X = x$일 수도 있지만, $X = -x$일 수도 있다. 따라서 $f_{X^2}(X^2 = x^2) = \frac{2f_X(X = x)}{2x} = \frac{f_X(X = x)}{x} = \frac{\frac{1}{\sqrt{2\pi}} exp\left(-\frac{1}{2}x^2\right)}{x}$가 된다. 그리고 $f_{X^2}(X^2 = x^2)$를 $f_{X^2}(X^2 = a)$로 표현하면, $f_{X^2}(X^2 = a) = \frac{\frac{1}{\sqrt{2\pi}} exp\left(-\frac{1}{2}a\right)}{\sqrt{a}}$가 된다.

따라서 확률변수 X^2의 분포를 나타내는 확률밀도함수는 $f_{X^2}(x) = \frac{\frac{1}{\sqrt{2\pi}} exp\left(-\frac{1}{2}x\right)}{\sqrt{x}}$가 되고, 이것이 자유도 1인 카이제곱 분포의 확률밀도함수이다. 그 그래프는 다음과 같다.

```
plot((1/sqrt(2*pi))*exp(-1/2*x)/sqrt(x),  (x,0,6))
```

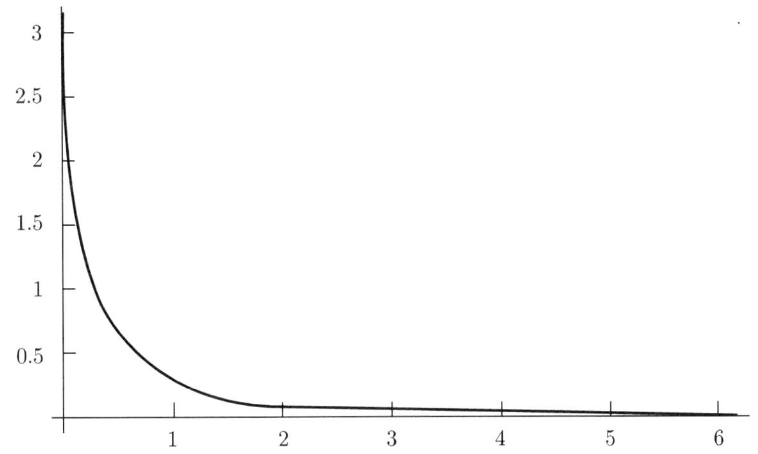

이 함수가 정말 확률밀도함수가 되는지, 전체를 적분하면 1이 되는지 확인해보자.

```
integrate((1/sqrt(2*pi))*exp(-1/2*x)/sqrt(x),  (x,0,oo))
```

```
1
```

요약

일반적으로 확률변수 X가 0보다 큰 범위에서 확률밀도함수 f_X를 따르고, $f_X(x)=f_X(-x)$가 성립한다면, X^2의 분포를 나타내는 확률밀도함수 f_{X^2}은 다음의 식을 따른다.

$$f_{X^2}(X^2=x^2)=\frac{f_X(X=x)}{x} \qquad (x>0)$$

자유도 1인 카이제곱 분포는 확률변수 X가 표준정규분포를 따를 때, X^2의 분포이다. 위의 공식을 이용하여 자유도 1인 카이제곱 분포를 구하면 다음과 같다.

$$f_{X^2}(x) = \frac{\frac{1}{\sqrt{2\pi}} exp\left(-\frac{1}{2}x\right)}{\sqrt{x}} \qquad (x > 0)$$

이때 확률변수 X^2의 분포는 다음과 같이 표시한다.

$$X^2 \sim \chi^2(1)$$

자유도 2인 카이제곱 분포 구하기

이제 자유도 2인 카이제곱 분포를 구해보자. 자유도 2인 카이제곱은 앞서 정규 분포를 따르는 두 확률변수의 합의 분포를 구했던 것과 같은 방식으로 구할 수 있다.

일반적으로 확률변수 X, Y의 분포를 나타내는 확률밀도함수 $f_X(x), f_Y(y)$가 주어졌을 때, 확률변수 z를 $z=x+y$으로 정의하면, 확률변수 z의 분포는 $f_Z(z)=\int_{-\infty}^{\infty} f_X(x)f_Y(z-x)dx$을 사용하여 구할 수 있다. 하지만 카이제곱 분포에서는 확률수의 범위가 0에서 무한대까지로 제한되므로 $f_Z(z)=\int_0^z f_X(x) f_Y(z-x)dx$을 사용한다. x, y 모두 0이거나 양수이므로 $z=x+y$ 역시 0이거나 양수가 된다.

따라서 $X \sim \chi^2(1), Y \sim \chi^2(1)$, $Z=X+Y \sim \chi^2(2)$일 때, 확률변수 Z의 분포를 나타내는 확률밀도함수 f_Z는 다음의 식으로 구할 수 있다.

$$f_Z(z)=\int_0^z f_X(x)f_Y(z-x)dx$$

$$f_X(x)=\frac{\frac{1}{\sqrt{2\pi}}exp\left(-\frac{1}{2}x\right)}{\sqrt{x}}, \quad f_Y(y)=\frac{\frac{1}{\sqrt{2\pi}}exp\left(-\frac{1}{2}y\right)}{\sqrt{y}}$$

Sage에서 확률밀도함수 f_Z를 구하면 다음과 같다.

```
var("x z")
integrate(1/sqrt(2*pi)*exp(-1/2*x)/sqrt(x)*1/sqrt(2*pi)*exp(-1/2*(z-x))/sqrt(z-x), (x,0,z))
```

```
1/2*e^(-1/2*z)
```

```
plot(1/2*e^(-1/2*z), (z,0,6))
```

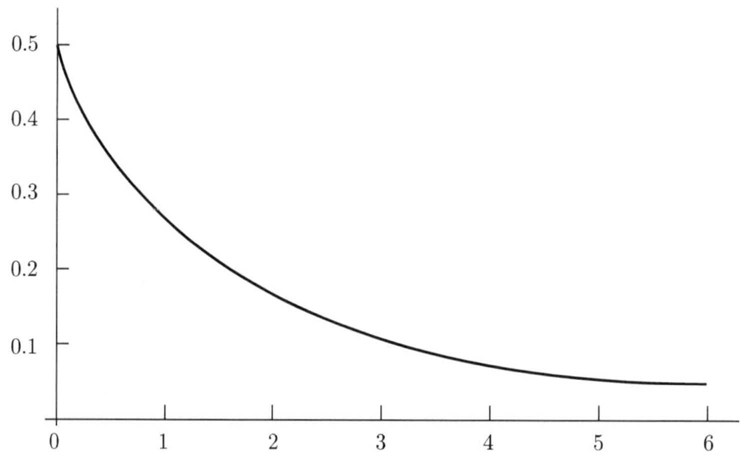

이것이 확률밀도함수를 임을 확인하기 위해 Z의 가능한 모든 영역($0 \sim \infty$)에서 적분을 해보자.

```
integrate(1/2*e^(-1/2*z), (z,0,oo))
```

```
1
```

요약

어떤 확률변수 Z가 확률밀도함수 $f_Z(z) = \frac{1}{2}exp\left(-\frac{1}{2}z\right)(0 \geq z)$를 따를 때, 그것은 $X_1^2 + X_2^2$ (X_1, $X_2 \sim N(0,1)$, $X_1 \perp X_2$)의 분포와 동일하며, 다음과 같이 표시한다.

$$Z \sim \chi^2(2)$$

자유도 3인 카이제곱 분포 구하기

자유도 3인 카이제곱 분포는 다음과 같이 정의된다.

$$Z_3 \sim X_1^2 + X_2^2 + X_3^2 \sim \chi^2(3)\ (X_1, X_2, X_3 \sim N(0,1),\ i.i.d)$$

그것은 자유도 2인 카이제곱 분포를 갖는 확률변수와 자유도 1인 카이제곱 분포를 갖는 확률변수의 합의 분포와 동일하다.

$$Z_1 \sim X_1^2 \sim \chi^2(1)\ (X_1 \sim N(0,1))$$

$$Z_2 \sim X_2^2 + X_3^2 \sim \chi^2(2)\ (X_2, X_3 \sim N(0,1),\ i.i.d)$$

$$Z_3 \sim Z_1 + Z_2 \sim \chi^2(3)\ (Z_1 \sim \chi^2(1),\ Z_2 \sim \chi^2(2),\ Z_1 \perp Z_2)$$

$$f_{Z_3}(z) = \int_0^z f_{Z_1}(x) f_{Z_2}(z-x)\,dx$$

$$f_{Z_1}(x) = \frac{\frac{1}{\sqrt{2\pi}} exp\left(-\frac{1}{2}x\right)}{\sqrt{x}},\ \ f_{Z_2}(y) = \frac{1}{2} exp\left(-\frac{1}{2}y\right)$$

```
var("x z")
assume(z>0)
integrate(1/sqrt(2*pi)*exp(-1/2*x)/sqrt(x)*1/2*exp(-1/2*(z-x)), (x,0,z))
```

```
1/2*sqrt(2)*sqrt(z)*e^(-1/2*z)/sqrt(pi)
```

```
show(1/2*sqrt(2)*sqrt(z)*e^(-1/2*z)/sqrt(pi))
```

$$\frac{\sqrt{2}\,\sqrt{z}\,e^{\left(-\frac{1}{2}z\right)}}{2\,\sqrt{\pi}}$$

```
plot(1/2*sqrt(2)*sqrt(z)*e^(-1/2*z)/sqrt(pi), (z,0,6))
```

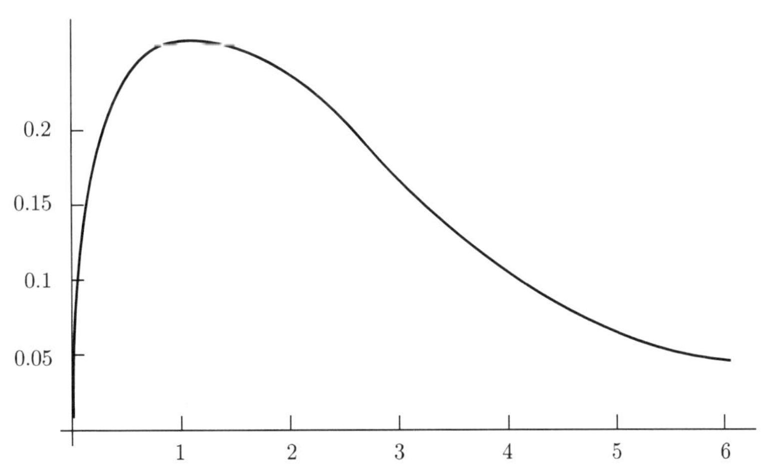

자유도 4인 카이제곱 분포 구하기

이제 슬슬 이런 생각이 들기 시작했을 것이다. 언제까지 계속 자유도를 늘려 나갈 것이냐고? 하고자 한다면 자유도를 계속 늘려나갈 수 있음을 확인했다. 이제까지 구한 결과를 정리해보자. 모두 $z \geq 0$로 가정한다.

$$Z_1 \sim \chi^2(1) \Rightarrow f(Z_1 = z) = \frac{\frac{1}{\sqrt{2\pi}} exp\left(-\frac{1}{2}z\right)}{\sqrt{z}}$$

$$Z_2 \sim \chi^2(2) \Rightarrow f(Z_2 = z) = \frac{1}{2} exp\left(-\frac{1}{2}z\right)$$

$$Z_3 \sim \chi^2(3) \Rightarrow f(Z_3 = z) = \frac{\sqrt{2}\sqrt{z}\, exp\left(-\frac{1}{2}z\right)}{2\sqrt{\pi}}$$

그렇다면 이제 할 일은 그 규칙을 확인하여 일반적인 n에 대해 자유도 n인 카이제곱 분포를 구하는 것이다. 그런데 그것은 복잡하고, 번잡하고, 너무 수리통계적인 내용이 될 것이므로(그렇다! 이런 내용은 "수리통계"란 이름의 과목에서 가르친다.), 이미 알려진 결과만을 인용하도록 하겠다.

$$Z_n \sim \chi^2(n) \Rightarrow f(Z_n = z) = \begin{cases} \dfrac{z^{\frac{n}{2}-1} e^{-z/2}}{(\sqrt{2})^n \Gamma\left(\dfrac{n}{2}\right)} & (z \geq 0) \\ 0 & (z < 0) \end{cases}$$

여기서 $\Gamma(x)$는 감마gamma 함수로써, 실수 x에 대해 다음과 같이 정의된다.

$$\Gamma(x) = \int_0^{\infty} t^{x-1} e^{-t} dt$$

만약 x가 자연수일 경우에는 $\Gamma(x) = 1 \cdot 2 \cdot 3 \cdots (x-1) = (x-1)!$이 성립하고, $\Gamma\left(\frac{1}{2}\right) = \sqrt{\pi}$ 이다. 이것도 너무 수학적이므로 별다른 해설없이 넘어가도록 하겠다. 여기서 한 가지 주목할 점은 Z_n의 확률밀도함수를 보면 n이 자연수가 아닌 실수인 경우에도 사용할 수 있다는 것이다. 사람들은 흔히 자유도가 2.3, 3.5인 카이제곱 분포를 이해하기 힘들어 하는데 그것은 단지 Z_n의 확률밀도함수에 n 대신 2.3, 3.5를 대입하여 얻은 분포이다.

요약

$$Z_n = \sum_{i=1}^{n} X_i^2, \ (X_1, X_2, \cdots, X_n \sim N(0,1), i.i.d)$$

$$\Downarrow$$

$$Z_n \sim \chi^2(n) \Leftrightarrow f(Z_n = z) = \begin{cases} \dfrac{z^{\frac{n}{2}-1} e^{-z/2}}{(\sqrt{2})^n \Gamma\left(\dfrac{n}{2}\right)} & (z \geq 0) \\ 0 & (z < 0) \end{cases}$$

모분포가 정규분포일 때, 표본분산의 분포

표본분산은 다음과 같이 정의된다.

$$s^2 = \frac{\sum_{i=1}^{n}(X_i - \overline{X})^2}{n-1}$$

여기서 분포에 n 대신 $n-1$을 사용하는 이유는 분자에 μ 대신 $\overline{X}$를 사용하기 때문이다. 만약 μ를 사용한다고 생각해보자. 그 때 분자는 s^2의 분자와 다음과 같이 연결된다.

$$\sum_{i=1}^{n}(X_i - \mu)^2 = \sum_{i=1}^{n}(X_i - \overline{X})^2 + \sum_{i=1}^{n}(\overline{X} - \mu)^2$$

위의 등호가 성립하는 이유는 $\sum_{i=1}^{n}(X_i - \mu)^2$를 다음과 같이 전개할 수 있기 때문이다.

$$
\begin{aligned}
\sum_{i=1}^{n}(X_i-\mu)^2 &= \sum_{i=1}^{n}(X_i-\overline{X}+\overline{X}-\mu)^2 \\
&= \sum_{i=1}^{n}\left\{(X_i-\overline{X})^2+(\overline{X}-\mu)^2+2(X_i-\overline{X})(\overline{X}-\mu)\right\} \\
&= \sum_{i=1}^{n}(X_i-\overline{X})^2+\sum_{i=1}^{n}(\overline{X}-\mu)^2+\sum_{i=1}^{n}2(X_i-\overline{X})(\overline{X}-\mu) \\
&= \sum_{i=1}^{n}(X_i-\overline{X})^2+\sum_{i=1}^{n}(\overline{X}-\mu)^2+0
\end{aligned}
$$

마지막에서 $\sum_{i=1}^{n}2(X_i-\overline{X})(\overline{X}-\mu)=0$이 성립하는 이유는 $(\overline{X}-\mu)$는 i에 영향을 받지 않는 상수이기 때문에, $\sum_{i=1}^{n}2(X_i-\overline{X})(\overline{X}-\mu)=2(\overline{X}-\mu)\sum_{i=1}^{n}(X_i-\overline{X})$이 성립하고, $\sum_{i=1}^{n}(X_i-\overline{X})=0$이기 때문이다. n차원 벡터 $(x_1-\overline{x},\ x_2-\overline{x},\ \cdots,\ x_n-\overline{x})$와 n차원 벡터 $(\overline{x}-\mu,\ \overline{x}-\mu,\ \cdots,\ \overline{x}-\mu)$는 직교한다. 따라서 우리는 다음을 증명하였다.

$$\sum_{i=1}^{n}(X_i-\mu)^2=\sum_{i=1}^{n}(X_i-\overline{X})^2+\sum_{i=1}^{n}(\overline{X}-\mu)^2$$

이제 $\sum_{i=1}^{n}(\overline{X}-\mu)^2$을 좀더 자세히 살펴보자. $(\overline{X}-\mu)$는 i에 영향을 받지 않는 상수이다. 따라서 $\sum_{i=1}^{n}(\overline{X}-\mu)^2=n(\overline{X}-\mu)^2$이 성립한다. 그리고 다음이 성립한다.

$$n(\overline{X}-\mu)^2=\{\sqrt{n}(\overline{X}-\mu)\}^2$$

여기까지 우리는 X_i의 분포에 대해 어떤 가정도 하지 않았다. 이제 X_i가 모두 정규분포를 따른다고 가정해보자. 우리는 $X_i \sim i.i.d.,\ N(\mu,\ \sigma)$인 경우, $\overline{X} \sim N\left(\mu,\ \frac{\sigma^2}{n}\right)$임을 안다. 이때, $\sqrt{n}\,\overline{X} \sim N(\sqrt{n}\mu,\ \sigma^2)$이 성립한다. 따라서 다

음이 성립한다.

$$\sqrt{n}\,\overline{X} \sim N(\sqrt{n}\,\mu, \sigma^2) \Rightarrow \left(\frac{\sqrt{n}\,\overline{X} - \sqrt{n}\,\mu}{\sigma}\right)^2 \sim \chi^2(1)$$

$$\left(\frac{\sqrt{n}\,\overline{X} - \sqrt{n}\,\mu}{\sigma}\right)^2 = \frac{n(\overline{X} - \mu)^2}{\sigma^2} = \frac{\sum_{i=1}^{n}(\overline{X} - \mu)^2}{\sigma^2}$$

따라서 위에서 마지막 식은 $\chi^2(1)$ 분포를 따른다는 것을 알 수 있다.

$$\frac{\sum_{i=1}^{n}(X_i - \mu)^2}{\sigma^2} = \frac{\sum_{i=1}^{n}(X_i - \overline{X})^2}{\sigma^2} + \frac{\sum_{i=1}^{n}(\overline{X} - \mu)^2}{\sigma^2}$$

그리고 $\frac{\sum_{i=1}^{n}(X_i - \mu)^2}{\sigma^2}$는 앞서 살펴본 바와 같이 $\chi^2(n)$ 분포를 따른다. 따라서 $\frac{\sum_{i=1}^{n}(X_i - \overline{X})^2}{\sigma^2}$는 카이제곱 분포의 가법성에 $\chi^2(n-1)$ 분포를 따라야 할 것 같다. 실제로 $\chi^2(n-1)$ 분포를 따르며, 그것을 수학적으로 증명할 수 있다!

따라서 다음이 성립한다.

요약

$$\frac{\sum_{i=1}^{n}(X_i - \overline{X})^2}{\sigma^2} \sim \chi^2(n-1),\ s^2 = \frac{\sum_{i=1}^{n}(X_i - \overline{X})^2}{n-1} \sim \frac{\sigma^2}{n-1} \cdot \chi^2(n-1)$$

표본분산을 이용하여 모분산의 신뢰구간 구하기

논리는 표본평균을 이용하여 모평균의 신뢰구간을 구하는 것과 동일하다.

먼저 표본분산의 분포를 구한다. 모분포는 정규분포이며, 모평균을 모른다고 가정한다.

$$\frac{n-1}{\upsilon^2}s^2 \sim \chi^2(n-1)$$

그리고 표본분산의 분포에서 최극단값 2.5%를 좌우에서 떼어낸 95%의 범위를 구한다. 그 값은 $\chi^2_{0.025}(n-1)$, $\chi^2_{0.975}(n-1)$로 나타낸다.[34] 따라서 표본분포의 95% 범위는 다음과 같다.

$$\chi^2_{0.025}(n-1) \leq \frac{n-1}{\sigma^2}s^2 \leq \chi^2_{0.975}(n-1)$$

이것을 모분산인 σ^2를 중심으로 풀어보면 다음과 같다.

---

34) 여기에서 가장 빈번하게 나타나는 95%를 취하지 않는 이유는 "p-값의 의미"와 "단측검정과 양측검정"에서 분명해진다.

$$\frac{n-1}{\chi^2_{0.975}(n-1)}s^2 \le \sigma^2 \le \frac{n-1}{\chi^2_{0.025}(n-1)}s^2$$

이것이 모분산의 95% 신뢰구간이다.

그리고 영가설검정도 동일하다. 만약 신뢰구간 속에 영가설에 해당하는 모분산이 포함된다면, 영가설을 기각하지 못한다. 하지만 포함되지 않는다면, 영가설을 기각한다.

요약

모분포가 정규분포이고, 모평균을 모를 때, 표본분산의 분포는 다음과 같다.

$$\frac{n-1}{\sigma^2}s^2 \sim \chi^2(n-1)$$

그에 따라 모분산(σ^2)의 95% 신뢰구간은 다음과 같다.

$$\frac{n-1}{\chi^2_{0.975}(n-1)}s^2 \le \sigma^2 \le \frac{n-1}{\chi^2_{0.025}(n-1)}s^2$$

t-분포: 정의

t-분포는 고셋Gosset에 의해 발명되었다. 영국의 유명한 맥주회사의 연구원이었던 그는 맥주의 맛을 결정하는 맥아의 효모 수를 추정해야 했다. 그는 모분산을 알고 있을 때 적용할 수 있는 모평균의 신뢰구간 공식에 모분산 대신 표본분산을 이용하여 효모의 수를 추정했다. 하지만 추정치가 잘 맞지 않았다. 그래서 확률변수인 표본분산(그렇다! 표본분산 역시 표본평균과 마찬가지로 어떤 표본이 추출되느냐에 따라 달라지는 확률변수이다.)을 고려하는 t-분포를 개발하게 된 것이다. 하지만 맥주 회사의 방침상 그의 발명을 자신의 이름으로 학술지에 발표할 수 없었기 때문에 스튜던트(학생)Student란 가명으로 발표를 했다. 그리하여 스튜던트의 t-분포가 세상에 알려진 것이다.

t-분포는 다음과 같이 정의된다.

$$Z \sim N(0,1),\ \ V \sim \chi^2(n)\ \ (Z\text{와 } V\text{가 독립})$$

$$\Downarrow$$

$$T = \frac{Z}{\sqrt{V/n}},\ \ T \sim t(n)$$

확률변수 Z가 표준정규분포를 따르고, 확률변수 V가 자유도 n의 카이제곱 분포를 따를 때, 그리고 Z와 V가 서로 독립일 때, $T=\dfrac{Z}{\sqrt{V/n}}$라고 정의하면, T는 자유도 n의 $t-$분포를 따른다. 그리고 수학적으로 $t-$분포를 정확히 계산할 수 있다. 그것은 우리가 어떤 t_1, t_2에 대해서도 $P(t_1 \leq T \leq t_2)$를 정확히 구할 수 있다는 의미이다.

보통 $t-$분포는 모분산을 모를 때, 모평균의 신뢰구간을 구하기 위해 쓰이는데, 그것은 다음이 성립하기 때문이다.

$$\frac{\overline{X}-\mu}{\sigma/\sqrt{n}} \sim N(0,1),\quad \frac{\sum_{i=1}^{n}(X_i-\overline{X})^2}{\sigma^2} \sim \chi^2(n-1),\quad \frac{\overline{X}-\mu}{\sigma/\sqrt{n}} \text{와 } \frac{\sum_{i=1}^{n}(X_i-\overline{X})^2}{\sigma^2} \text{은 독립}$$

$$\Downarrow$$

$$T=\frac{\dfrac{\overline{X}-\mu}{\sigma/\sqrt{n}}}{\sqrt{\dfrac{\sum_{i=1}^{n}(X_i-\overline{X})^2}{\sigma^2\cdot(n-1)}}}=\frac{\sqrt{n}(\overline{X}-\mu)}{\sqrt{\dfrac{\sum_{i=1}^{n}(X_i-\overline{X})^2}{n-1}}}$$

분모의 $\dfrac{\sum_{i=1}^{n}(X_i-\overline{X})^2}{n-1}$는 표본분산 s^2의 정의와 일치한다. 따라서 위의 식은 다음과 같이 쓸 수 있다.

$$T=\frac{\sqrt{n}(\overline{X}-\mu)}{\sqrt{s^2}},\quad T\sim t(n-1)$$

사실 다음과 같은 표현이 좀더 자주 쓰인다.

$$T = \frac{\overline{X} - \mu}{\sqrt{\frac{s^2}{n}}}$$

물론 이 두 표현은 서로 똑같은 표현이다. 그럼에도 $T = \frac{\sqrt{n}(\overline{X} - \mu)}{s}$에서 $\sqrt{n}$을 굳이 분자에 적은 것은 $\sqrt{n}$의 n이 표본평균 $\overline{X}$를 구하기 위해 사용한 표본의 크기 n에서 왔기 때문임을 좀더 명확히 나타내기 위해서이다. 반면 t-분포의 자유도 $n-1$은 표본표준편차를 구할 때 쓰인 자유도가 $n-1$이기 때문이다. 따라서 다음과 같이 그 출처를 명시적으로 보여줄 수 있다.

$$T = \frac{\sqrt{n}(\overline{X} - \mu)}{s}, \quad T \sim t(n-1)$$

사실 t-분포를 따르기 위해서 하나의 표본에서 표본평균과 표본분산을 구할 필요는 없다. 서로 다른 두 표본에서 표본평균과 표본분산을 구하는 경우를 생각해보자.

모분포가 $N(\mu, \sigma^2)$을 따르는 경우, 크기 n_1의 표본을 추출하여 표본평균을 구했을 때, 표본평균의 분포는 다음과 같다.

$$X_i \sim N(\mu, \sigma^2), \ X_i\text{는 서로 독립}$$

$$\overline{X} = \frac{X_1 + X_2 + \cdots + X_{n_1}}{n_1}$$

$$\overline{X} \sim N\left(\mu, \frac{\sigma^2}{n_1}\right) \Rightarrow \frac{\overline{X} - \mu}{\sigma / \sqrt{n_1}} \sim N(0,1)$$

동일한 모분포 $N(\mu, \sigma^2)$에서 크기 n_2의 표본을 새로 추출하였을 때, 다음이 성립한다.

$$Y_i \sim N(\mu,\ \sigma^2),\ \ Y_i\text{는 서로 독립}$$

$$\frac{Y_i - \mu}{\sigma} \sim N(0,1) \ \Rightarrow \ \sum_{i=1}^{n_2}\left(\frac{Y_i - \overline{Y}}{\sigma}\right)^2 \sim \chi^2(n_2 - 1)$$

여기서 $\dfrac{\overline{X}-\mu}{\sigma/\sqrt{n_1}}$와 $\sum_{i=1}^{n_2}\left(\dfrac{Y_i-\overline{Y}}{\sigma}\right)^2$는 $N(0,1)$과 $\chi^2(n_2-1)$을 따르고, 서로 독립이므로, $Z=\dfrac{\overline{X}-\mu}{\sigma/\sqrt{n_1}}$, $V=\sum_{i=1}^{n_2}\left(\dfrac{Y_i-\overline{Y}}{\sigma}\right)^2$, $T=\dfrac{Z}{\sqrt{V/(n_2-1)}}$라고 놓으면, 위의 t-분포 정의에 의해 T 는 $t(n_2-1)$-분포를 따르게 된다. 여기서 T를 다시 풀어 써보면 다음과 같다.

$$T=\frac{\dfrac{\overline{X}-\mu}{\sigma/\sqrt{n_1}}}{\sqrt{\dfrac{\sum_{i=1}^{n_2}\left(\dfrac{Y_i-\overline{Y}}{\sigma}\right)^2}{(n_2-1)}}}=\frac{\dfrac{\overline{X}-\mu}{\sigma/\sqrt{n_1}}}{\sqrt{\dfrac{\sum_{i-1}^{n_2}(Y_i-\overline{Y})^2}{\sigma^2(n_2-1)}}}=\frac{\sqrt{n_1}\,(\overline{X}-\mu)}{\sqrt{\dfrac{\sum_{i=1}^{n_2}(Y_i-\overline{Y})^2}{n_2-1}}}$$

분 모 의 $\dfrac{\sum_{i=1}^{n_2}(Y_i-\overline{Y})^2}{n_2-1}$는 표 본 분 산 을 나 타 낸 다 . 따 라 서 표 본 분 산 $s_{n_2}=\dfrac{\sum_{i=1}^{n_2}(Y_i-\overline{Y})^2}{n_2-1}$을 대입하면, $T=\dfrac{\sqrt{n_1}\,(\overline{X}-\mu)}{\sqrt{s_{n_2}^2}}$라고 쓸 수 있고, 그것은 $t(n_2-1)$-분포를 따른다. 다음은 n_1과 n_2의 출처를 명확히 보여준다.

$$T=\frac{\sqrt{n_1}\,(\overline{X}-\mu)}{\sqrt{s_{n_2}^2}},\quad T\sim t(n_2-1)$$

만약 $\overline{X}$ 대신 표본크기를 명확히 나타내기 위해 $\overline{X}(n_1)$로 쓴다면 그 출처는

더욱 명확해진다.

$$T = \frac{\sqrt{n_1}\,(\overline{X}(n_1) - \mu)}{\sqrt{s_{n_2}^2}}, \quad T \sim t(n_2 - 1)$$

만약 표본평균과 표본분산을 구하기 위해 사용한 표본크기가 동일하거나, 동일한 표본에서 표본평균과 표본분산을 구했다면, 당연히 $n = n_1 = n_2$가 된다.

$$T = \frac{\sqrt{n}\,(\overline{X}(n) - \mu)}{\sqrt{s_n^2}}, \quad T \sim t(n-1)$$

반면 좀더 자주 쓰이는 다음 식은 표준정규분포와 비교를 해 볼 수 있다.

$$T = \frac{\overline{X} - \mu}{\sqrt{\dfrac{s^2}{n}}}, \quad T \sim t(n-1)$$

$$Z = \frac{\overline{X} - \mu}{\sqrt{\dfrac{\sigma^2}{n}}}, \quad Z \sim N(0, 1)$$

모분포가 정규분포를 따를 때, 표본평균의 분포는 위와 같이 표준정규분포로 바꾸어줄 수 있다. 표준정규분포는 모분포의 평균이나 분산에 영향을 받지 않는다. 마찬가지로 위에서와 같이 정의된 T 값은 모분포의 평균이나 분산에 영향을 받지 않고 표본크기보다 1 작은 자유도를 가지는 t-분포를 따른다. T 값을 Z 에서 모분산 대신 표본분산을 대입한 것으로 생각하면 외우기 쉽다.

요약

상황	T
서로 독립인 두 표본에서 표본평균과 표본분산을 각각 구했을 경우	$T=\frac{\sqrt{n_1}(\overline{X}(n_1)-\mu)}{\sqrt{s_{n_2}^2}}$, $T \sim t(n_2-1)$
동일한 표본에서 표본평균과 표본분산을 구했을 경우	$T=\frac{\sqrt{n}(\overline{X}-\mu)}{\sqrt{s^2}}$, $T \sim t(n-1)$ 혹은 $T=\frac{\overline{X}-\mu}{\sqrt{\frac{s^2}{n}}}$, $T \sim t(n-1)$

$t-$분포를 사용하여 모평균의 신뢰구간 구하기: 좀더 자세한 설명

$t-$분포를 사용하여 모평균의 신뢰구간을 구하는 방법과 $t-$분포에 대해 알아보았다. 하지만 그 의미가 구체적으로 다가오지는 않았을 것이다. 적어도 저자에게는 그랬다. $t-$분포를 좀더 자세히 살펴보자. 우리가 모평균의 검증(혹은 신뢰구간)을 위해 정규분포 대신에 $t-$분포를 쓰는 것은 모분산을 모르기 때문이다. 표본분산의 변동성(확률변수인 표본분산은 모분산과 달리 표본에 따라 변한다!)이 문제의 핵심이다.

표본분산의 변동성은 표본분산의 분포로 나타난다. 앞에서 표본평균과 표본분산의 결합확률밀도Joint probability density 그래프를 소개했다. $T=\frac{\sqrt{n}(\overline{X}-\mu)}{s}$를 2차원 평면 상에서 이해해보자. 표본표준편차 s는 표본분산의 제곱근($\sqrt{s^2}$)이므로 그 분포는 수학적 변형을 통해 구할 수 있다.[35] 그리고 $\overline{X}-\mu$은 $N\left(0, \frac{\sigma^2}{n}\right)$의 분포를 따른다.

x축을 $\overline{X}-\mu$, y축을 s로 하는 2차원 좌표 위에 $\overline{X}-\mu$와 s의 결합확률밀도

35) 표본분산의 확률밀도함수를 통해 표본표준편차의 확률밀도를 구하는 방법은 표본분산에서 표본표준편차를 얻는 과정이 선형변환($aX+b$ 꼴)이 아니라 비선형변환(여기서는 $\sqrt{X}$)의 형태를 띠고 있기 때문에 좀더 복잡한 수학적 과정을 거친다. 하지만 표본분산이 주어졌을 때, 표본표준편차의 값은 하나로 결정되기 때문에 표본분산의 확률밀도가 결정되어 있으면, 표본표준편차의 확률밀도도 표본분산의 확률밀도에 의해 하나로 결정된다. 그것을 실제로 구하는 방법은 카이제곱 분포를 구하는 방식과 비슷하다.

그래프를 그리면 다음과 같다. 표본평균과 표본표준편차의 결합밀도함수의 그래프를 앞의 표본평균과 표본분산의 그래프와 비교해보자. 주의할 점은 이전 그래프의 z축의 z값 범위(0~2.5)와 이번 그래프의 z축의 z값 범위(0~4.5)가 다르다는 것이다. 표본표준편차는 표본분산을 제곱근한 값이므로, 표본분산보다 좀더 1에 밀집해 있다($\sqrt{2} = 1.41 \cdots$, $\sqrt{0.9} = 0.95 \cdots$).

표본크기 = 5

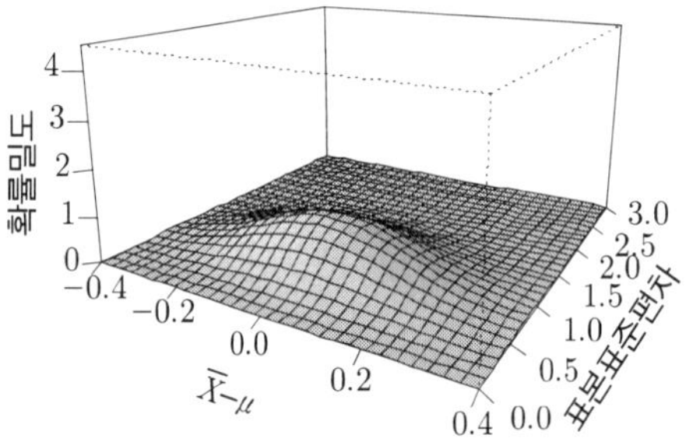

표본크기 = 10

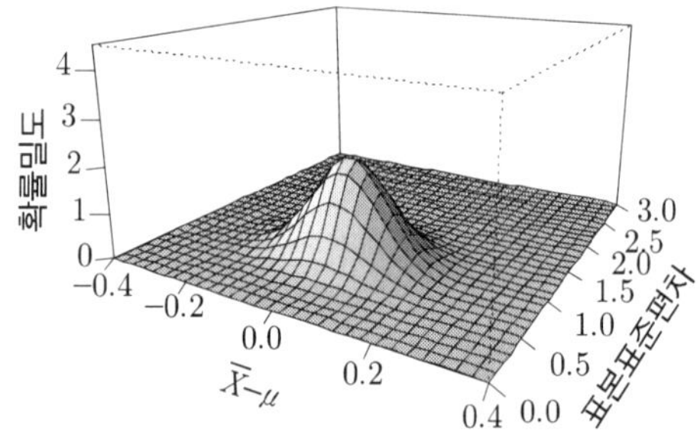

표본크기 = 15

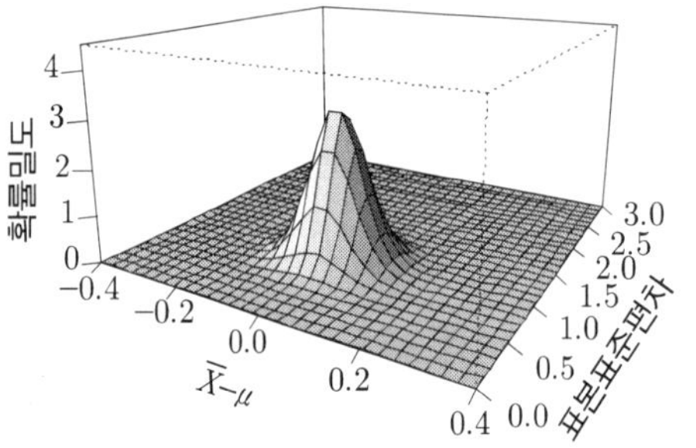

표본크기 = 20

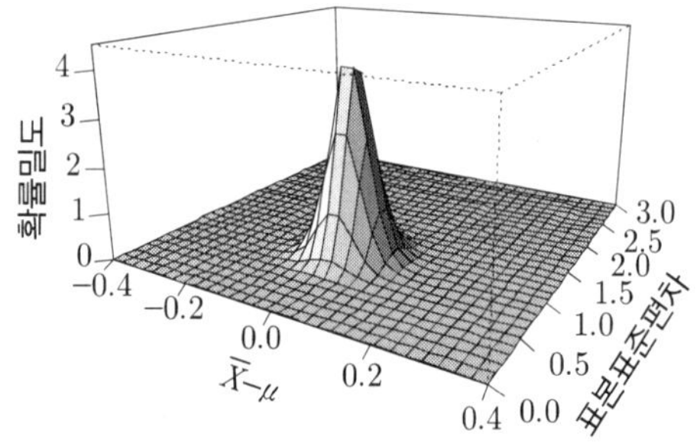

그리고 등고선 그래프는 다음과 같다.

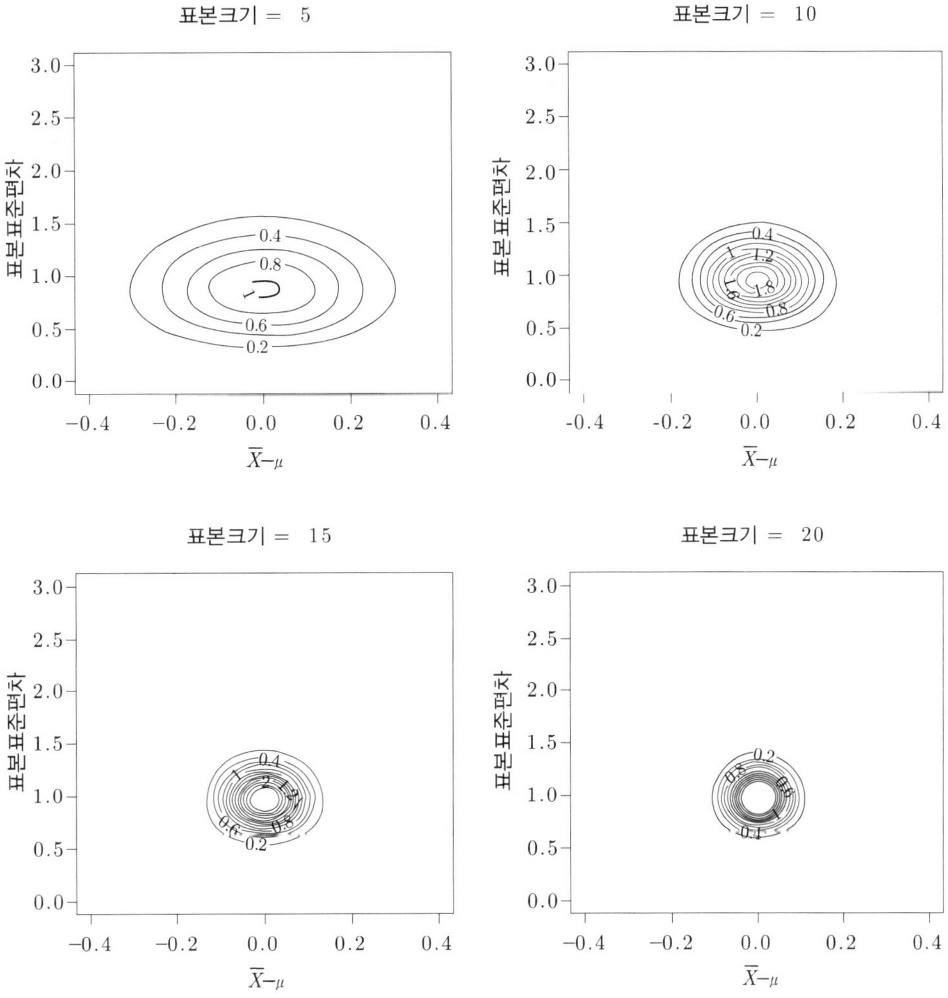

평면좌표 위에서 $\dfrac{T}{\sqrt{n}}=\dfrac{\overline{X}-\mu}{s}$의 의미를 생각해보자. 2차원 평면 위에서 $x=\overline{X}-\mu$, $y=s$로 놓자. 우리가 어떤 표본을 추출하여, $\overline{X}-\mu$와 s를 구하면, 이 표본을 이차원 평면 위의 한 점 $(x,\ y)$으로 나타낼 수 있다($x=\overline{X}-\mu$, $y=s$). 이때, $\dfrac{T}{\sqrt{n}}=\dfrac{x}{y}$ 또는 $y=\dfrac{\sqrt{n}}{T}x$라고 놓을 수 있다. $y=\dfrac{\sqrt{n}}{T}x$을 만족하는 점들 $(x,\ y)$는 위의 그래프에서 원점을 지나고, 기울기가 $\dfrac{\sqrt{n}}{T}$인 직선이다. 표본의 크기가 같을 때(n이 결정되었을 때), 같은 T 값을 가지는 표본들은 모두 원점을 지

나는 하나의 직선 위에 있다는 의미이다.

여기서 $t_{0.025}(n-1) \le T \le t_{0.975}(n-1)$을 만족시키는 $x = \overline{X} - \mu$, $y = s$가 2차원 평면 위에서 어떤 의미를 가지는지 살펴보자. 다음과 같이 전개가 가능하다.

$$t_{0.025}(n-1) \le T \le t_{0.975}(n-1)$$

$$\Downarrow$$

$$t_{0.025}(n-1) \le \frac{\sqrt{n}(\overline{X} - \mu)}{s} \le t_{0.975}(n-1)$$

$$\Downarrow$$

$$\frac{t_{0.025}(n-1)}{\sqrt{n}} \le \frac{\overline{X} - \mu}{s} \le \frac{t_{0.975}(n-1)}{\sqrt{n}}$$

$$\Downarrow$$

$$\frac{t_{0.025}(n-1)}{\sqrt{n}} \le \frac{x}{y} \le \frac{t_{0.975}(n-1)}{\sqrt{n}}$$

마지막 식을 풀어보자.

$\frac{t_{0.025}(n-1)}{\sqrt{n}} \le \frac{x}{y}$과 $\frac{x}{y} \le \frac{t_{0.975}(n-1)}{\sqrt{n}}$을 동시에 만족시키는 (x, y)는

$$y \ge \frac{\sqrt{n}}{T_{0.025}(n-1)}x$$

과

$$y \ge \frac{\sqrt{n}}{T_{0.975}(n-1)}x$$

을 동시에 만족시킨다. 그 영역은 다음 그래프에서 실선 위쪽의 영역에 해당한다.

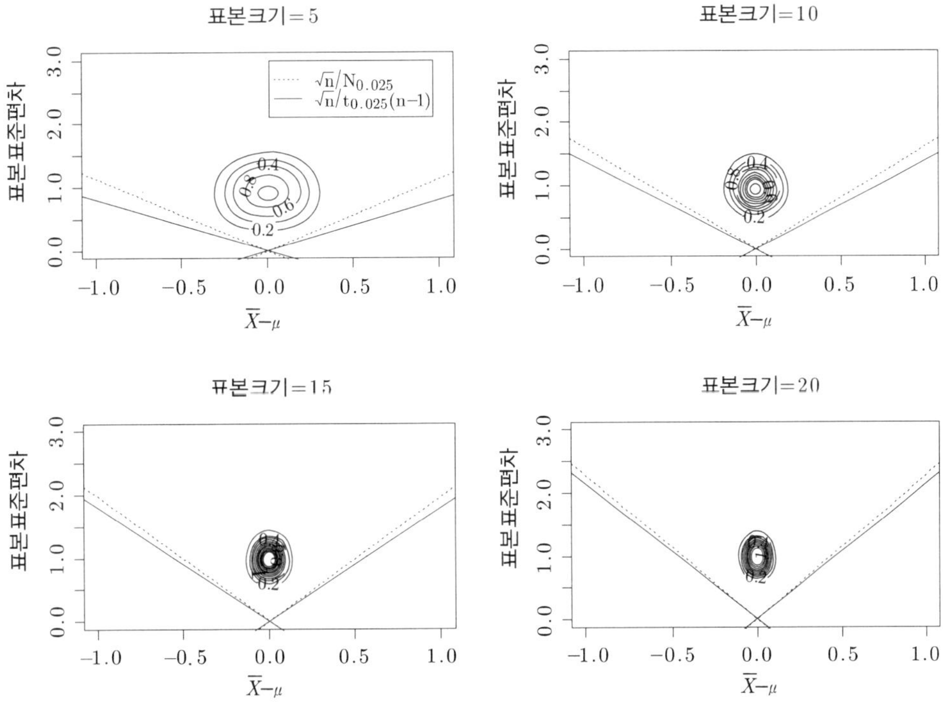

위의 그래프를 102쪽의 평균-표본분산 등고선 그래프와 비교를 해보자. 우선 x좌표의 범위가 달라졌다. -0.4~0.4에서 -1~1로 바뀌었다. 점선은 $t_{0.025}(n-1) \leq T \leq t_{0.975}(n-1)$에서 $t_{0.025}(n-1), t_{0.975}(n-1)$ 대신에 $N_{0.025}$, $N_{0.975}$를 사용한 $N_{0.025} \leq T \leq N_{0.975}$의 범위를 나타낸다. 그것은 표본분산의 변동성(표본분산은 모분산과 다르다!)을 고려하지 않고, 표본분산이 모분산과 동일하다고 생각하고 얻은 T 값의 95% 범위이다.

점선과 실선을 비교해보면, 왜 $t-$분포를 사용하는지 이유가 명확해진다. 두 실선 안쪽의 확률밀도를 적분하면 정확히 95%가 된다. 하지만 두 점선 안의 영역에 대해 확률밀도를 적분하면 95%보다 작아질 수 밖에 없다. 왜냐하면 실선의 영역보다 점선의 영역이 작기 때문이다.

표본의 크기가 5일 때, 다시 한 번 표본평균과 표본표준편차의 결합확률밀도를 2차원 평면 위에 그려보자(등고선 그래프).

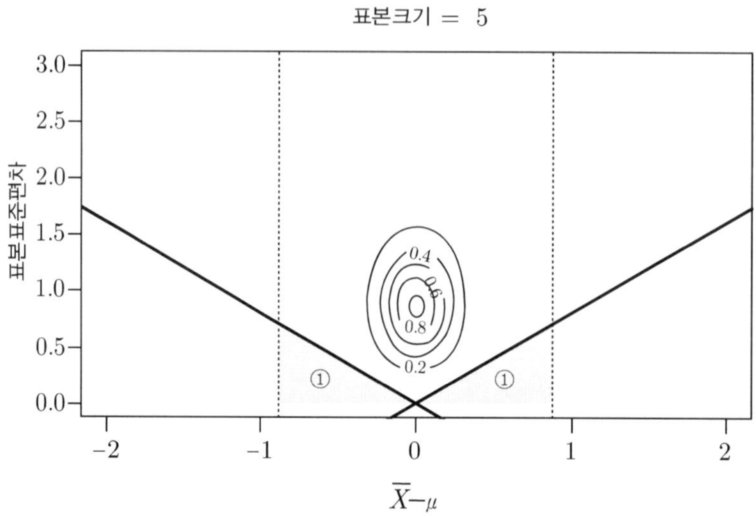

여기서 실선은 기울기 $\frac{\sqrt{5}}{t_{0.025}(4)}$, $\frac{\sqrt{5}}{t_{0.975}(4)}$ 이고 원점을 지나가는 직선이다. 따라서 이 두 실선 안쪽에 표본이 나타날 확률이 95%가 된다. 반면 점선은 $x = \frac{N_{0.025}}{\sqrt{5}}$, $\frac{N_{0.975}}{\sqrt{5}}$ 을 만족하는 점이다. 이 두 직선 사이의 점들은 모분산이 1일 때, 표본평균이 나타나게 될 95%의 영역을 나타낸다. 여기서 표본평균의 95% 구간은 표본표준편차의 값에 상관없이 일정하다.

표본의 가장 빈번한 95% 영역을 통해 모평균을 추정하므로, 표본평균과 표본표준편차가 가장 빈번한 95% 안에 떨어지느냐, 그렇지 않느냐에 따라 모평균의 신뢰구간이 모평균을 포함하거나 그렇지 않다. 위의 그래프에서 만약 표본평균과 표본표준편차가 두 점선 사이에 존재할 경우, 표본평균과 모표준편차를 사용하여 모평균을 추정한 모평균의 신뢰구간은 참이 된다. 반면, 표본평균과 표본표준편차가 두 실선 사이에 자리 잡을 경우, 표본평균과 표본표준편차를 사용하여 모평균을 추정한 모평균의 신뢰구간은 참이 된다.

따라서 두 점선 사이에 있지만, 두 실선 밖에 있는 표본평균과 표본표준편차의 경우(위 그림의 ①), 모표준편차를 사용한 모평균 신뢰구간은 참이지만, 표본표준편차을 사용한 모평균 신뢰구간은 거짓이 된다. 마찬가지 이유로 모표준편차를 사용한 모평균에 대한 유의성 검정은 기각할 수 없지만, 표본표준편차를 사용한 유의성 검정은 기각할 수 있다. 이것은 어떤 통계량을 쓰느냐에 따라 가설검정의 결과가 달라지는 한 예이다.

이 두 가지 방법의 차이를 다시 한 번 생각해보자. 모표준편차를 알고 있다면 표본표준편차에 신경을 쓸 필요가 없다. 표본표준편차가 모표준편차에 비해 너무 작게 나왔다 하더라도, 우리는 그것이 우연에 의해 일어난 것일 뿐 모표준편차가 바뀐 것은 아니라는 것을 안다. 하지만 모표준편차를 모른다면 표본표준편차는 모표준편차의 크기를 반영한다고 생각하게 된다. 따라서 표본표준편차가 모표준편차와 크게 차이가 나는 경우에 모표준편차를 알고 있을 때와 모를 때, 추론이나 검정의 결과가 달라질 수 있게 되는 것이다.

요약

x – 축에 $\overline{X} - \mu$, y – 축에 s를 표시할 때, 원점을 지나는 직선 위의 점들은 동일한 T 값을 갖는다. 따라서 우리가 $t_{0.025}(n-1) \le T \le t_{0.975}(n-1)$를 사용하여 구한 모평균의 신뢰구간이 실제 모평균을 포함하게 되는 경우는 우리가 구한 표본이 원점을 지나고 기울기가 $\frac{\sqrt{n}}{t_{0.025}(n-1)}$, $\frac{\sqrt{n}}{t_{0.975}(n-1)}$인 두 직선 사이에 존재하는 경우이다.

이표본 문제

일표본 문제는 주어진 표본을 통해 모집단의 평균을 추정하는 것이었다. 이표본 문제는 두 개의 표본이 있을 때, 표본을 추출한 두 모집단의 평균을 비교하는 것이다. 영가설은 다음과 같이 "두 모집단의 평균이 같다."라고 쓴다. 만약 영가설이 기각되면, 흔히 두 모평균의 대소를 비교한다.

$$H_0 \ : \ \mu_1 = \mu_2$$

여기서 $\mu_{1,}\ \mu_2$는 각각 표본 1, 표본 2를 추출한 모집단 1, 모집단 2의 평균이다. 문제를 좀더 간단하게 만들기 위해서 흔히 하는 가정은 다음과 같다.

가정 1: 모집단 1과 모집단 2는 모두 정규분포이고, 분산이 같다.

가정 1은 정규성 가정과 등분산 가정을 합쳐놓은 것이다. 가정 1을 분포에 대한 가정으로 표현해보면 다음과 같이 쓸 수 있다.

가정 1: $X_1 \sim N(\mu_1,\ \sigma^2)$, $X_2 \sim N(\mu_2,\ \sigma^2)$

여기서 눈여겨 볼 것은 영가설을 만족하다면, 두 모집단은 같은 분포를 띈다는 것이다. 가정 1을 만족한다면, 모집단 1, 모집단 2에서 표본크기 n_1, n_2인 표본을 추출하여 표본평균 $\overline{X_1}$, $\overline{X_2}$를 구했을 때, 그것의 분포는 손쉽게 얻을 수 있다.

$$\overline{X_1} \sim N(\mu_1, \frac{\sigma^2}{n_1}),\ \overline{X_2} \sim N(\mu_2, \frac{\sigma^2}{n_2})$$

표본평균의 차이 $\overline{X_1} - \overline{X_2}$의 분포도 정규분포의 성질을 이용하여 구할 수 있다.

$$\overline{X_1} - \overline{X_2} \sim N(\mu_1 - \mu_2, \frac{\sigma^2}{n_1} + \frac{\sigma^2}{n_2})$$

$$\text{또는 } \overline{X_1} - \overline{X_2} \sim N(\mu_1 - \mu_2, \left(\frac{1}{n_1} + \frac{1}{n_2}\right)\sigma^2)$$

따라서 모분산 σ^2을 안다면, 표본평균의 차이 $\overline{X_1} - \overline{X_2}$는 대부분($\alpha$의 확률로) 다음의 범위 안에 있게 될 것이고, 그 부등식을 풀면 모평균의 차이($\mu_1 - \mu_2$)의 신뢰구간을 구할 수 있다.

$$\mu_1 - \mu_2 + N_{\alpha/2} \cdot \sqrt{\frac{1}{n_1} + \frac{1}{n_2}}\,\sigma \le \overline{X_1} - \overline{X_2} \le \mu_1 - \mu_2 + N_{1-\alpha/2} \cdot \sqrt{\frac{1}{n_1} + \frac{1}{n_2}}\,\sigma$$

$$\Updownarrow$$

$$\overline{X_1} - \overline{X_2} + N_{\alpha/2} \cdot \sqrt{\frac{1}{n_1} + \frac{1}{n_2}}\,\sigma \le \mu_1 - \mu_2 \le \overline{X_1} - \overline{X_2} + N_{1-\alpha/2} \cdot \sqrt{\frac{1}{n_1} + \frac{1}{n_2}}\,\sigma$$

하지만 거의 대부분의 경우 모분산 σ^2를 모를 것이므로, 표본에서 계산한 추정값을 사용해야 한다. 그럴 경우에 $\dfrac{\overline{X_1} - \overline{X_2} - (\mu_1 - \mu_2)}{\sqrt{\dfrac{1}{n_1} + \dfrac{1}{n_2}}\,\hat{\sigma}}$의 분포는 앞서 살펴봤듯이 $t-$분포를 따르게 된다.

표본 1과 표본 2를 평균은 다르지만 분산이 같은 두 개의 정규분포에서 추출했다고 가정하자. 공통의 모분산을 추정하기 위해서는 다음의 식을 사용한다.

$$s_p^2 = \frac{(n_1 - 1)s_1^2 + (n_2 - 1)s_2^2}{n_1 + n_2 - 2}$$

여기서 s_1^2, s_2^2는 표본 1의 표본분산, 표본 2의 표본분산이다. 이 식은 다음과 같이 풀어 쓸 수 있다.

$$s_p^2 = \frac{\sum_{k=1}^{n_1} (X_{1k} - \overline{X_1})^2 + \sum_{k=1}^{n_2} (X_{2k} - \overline{X_2})^2}{n_1 + n_2 - 2}$$

여기서 분자를 살펴보자. $X_{1k} \sim N(\mu_1, \sigma^2)$, $X_{2k} \sim N(\mu_2, \sigma^2)$의 상황에서 앞서 살펴봤듯이, 다음이 성립한다.

$$X_{1k} \sim N(\mu_1, \sigma^2),\ X_{2k} \sim N(\mu_2, \sigma^2)$$

$$\Downarrow$$

$$\frac{\sum_{k=1}^{n_1} (X_{1k} - \overline{X_{1.}})^2 + \sum_{k=1}^{n_2} (X_{2k} - \overline{X_{2.}})^2}{\sigma^2} \sim \chi^2(n_1 + n_2 - 2)$$

그리고 다음이 성립한다.

$$\overline{X_1} - \overline{X_2} \sim N(\mu_1 - \mu_2, \left(\frac{1}{n_1} + \frac{1}{n_2}\right)\sigma^2)$$

$$\Downarrow$$

$$\frac{(\overline{X_1} - \overline{X_2}) - (\mu_1 - \mu_2)}{\sqrt{\left(\frac{1}{n_1} + \frac{1}{n_2}\right)\sigma^2}} \sim N(0, 1)$$

따라서 T값은 다음과 같이 쓸 수 있고, $t-$분포를 따른다.

$$T = \frac{\dfrac{(\overline{X_1} - \overline{X_2}) - (\mu_1 - \mu_2)}{\sqrt{\left(\frac{1}{n_1} + \frac{1}{n_2}\right)\sigma^2}}}{\sqrt{\dfrac{\sum_{k=1}^{n_1}(X_{1k} - \overline{X_{1.}})^2 + \sum_{k=1}^{n_2}(X_{2k} - \overline{X_{2.}})^2}{\sigma^2 \cdot (n_1 + n_2 - 2)}}} = \frac{\dfrac{(\overline{X_1} - \overline{X_2}) - (\mu_1 - \mu_2)}{\sqrt{\left(\frac{1}{n_1} + \frac{1}{n_2}\right)}}}{\sqrt{\dfrac{\sum_{k=1}^{n_1}(X_{1k} - \overline{X_{1.}})^2 + \sum_{k=1}^{n_2}(X_{2k} - \overline{X_{2.}})^2}{(n_1 + n_2 - 2)}}}$$

$$= \frac{(\overline{X_1} - \overline{X_2}) - (\mu_1 - \mu_2)}{\sqrt{s_p^2\left(\frac{1}{n_1} + \frac{1}{n_2}\right)}}$$

따라서 $t_{\alpha/2}(n_1 + n_2 - 2) \le \dfrac{(\overline{X_1} - \overline{X_2}) - (\mu_1 - \mu_2)}{\sqrt{s_p^2\left(\frac{1}{n_1} + \frac{1}{n_2}\right)}} \le t_{1-\alpha/2}(n_1 + n_2 - 2)$이

성립하고, $\mu_1 - \mu_2$의 $1-\alpha$ 신뢰구간은 다음과 같이 구할 수 있다.

$$(\overline{X_1} - \overline{X_2}) + t_{\alpha/2}(n_1 + n_2 - 2)\sqrt{s_p^2\left(\frac{1}{n_1} + \frac{1}{n_2}\right)}$$

$$\le \mu_1 - \mu_2 \le (\overline{X_1} - \overline{X_2}) + t_{1-\alpha/2}(n_1 + n_2 - 2)\sqrt{s_p^2\left(\frac{1}{n_1} + \frac{1}{n_2}\right)}$$

참고로, 만약 일표본의 문제에서의 T의 형식($T=\frac{\sqrt{n}(\overline{X}-\mu)}{s}=\frac{\frac{1}{\sqrt{\frac{1}{n}}}(\overline{X}-\mu)}{s}$)을 따른다면 다음과 같이 나타낼 수 있다.

$$T=\frac{\frac{1}{\sqrt{\left(\frac{1}{n_1}+\frac{1}{n_2}\right)}}\left\{(\overline{X_1}-\overline{X_2})-(\mu_1-\mu_2)\right\}}{s_p}\sim t(n_1+n_2-2)$$

요약

두 표본평균을 이용하여 모평균의 차이를 구하기 위해서는 다음과 같은 분포를 활용한다.

$$\overline{X_1}-\overline{X_2}\sim N\left(\mu_1-\mu_2,\left(\frac{1}{n_1}+\frac{1}{n_2}\right)\sigma^2\right)$$

모분산을 알 수 없을 때는, 표본분산을 활용하여, 다음의 분포를 이용한다.

$$\frac{(\overline{X_1}-\overline{X_2})-(\mu_1-\mu_2)}{\sqrt{s_p^2\left(\frac{1}{n_1}+\frac{1}{n_2}\right)}}\sim t(n_1+n_2-2)$$

만약 두 집단의 모분산이 같지 않다면, **웰치의 방법**을 활용할 수 있다.

p-값의 의미

만약 어떤 가설이 참일 때 나타나는 유한 표본공간이 있고, 이 중에서 딱 한 가지 경우에 가설을 기각하겠다고 한다면, 어떤 경우에 가설을 기각해야 할까? 가장 확률이 작은 경우이다.

사람들은 p-값과 주어진 관찰값의 확률을 혼동한다. p-값을 계산하기 위해 주어진 관찰값의 확률이 필요하긴 하지만, 이 둘은 다르다.[36)]

예를 들어, 다음과 같은 이산확률분포를 생각해보자.

x	1	2	3
$P(X=x)$	0.5	0.3	0.2

관찰되는 값은 1, 2, 3 중의 하나이다. 이 중에 가장 빈번하게 관찰되는 값이 무엇인가? 1이다. 1은 50%의 확률로, 2와 3을 합쳐서 50%의 확률로 관찰되므로, 1의 출현횟수와 2, 3의 출현횟수가 비슷할 것이다. 그 중에서도 단일 값으로 출현횟수가 가장 많을 것으로 기대되는 것은 1이다. 같은 이유로 확률밀도가 큰 값일

36) 보통 p-값은 "영가설이 참일 때, 주어진 관찰값 혹은 그 값보다 더 희귀한 값이 관찰될 확률"이라고 정의한다.

수록, 그 주위의 값이 더 빈번하게 관찰된다.

다시 한번 정리해보자. 1, 2, 3 중에서 가장 빈번하게 관찰되는 값은 1이다. 얼마나 빈번한가? 전체 관측치의 50%에서 1이 관찰된다. 나머지 2와 3은 1보다는 드물게 관찰된다.

가장 드물게 관찰되는 값은 무엇인가? 3이다. 얼마나 드문가? 전체 관측치의 20% 정도에서 3이 관찰된다.

1은 가장 빈번하게 관찰되는 50%이고, 3은 가장 드물게 관찰되는 20%이다. 그렇다면, 2는 어떤가? 2는 분명 가장 빈번하게 관찰되는 값도 아니고, 가장 드물게 관찰되는 값도 아니다.

하지만 만약 누군가 가장 빈번하게 관찰되는 80%를 묻는다면? 그 값은 1과 2가 된다! 반면 가장 드물게 관찰되는 50%를 물으면 2와 3이 될 것이다.

이제 경우의 수를 좀더 늘려보자.

x	1	2	3	4	5	6	7	8
$P(X=x)$	0.2	0.15	0.15	0.15	0.15	0.1	0.09	0.01

가장 드물게 관찰되는 20%의 값은 6,7,8이 될 것이고(0.1 + 0.09 + 0.01), 가장 빈번하게 관찰되는 20%의 값은 1이 될 것이다. 여기 주목할 점은 각각의 수가 나올 확률이 얼마나 되는지보다 **상대적인 확률**이 중요하다는 것이다. 앞선 예에서 20%의 확률로 나타나는 3이 가장 드물게 나타나는 값이었지만, 여기서는 20%의 확률로 나타나는 1이 가장 빈번하게 나타나는 값이 되었다!

이렇게 $p-$값이란 관찰된 값이 **가장 드물게 관찰되는 몇** %에 속하는지를 말한다. 위의 예에서 8은 가장 드물게 관찰되는 1%(0.01)에 속하지만, 10%, 25%에도 속할 것이다. 특정한 관찰값에 대한 $p-$값은 그 값이 전체 관측 가능한 값들 중에서 가장 드물게 관찰되는 몇 %에 속하는지를 얘기한다. 만약 그 관찰값이 가장 드물게 관측되는 1%에 속했다면, 당연히 2%, 3%에도 속하게 된다.

다시 한 번 강조하고 싶은 것은, 관측값이 빈번한 쪽에 속하는지, 드문 쪽에 속하는지는 그 관측값의 확률(또는 확률밀도)값에 좌우되는 것이 아니라, 가능한 모든 관측치들의 확률들과 비교하여 결정되는 것이다!

$p-$값은 주어진 관찰값 또는 그보다 더 희귀한 관찰을 할 확률이다. 이게 무슨 의미이고, 왜 중요한가?

우리가 어떤 가설을 검정하고자 할 때, 그 가설 아래에서 나타나기 힘든 값이 관찰되었다면, 그 가설을 의심해본다. 그리고 그 값이 얼마나 관찰되기 힘든가를 수치화한 것이 $p-$값이다.

구체적인 예를 들어 보자. 모평균이 3이고, 분산이 1인 정규분포에서 표본크기가 10인 표본을 추출하여 평균을 구했을 때, 표본평균의 분포는 $E(\overline{X})=3$, $Var(\overline{X})=1/10$인 정규분포를 따르고, 그 중 95%는 $E(\overline{X})-1.96\sqrt{Var(\overline{X})}<\overline{X}$ $<E(\overline{X})+1.96\sqrt{Var(\overline{X})}$의 영역에 속하게 된다($3-0.62<\overline{X}<3+0.62 \Rightarrow 2.38<\overline{X}<3.62$). 따라서 표본평균이 2.38보다 작거나 3.62보다 큰 경우는, 모집단이 평균이 3이고 분산이 1인 정규분포라는 가정에서, 나타나기 매우 드문 경우이다. 그렇기 때문에 우리가 얻은 표본평균이 그렇다면(2.38보다 작거나, 3.62보다 크다면), 모평균에 대한 우리의 가정을 의심해 볼 수 있다. 그리고 만약 우리가 5%의 오류율(모평균에 대한 가정이 맞는데도 틀리다고 결론을 내리는 비율)을 허용한다면, 가장 관찰되기 힘든 5%를 포기할 수 있고(가장 관찰되기 힘든 5%의 경우가 일어나지 않는다고 가정할 수 있고), 따라서 표본평균의 값이 2.38보다 작거나, 3.62보다 클 때(즉, 모평균이 3일때, 나오기 힘든 표본평균의 5%에 속하는 값일 때), 모평균이 우리의 가정과 다르다고 결론 내릴 수 있게 된다!

그런데 5%의 오류율은 임의적인 것이다. 우리는 원한다면, 10%의 오류율을 생각할 수도 있고, 1%의 오류율을 생각할 수도 있다. 이런 맥락에서 $p-$값은 주어진 영가설에서 어떤 표본평균이 나왔을 때, 영가설을 기각을 한다면, **몇 %의**

오류율을 감수해야 하는지를 나타낸다.

여기서 $p-$값을 구할 때, 주어진 관찰값과 주어진 관찰값보다 더 희귀한 경우의 확률을 구하는 이유는 주어진 관찰값을 기각한다면, 논리적으로 주어진 관찰값보다 더 희귀한 경우 역시 기각을 해야 하기 때문이다. 예를 들어서 모평균이 3이라는 영가설 아래에서 표본평균이 4일 때 영가설을 기각했는데, 표본평균이 5일 때 동일한 영가설을 기각하지 않는 것은 논리적으로 말이 안 된다.

따라서 주어진 관찰값을 기각했다면, 주어진 관찰값보다 더 희귀한 경우에도 반드시 기각을 하게 될 것이며, 주어진 관찰값과 그것보다 더 희귀한 경우를 합한 확률인 $p-$값은, 주어진 관찰값을 기각했을 때 우리가 감수해야 하는 1종 오류율이 되는 것이다.

하지만 주어진 영가설에서 드물게 관찰되는 값이라는 것이 영가설의 기각을 항상 지지한다고 볼 수 없다. 왜냐하면 영가설을 기각한다는 것은 대립가설을 지지한다는 의미인데, 주어진 관찰값이 대립가설을 지지하기 위해서는, 주어진 관찰값이 영가설 하에서는 드물지만, 대립가설 하에서는 좀더 빈번하게 관찰되어야 한다.

예를 들어 분산분석 $F-$검정을 보자.[37] $F=\dfrac{\chi_1^2/df_1}{\chi_2^2/df_2}$로 정의되는데, $F=\dfrac{\text{집단간 평균제곱합}}{\text{집단내 평균제곱합}}$으로 나타낼 수 있다. 영가설은 모든 집단이 집단간 평균의 차이가 없는 동일한 정규분포라는 것이고 대립가설은 집단간에 평균의 차이가 있다는 것이다. 문제는 이 경우에 희귀한 $F-$값이라고 영가설을 기각하면 안 된다는 것이다. 왜냐하면 0에 가까운 $F-$값은 영가설이 참일 때 일어나기 힘들지만, 대립가설이 참일 때에는 더더욱 일어나기 힘들기 때문이다. 따라서 대립가설이 무엇인가가 $p-$값을 결정하는데 고려되어야 한다!

37) 분산분석 $F-$검정은 후에 자세히 설명될 것이다. 여기서는 두 모분산을 비교하는 $F-$검정 ($H_0: \sigma_1^2=\sigma_2^2$, $H_1: \sigma_1^2 \neq \sigma_2^2$)에서는 양측검정을 실시하는 데 반해, 분산분석 $F-$검정에서 단측검정을 실시하는 이유를 설명한다.

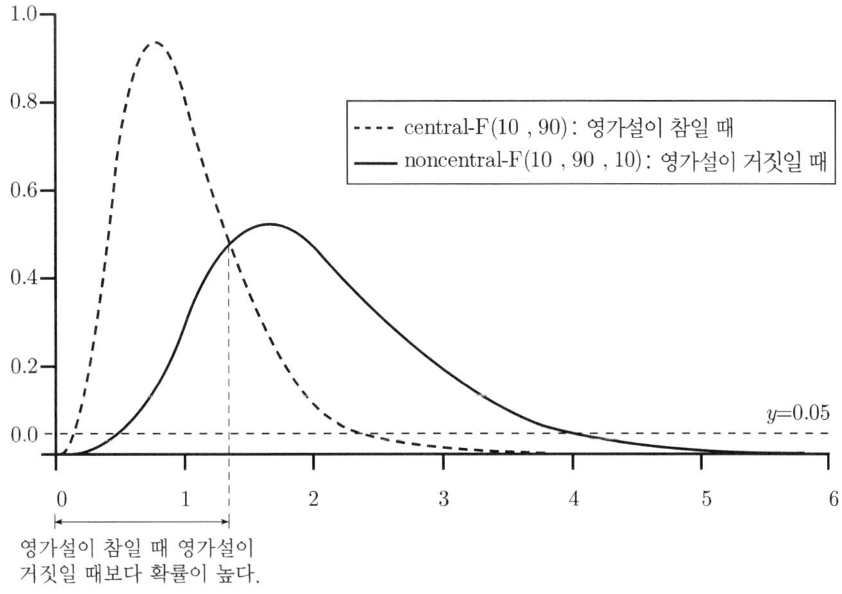

한 가지 흔히 오해하는 것은 p－값이 영가설이 참이 아닐 확률이라고 생각하는 것이다. 하지만 p－값은 영가설이 참일 때, 주어진 관측값에 의해 영가설을 기각했을 때(그리고 그에 따라 주어진 관측값보다 더 희귀한 관측값들의 경우에도 영가설을 기각한다고 하면), 1종 오류(대립가설이 참이라고 결론을 내리는 오류)의 확률을 말한다. 따라서 p－값은 영가설이 참일 때, 주어진 관측값 혹은 그보다 더 희귀한 관측값을 관찰하게 된 확률이고, 주어진 관측값에서 영가설이 참일 확률과는 다르다. 만약 주어진 관측값을 관측하는 사건을 x, 영가설을 H_0, 영가설 H_0에서 x보다 더 희귀한 사건들을 x'라고 한다면, 첫 번째는 $P(x \cup x' \mid H_0)$이고 두 번째는 $P(H_0 \mid x)$로 표시할 수 있다.

요약

p－값은 주어진 영가설에서 어떤 관찰값 또는 그 관찰값보다 더 희귀한 관찰값이 나타났을 때 영가설을 기각한다면, 1종 오류율이 얼마나 될 것인지 알려준다.

표본크기에 따라 줄어드는 p-값

"나에게 충분한 크기의 표본을 준다면, 어떤 조그마한 차이도 검증해 보이겠다!"

p-값은 영가설이 참일 때, 주어진 관측값이 전체 확률분포에서 얼마나 드문 경우에 속하는지를 보여준다. 물론 앞서 살펴본 바와 같이 영가설이 참일 때는 드물지만, 대립가설이 참일 경우에는 좀 덜 드물어야 한다.

예를 들어 보자. 정규분포를 따르는 어떤 모집단의 모평균 μ에 대해서, 영가설 $H_0 : \mu = \mu_0$를 검증하려고 한다. 여기서는 이해를 돕기 위해 구체적인 사례를 들어보겠다.

모분산이 1이라는 것은 안다. 모평균이 1이라는 영가설을 검정하려고 한다. 모평균을 μ라고 쓰면 다음과 같이 나타낼 수 있다.

$$H_0 : \mu = 1$$

그리고 표본크기 n인 표본을 추출하였다. 추출된 표본으로부터 표본평균 $\bar{x}$를 구하였다. p-값은 영가설이 참일 때, 주어진 관측값($\bar{x}$)이 전체 확률분포에서 얼마나 드문 경우에 속하는지를 나타낸다. 영가설이 참일 때, 즉, 모평균 μ가 1일 때, 우리는 표본평균 $\overline{X}$가 어떤 분포를 띠게 될지 안다$\left(\overline{X} \sim N\left(1, \frac{1}{n}\right)\right)$. 따라서 관측된 $\bar{x}$가 전체 분포 $N\left(1, \frac{1}{n}\right)$에서 희귀한 몇 %에 속하는지가 영가설

$H_0 : \mu = 1$에서 관측값 $\bar{x}$의 p–값이다.

그런데 실제 모평균은 2라면? 영가설의 모평균은 우리가 검증하려는 이론적인 모평균일 뿐이다! 따라서 실제 표본평균의 분포는 $N\left(2, \frac{1}{n}\right)$을 따른다. 이제 이 두 표본평균의 분포를 비교해보자. 아래의 그림은 영가설이 참인 경우의 모분포($\mu = 1$)와 실제 모분포($\mu = 2$)를 보여준다. 그리고 $n = 10$과 $n = 20$인 경우, 영가설이 참인 경우의 표본평균의 분포와 실제 표본평균의분포를 보여준다.

그리고 점선은 p–값이 0.05인 두 값을 보여준다. 즉 영가설이 참일 때, 두 점선을 넘어가는 관측값은 가장 드문 관측값 5%에 포함된다. 따라서 두 점선을 넘어가는 값들은 p–값이 0.05보다 작다! 결론적으로, 유의수준 0.05으로 검정을 할 때, 영가설 $H_0 : \mu = 1$을 기각하는 구간 역시 이 두 점선을 넘어가는 범위이다.

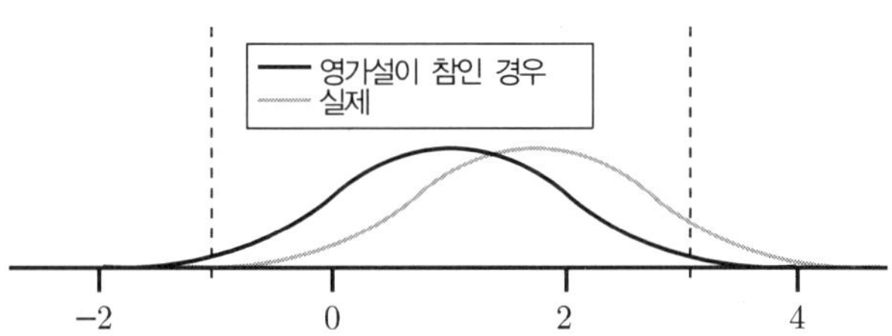

모분포

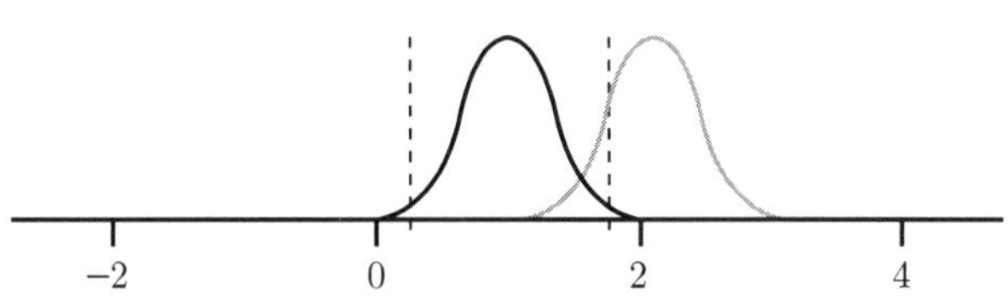

표본평균의 분포(표본크기: 10)

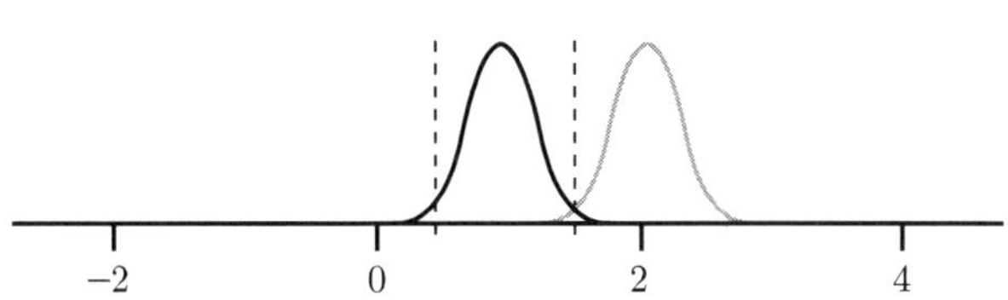

표본평균의 분포(표본크기: 20)

$n=10$인 경우를 보자. 검은 선은 영가설이 참인 경우의 표본평균의 분포이고, 회색선은 실제 관찰되는 표본평균의 분포이다. 실제 관찰되는 표본평균의 분포는 실제 모평균이 2이기 때문에 $N\left(2, \frac{1}{10}\right)$가 된다. 실제 관찰되는 표본평균들 중에서 영가설 $H_0 : \mu = 1$을 기각하는 구간에 포함되는 경우를 보자. 많은 부분이 영가설 $H_0 : \mu = 1$ 아래서 p-값이 0.05보다 작은 영역에 속하지만, 일부는 0.05보다 큰 영역에 속하고, 따라서 영가설을 기각할 수 없다.

하지만 $n=20$인 경우에는 거의 대부분의 관찰값(표본크기가 20인 표본평균)에 대해 p-값을 구하면 0.05보다 작다. 모평균이 1이고, 표본크기가 20일 때 표본평균의 분포에 따라서 관찰된 값의 p-값은 거의 대부분 0.05보다 작게 되고, 영가설을 기각할 수 있다.

모평균을 검증하려고 할 때, p-값은 표본평균의 분포에서 유도된다. 그런데 표본평균의 분포는 표본의 크기가 커질 수록 분산이 작아지고 모평균에 집중된 분포를 띄게 된다. 따라서 동일한 p-값을 얻기 위해 필요한 표본평균의 값은 점점 영가설의 모평균에 가까워져야 한다. 그 말은 동일한 표본평균의 p-값이 표본크기가 커질수록 작아진다는 의미이다. 그에 반해 실제의 모평균이 영가설의 모평균과 다르다면, 실제의 표본평균의 분포는 표본크기가 커짐에 따라 점점 실제 모평균에 집중된 분포를 띄게 될 것이다. 따라서 실제 모평균과 영가설의 모평균이 다르다면, 표본의 크기를 늘려감에 따라 실제 관측된 표본평균의 p-값이 작아지고, 영가설을 기각할 확률 또한 커지는 것이다.

여기에서 주목할 것은 영가설의 모평균과 실제 모평균에 차이가 있는지 검증하려고 할 때, 중요한 것은 영가설의 모평균과 실제 모평균의 차이 그 자체가 아니라, 표본평균의 분포(특히 표본평균의 표준편차)를 고려한 상대적인 크기라는 점이다. 만약에 영가설의 모평균과 실제 모평균의 차이가 매우 작더라도, 표본크기를 크게 해서, 표본평균의 표준편차를 충분히 줄여주면, 영가설의 모평균과 실제 모평균의 차이를 성공적으로 검증해 낼 수 있다!

모분산을 모를 때, 이표본 문제에 있어서도 같은 얘기를 할 수 있다. 표본크기를 충분히 높여준다면, 아무리 작은 두 모평균의 차이도 검증할 수 있다.

자, 이제 유의성 검증이 비판받는 이유를 설명할 수 있다. 유의성 검증이란 앞서 모평균 μ가 이론적인 값 μ_0과 같은지 검증하는 것이다. 이표본인 경우에는 두 모평균 μ_1, μ_2에 대해서 영가설 H_0: $\mu_1 = \mu_2$를 검증하는 것이다. 문제는 실제 모평균이 이론적인 값과 소수점 무한대까지 같은 경우는 거의 없다는 것이다. 따라서 표본크기를 무한대로 늘려주면 언제나 영가설을 기각할 수 있다!

여기서 주의할 점은 두 모평균 μ_1과 μ_2가 다르다는 것은 대부분의 경우 확실하지만, 둘 중 어느 것이 큰지는 모른다는 점이다. 따라서 양측검정을 한 후 대소에 대한 결론을 내리거나[38] 단측검정을 통해 두 모평균의 대소에 대해 추정하는 것이 꼭 쓸모없는 것은 아니다.

요약

대부분의 경우 표본크기가 굉장히 커지면 양측 검정의 영가설은 기각된다.

38) 이 방법에 대해서는 후에 설명할 것이다.

효과크기의 논리

두 모집단이 정규분포를 따르고, 분산이 같을 때, 흔히 우리의 일차 관심은 두 모집단의 평균이 얼마나 다른지에 집중된다. 하지만 두 모집단의 평균의 차이를 정

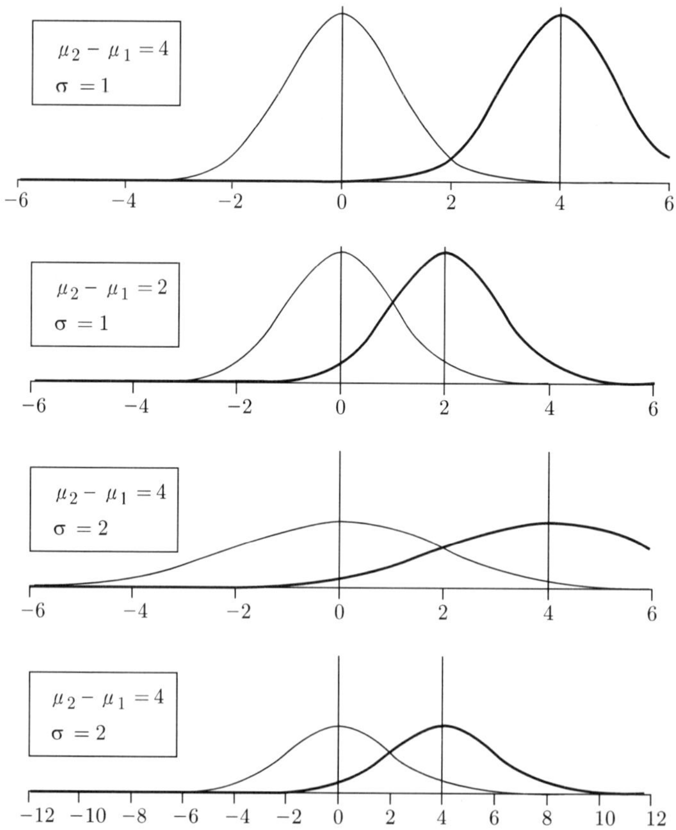

확히 안다면, 두 모집단의 분포를 정확히 비교할 수 있을까? 앞의 두 정규분포들을 보자.

첫 번째 두 정규분포는 평균의 차이가 4이고, 공통 분산은 1이다. 다음 그래프는 두 정규분포의 평균 차이가 2이고, 공통 분산은 1이다. 이 두 그래프를 비교해보면, 평균의 차이만큼 두 분포의 겹쳐진 정도가 차이가 난다. 첫 번째 그래프에서는 두 정규분포의 매우 작은 부분만이 겹쳐 있지만, 두 번째 그래프에서는 상당한 부분이 겹쳐 있다.

세 번째 그래프에서 두 정규분포의 평균 차이는 첫 번째 그래프에서의 평균 차이 4와 동일하다. 하지만 공통 분산이 2로 증가하였다. 이 그래프는 앞선 두 그래프 중 어느 것과 비슷한가?

네 번째 그래프는 세 번째 그래프의 x축의 척도(비율)만 달리 하여 그린 것이다. 이 그래프는 평균의 차이가 같은 첫 번째 그래프가 아니라, 두 번째 그래프와 같은 모양을 띈다. 두 분포의 겹쳐진 부분의 비율이 같다!

두 번째 그래프와 네 번째 그래프에서 동일한 값은 무엇인가? 평균의 차이, 공통 분산이 모두 다르지만, 평균의 차이와 공통 분산의 비는 동일하다.

$$\frac{\mu_2 - \mu_1}{\sigma} = 2$$

일반적으로 두 분포의 모양이 동일하고, 평균의 차이와 공통 표준편차의 비가 동일하다면, 두 분포는 척도가 다르더라도, 동일한 형태로 분포되어 있다. 두 분포의 공통된 부분이 전체 분포에서 차지하는 비율이 동일하다.

따라서 단순한 평균의 차이가 아니라, 두 "분포"의 차이를 보려면 $\frac{\mu_2 - \mu_1}{\sigma}$를 봐야 한다. 만약 $\frac{\mu_2 - \mu_1}{\sigma}$이 크다면, 두 "분포"의 차이가 크다는 것이고, $\frac{\mu_2 - \mu_1}{\sigma}$이 작다면 두 "분포"의 차이가 작다는 것이다. 두 분포의 평균의 차이만으로는 두 "분포"의 차이를 가늠하기에 부족하다! 여기서 $\frac{\mu_2 - \mu_1}{\sigma}$를 흔히 효과크기라고 한다.

효과크기를 사용하는 또 다른 이유를 생각해보자. 한 쪽에서는 사람의 키를 비교하고, 다른 쪽에서는 개미의 길이를 비교한다고 해보자. 사람의 키에 있어서 1cm의 차이는 그리 큰 차이가 아닐지 모르지만, 개미의 길이에 있어서 1cm는 가장 작은 개미가 가장 큰 개미로 둔갑하는 엄청난 차이일 수도 있다. 따라서 평균의 절대적 차이는 그것이 어떤 맥락(어떤 분포, 어떤 분산)에서 비교되는냐에 따라 그 의미가 달라진다.

길이는 그래도 우리가 잘 알고 있는 단위이다. 하지만 우리가 어떤 심리 척도(예를 들면 공격성 척도, 개방성 척도) 또는 설문지의 응답 점수를 생각할 때, 우리는 1점의 차이, 2점의 차이가 어떤 의미를 띄는지 모른다. (1점의 차이는 우리가 어떤 척도, 어떤 설문지를 사용했는지에 따라 달라진다.) 가능한 점수의 영역이 1~10점인 경우에 표준편차가 5점인 경우가 있는 반면, 1~2점 밖에 되지 않는 경우도 있다. 이런 경우에 점수 자체의 차이만으로는 그 의미를 알기 힘들다. 하지만 점수의 차이를 분산과 비교한다면 "상대적인 차이"의 크기를 알 수 있다. 표준편차가 10점인 검사에서 평균 10점의 차이와 표준편차가 2점인 검사에서 평균 2점의 차이는 모두 효과크기 1로 나타난다.

효과크기와 p-값의 차이

p-값은 영가설이 참일 때, 주어진 관측값이 전체 확률분포에서 얼마나 드문 경우에 속하는지를 보여준다. 물론 앞서 살펴본 바와 같이 영가설이 참일 때는 드물지만, 대립가설이 참일 경우에는 좀 덜 드물어야 한다.

p-값은 영가설이 참임에도 영가설을 기각하는 1종 오류율과 관련이 있다. p-값은 만약 주어진 관측값으로 영가설을 기각할 때 감수해야 할 1층 오류율의 크기라고도 볼 수 있다.

p-값은 같은 크기의 표본을 사용했을 때, 두 모평균의 차이가 커질수록 작아진다. 그것은 다음과 같이 두 모평균의 차이가 커질수록, 두 집단에서 뽑은 표본의 값들이 확연히 달라질 확률이 커지기 때문이다.

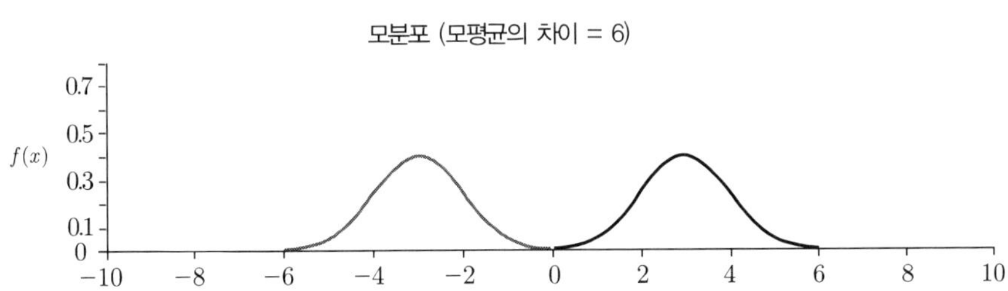

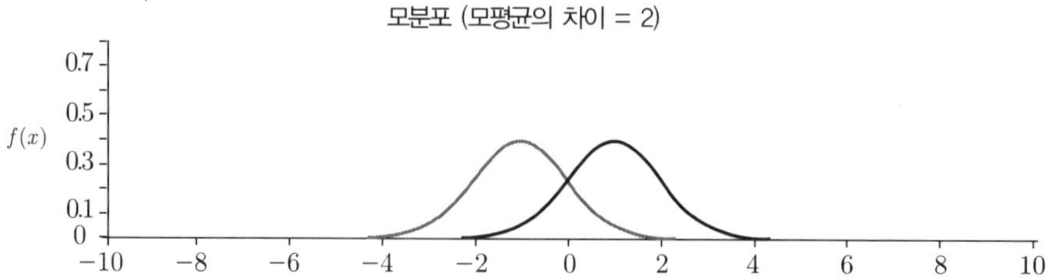

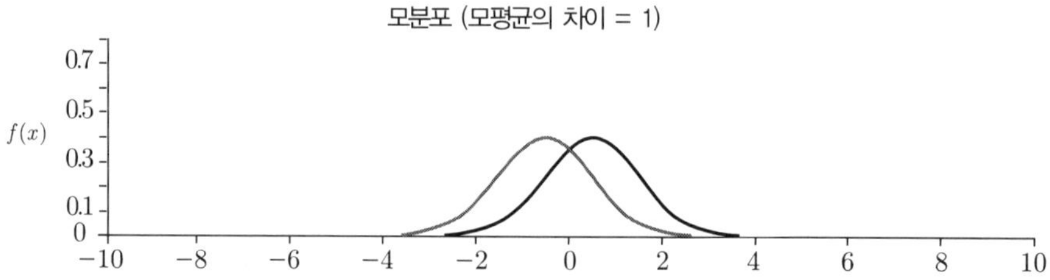

반면 표본평균의 차이가 동일할 때, p-값은 표본의 크기가 커질수록 역시 작아진다. 그 이유는 다음과 같다. 표본평균 $\overline{X}$의 분산은 표본의 크기가 커질수록 작아진다($Var(\overline{X}) = \frac{\sigma^2}{n}$). 따라서 두 모평균의 차이가 일정하더라도, 표본의 크기가 클수록 두 표본평균의 차이가 좀더 확실하게 나타난다. 두 표본평균의 차이의 기댓값은 표본의 크기에 따라 변하지 않는다. 반면 표본평균의 분산이 작아지기 때문에, 분산과 비교해서 두 표본평균의 차이가 좀더 두드러져 보이게 되는 것이다!

다음 그림은 두 표본평균의 분포를 보여준다. 동일한 두 모집단에서 추출한 두 표본평균의 분포가 표본의 크기가 커짐에 따라 어떻게 변하는지 보여준다. 표본의 크기가 커질수록, 표본평균의 분산이 작아지고, 모평균의 차이가 두드러진다!

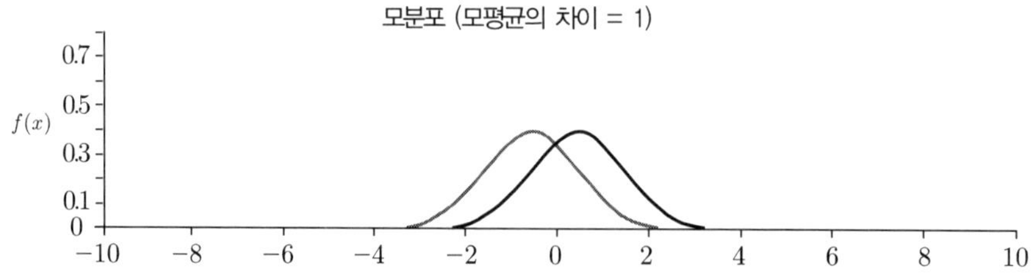

표본평균의 분포 (모평균의 차이 = 1, 표본크기 = 10)

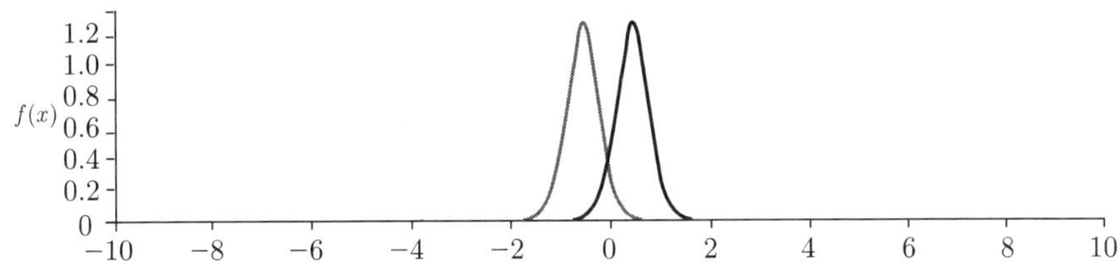

표본평균의 분포 (모평균의 차이 = 1, 표본크기 = 20)

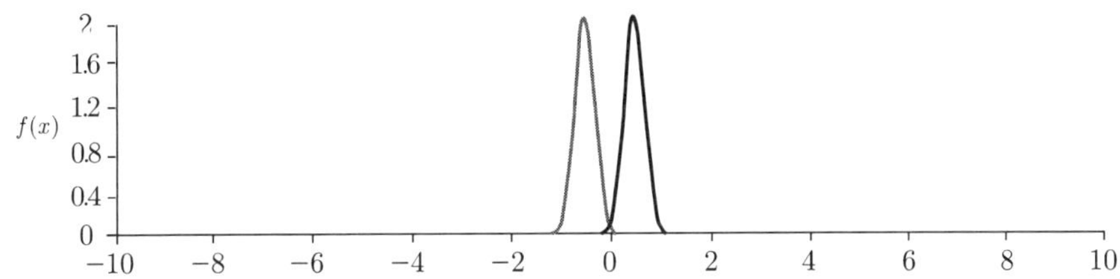

표본평균의 분산은 표본평균의 정확도라고 생각할 수 있다. 그런 의미에서 표본평균의 표준편차를 표본평균의 "표준오차"라고 부르기도 한다. 오차가 작을수록 정확도는 커진다. 표본평균의 분산이 작아질수록, 표본평균은 모평균의 근처에 집중되어 있는 분포로 나타나므로 표본평균은 모평균을 좀더 정확하게 반영한다고 볼 수 있다.

효과크기Effect size란 모평균의 차이를 모분산과 비교한 것이다. 만약 두 모집단이 공통의 분산 σ^2을 가지고 있다면, 효과크기는 다음과 같이 정의된다.

$$d = \frac{\mu_1 - \mu_2}{\sigma}$$

이것은 두 모집단의 분포가 얼마나 차이가 나는지를 정량적으로 보여준다.

반면, p-값은 두 **표본평균**의 분포가 얼마나 차이가 나는지에 따라 변한다. 표본평균의 표준오차인 $\sigma/\sqrt{n}$이 작아질수록 모평균의 차이는 두드러지고, 따라서 표본평균의 차이가 동일한 상황에서 p-값은 작아진다.

여기서 중요한 것은 모집단의 분포와 표본평균의 분포를 구분하는 것이다. 우리가 정말로 관심을 가지는 것은 두 모집단의 평균이다. 예를 들어서, "쌀밥을 먹은 아이의 키 평균이 130cm인데, 잡곡밥을 먹은 아이의 키가 140cm이다." 혹은 "쌀밥을 먹은 아이의 키 평균이 잡곡밥을 먹은 아이의 키 평균보다 크다."와 같은 결론을 내리고 싶어 한다.

효과크기와 p-값을 비교해보면, 효과크기는 표본의 크기에 영향을 받지 않는 반면, p-값은 표본의 크기에 영향을 받는다.

그런데 우리가 주로 알고 싶은 것은 모집단의 차이를 알고 싶은 것이다. 그럼에도 p-값을 쓰는 이유는, 표본평균이 차이가 났을 때, 이것이 $\mu_1 = \mu_2$인 경우에도 "우연히" 발생할 수 있는 결과인지, 아니면 실제로 $\mu_1 \neq \mu_2$이기 때문인지를 알고 싶은 것이다. p-값은 $\mu_1 = \mu_2$임에도 표본평균의 차이가 우리가 관찰한 값과 같거나, 그것보다 더 클 확률을 나타낸다. 그것은 만약 영가설 H_0: $\mu_1 = \mu_2$을 기각하고 $\mu_1 \neq \mu_2$라고 결론을 내렸을 때, 감수해야 할 오류율을 나타낸다.

반면 효과크기란 $\mu_1 \neq \mu_2$일 때, μ_1와 μ_2의 차이가 얼마나 큰지를 알려준다!

시뮬레이션을 통해 효과크기와 p-값의 차이를 살펴보자. 확률변수 X_1과 X_2가 다음의 분포를 따른다고 생각하자.

$$X_1 \sim N(0,1),\ X_2 \sim N(0.2,1)$$

이때, 표본크기 n의 표본을 독립 추출하여 효과크기와 p-값을 구한다. 시뮬레이션 결과, n이 증가함에 따라, 효과크기와 p-값의 변화는 다음과 같았다(흰 동그라미: 효과크기, 검은 동그라미: p-값). 표본크기가 클수록, p-값은 항상 0에 가까운 값이 나오고, 표본효과크기는 모집단의 효과크기인 0.2에 근접하게 된다.

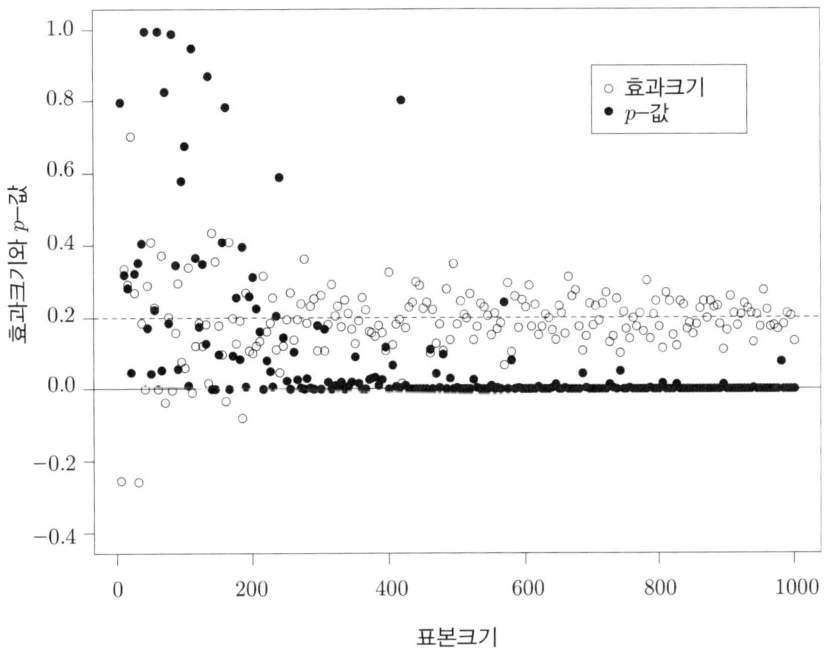

요약

모집단에서 정의된 효과크기를 표본을 가지고 추정하려 할 때, **효과크기의 추정치값**은 표본의 크기가 커짐에 따라 모집단의 효과크기에서 크게 벗어나지 않는다. 반면 **p-값**은 두 모수가 정확히 같지 않는다는 전제하에서 표본크기가 커짐에 따라 0에 근접하는 성질이 있다.

검증력

영가설이 참이 아닐 때, 영가설을 기각할 확률을 검증력이라고 한다. 검증력은 표본의 크기, 영가설이 참이 아닌 정도(효과크기), 그리고 1종 오류를 얼마나 허용할 것인가에 따라 달라진다.

동전 던지기의 예를 들어 보자. 앞면이 나올 확률을 p라 할 때, 영가설 $H_0: p=\frac{1}{2}$을 검정하기 위해 동전을 3번 던졌다. 영가설이 참일 때, 앞면이 n번 나올 확률 $P(n)$은 이항분포에 따라 다음과 같다.

n	0	1	2	3
$P(n)$	$\frac{1}{8}=0.125$	$\frac{3}{8}=0.375$	$\frac{3}{8}$	$\frac{1}{8}$

위에서 보듯이 어떤 결과가 나와도, 유의수준을 0.05로 했을 때 영가설을 기각시킬 수 없다. 따라서 영가설이 거짓인 정도가 얼마나 큰지 상관없이, 이 가설검증의 검증력Power은 0이다. 이런 현상은 왜 통계학에서 "영가설을 채택한다" 또는 "영가설이 참이다"라고 하지 않고, "영가설을 기각하지 못한다"라고 하는지를 알려준다. 위의 예에서 분명 유의수준 0.05에서 영가설을 기각하지 못했지만,

그렇다고 앞면이 나올 확률이 $\frac{1}{2}$이라고 결론지을 순 없지 않은가? 이런 현상은 검증력이 낮은 경우에 두드러진다.

만약 영가설이 앞면이 나올 확률 p가 $\frac{3}{4}$이라고 해보자$\left(H_0: p = \frac{3}{4}\right)$. 영가설이 참일 때, 앞면이 n번 나올 확률 $P(n)$은 다음과 같이 변한다.

n	0	1	2	3
$P(n)$	$\left(\frac{1}{4}\right)^3 \simeq 0.016$	$3 \times \left(\frac{1}{4}\right)^2 \times \frac{3}{4} \simeq 0.14$	$\simeq 0.42$	$\simeq 0.42$

따라서, 앞면이 0번 나왔을 경우에만 영가설을 기각할 수 있다.

좀더 많은 경우에 영가설을 기각시키려면 동전을 많이 던져야 한다. 한 100번쯤 던져보자. 앞면이 n번 나올 확률 $P(n)$의 그래프는 다음과 같다. 점선은 유의수준 0.05를 나타낸다. p-값은 앞면이 67번 나오는 경우가 대략 0.045, 68번의 경우에 0.069 정도 된다(83번의 경우 0.038, 82번의 경우 0.063). 따라서 67번 이하, 그리고 83번 이상 앞면이 나오는 경우에 영가설을 기각할 수 있게 된다. 그리고 동전을 많이 던질수록 전체 가능한 경우 중에 기각역 속에 들어가는 경우의 비율이 점점 커진다. 그리고 이 기각역은 영가설이 참이 아닌 경우에는 쉽게 발생할 수도 있지만, 영가설이 참인 경우에는 매우 희귀한 경우이다. 앞서 얘기했듯이, 표본의 크기가 커질수록 아주 작은 차이도 검증할 수 있다! 반대로 검증력이 작으면, 아주 큰 차이도 검증할 수 없다.

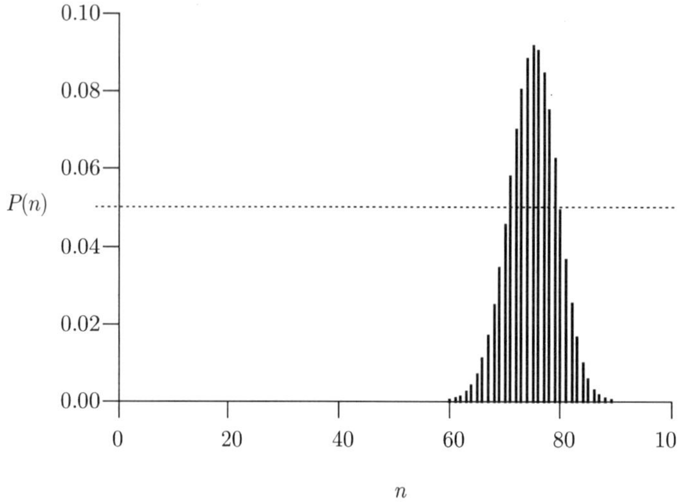

앞면이 나올 확률이 $\frac{3}{4}$라는 영가설을 동전을 3번 던져서 검증하는 경우를 다시 생각해보자. 동전을 3번 던질 때, 유의수준 0.05에서 이 영가설을 기각할 수 있는 경우는 앞면이 한 번도 나오지 않을 때이다. 따라서 검증력을 구하는 것은 굉장히 쉬워진다. 3번 던져서 한 번도 앞면이 안 나올 확률만 구하면 되는 것이다. 실제로 앞면이 나올 확률을 h라고 하자. 이때 이 동전을 세 번 던져서 모두 앞면이 아닐 확률은 $(1-h^3)$이고, 그 값이 영가설을 기각한 확률, 즉 검증력이 된다. h값에 따른 검증력의 변화는 다음 그래프와 같다. h값에 따라 3번 던져서

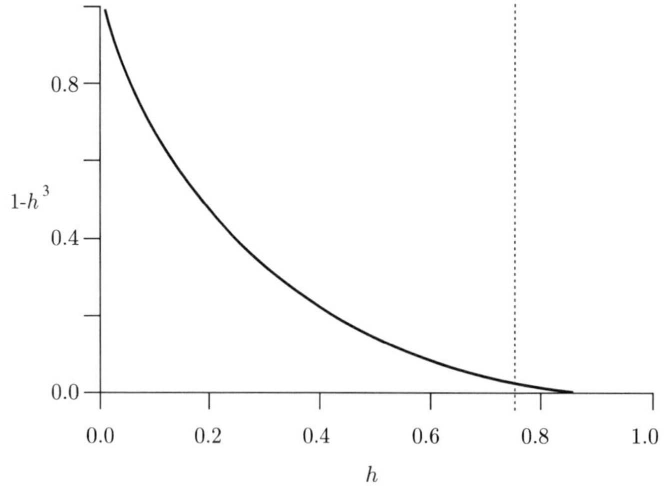

한 번도 앞면이 안 나올 확률, 즉 h값에 따른 검증력(동전을 3번 던져서 영가설을 기각시킬 수 있는 확률)이다.

여기서 점선은 $h=\frac{3}{4}$인 지점을 나타낸다. 주의할 점은, $h=\frac{3}{4}$일 때 영가설이 참이므로 $(1-h)^3$은 1종 오류율을 나타낸다. 그리고 $h>\frac{3}{4}$일 때는 앞면이 나올 확률이 $\frac{3}{4}$보다 크다. 하지만 모두 뒷면이 나올 때 "앞면이 나올 확률이 $\frac{3}{4}$보다 작다."고 결론을 내린다면 그것은 3종 오류[39]를 범하는 것이다. 따라서 $h>\frac{3}{4}$일 때 $(1-h)^3$은 3종 오류율을 나타낸다. 따라서 그 지점에서는 1종 오류의 확률을, 그리고 그 이후에는 3종 오류의 확률을 나타낸다. 그래프에서 보듯이 영가설과 실제와의 차이가 클수록 검증력이 증가되어, 앞면이 나올 확률이 0으로 확실한 경우에는 언제나 영가설을 기각할 수 있다!

---

39) 3종 오류란 영가설을 기각하여 잘못된 결론을 내리는 것을 말한다. 이 경우에는 동전을 3번 던져 한 번도 앞면이 안 나왔을 때, 영가설 $H_0: p=\frac{3}{4}$ 기각하고, $p<\frac{3}{4}$이라고 결론을 내리는데, 만약 실제 앞면이 나올 확률이 P가 $\frac{3}{4}$보다 크다면 3종 오류를 범하는 것이다.

1종 오류와 2종 오류(검정력)의 긴장 관계

정신병자를 가려내는 테스트를 생각해보자. 모든 사람은 정신병자이거나 정상인이다. 정상인의 경우 테스트 결과는 평균 80점에 표준편차 10점인 정규분포를 띄고, 정신병자인 경우에는 평균 50점에 표준편차 10점인 정규분포를 띈다고 가정해보자. 분포는 다음과 같다.

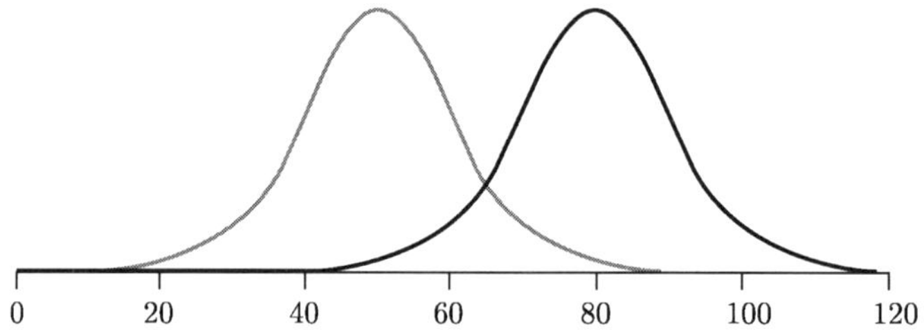

테스트 점수를 통해 영가설 H_0: "이 사람은 정상인이다"를 유의수준 0.05에서 검증한다고 해보자. 우리가 모든 사람이 정상인 또는 정신병자라고 가정했으므로, 테스트 점수에 대한 단측검정을 실시하여, 56.7점보다 낮은 경우에 영가설을 기각할 수 있다. 왜냐하면, $P(T < 56.7 | \text{정상인}) = 0.05$, 즉 정상인의 경우 테스트 점수가 56.7보다 낮을 경우가 5%에 불과하기 때문이다.

하지만 이런 방법의 결정방법은 어떤 사람이 정신병자임에도 정신병자라고

결론을 내리지 못하는 경우가 25%나 된다($P(T \geq 56.7|정신병자) = 0.25$). 반대로 정신병자를 정신병자라고 결론 내릴 확률은 75%이다.

여기서 정신병자일 때, 오류를 범할 확률을 줄이고 싶다면? 가장 쉬운 방법은 정신병자라고 결론을 내리게 되는 점수의 기준(56.7)을 좀더 높이는 것이다. 하지만 그럴 경우에 정상인이 정신병자라고 잘못 결론 내리게 되는 확률도 증가한다.[40] 이처럼 2종 오류를 줄이기 위해 유의수준을 높이면, 1종 오류가 증가하고, 1종 오류를 낮추기 위해 유의수준을 낮추면 2종 오류가 증가한다. 이처럼 1종 오류와 2종 오류는 서로 함께 낮아질 수 없는 긴장관계에 있다고 볼 수 있다. 다른 말로 하면, 1종 오류가 높아지면, 검증력이 낮아지고, 검증력이 높아지면, 1종 오류는 낮아진다. 물론 방법은 있다. 검증력을 높이면서 1종 오류를 줄이는 방법의 하나는 여러 개의 독립적인 테스트들의 점수를 평균 내서, 그 평균값을 통해 판단을 하는 것이다.

여기서는 테스트의 전체적인 오류를 최소화하는 방법을 생각해보자. 즉, 어떤 사람이 정상인이거나 정신병자이거나 상관없이 잘못 결론을 내릴 확률을 최소로 하고 싶다. 위의 그래프를 보고 오류를 최소화할 수 있는 기준을 생각해보자. 가장 직관적인 방법은 두 그래프가 겹치는 지점인 75점을 기준으로 판단을 내리는 것이다. 그리고 이 방법은 오류의 확률을 최소화한다. 만약 정상인과 정신병자의 확률이 같다면! 전체 인구에서, 아니면 테스트 받으러 오는 사람들의 비율이 1:1이라면…….

반면 정신병자의 확률이 $\frac{1}{10}$인 경우를 생각해보자. 테스트를 받는 사람들 중 정신병자가 $\frac{1}{10}$이라는 의미이다. 100명이 테스트를 치르고, 그 중 90명이 정상인이고, 10명이 정신병자라면, 정상인 중 13%가 비정상인으로 판정된다. 정신병자 중에서도 13%가 비정상인으로 판정된다면, 평균적으로 $0.13 \times 90 + 0.13 \times 10 =$

40) 영가설이 참일 때, 거짓이라고 결론을 내리는 오류를 1종 오류, 영가설이 거짓일 때, 참이라고 결론을 내리는 오류를 2종 오류라고 한다. 만약 영가설이 "이 사람이 정상인이다."라면, 정말 정상인임에도 불구하고, 비정상이라고 결론을 내리는 것이 1종 오류, 비정상인임에도 정상인이라고 결론을 내리는 오류는 2종 오류가 된다.

13명에 대해 잘못된 판정을 내리게 된다. 반면, 앞선 기준으로 정상인일 때 오류의 확률을 0.05, 정신병자일 때 오류의 확률을 0.25 적용한다면, 평균 $0.05 \times 90 + 0.25 \times 10 = 7$명에 대해 잘못된 판정을 내리게 된다. 따라서 테스트를 보는 사람들 중 몇 %가 정상인이고, 비정상인인지에 따라 잘못된 오류를 최소화하는 기준이 달라지게 된다!

만약에 오류를 범했을 때 치러야 하는 대가가 다르거나, 한 쪽 오류에 의한 손실이 굉장히 크다면, 그것을 고려한 기준은 또 달라진다. 예를 들어, 암을 검사하는 테스트를 생각해보자. 암에 걸렸다고 잘못 판정하는 경우, 재검사를 하면 된다. 다소 번거롭긴 해도, 굉장히 큰 손실은 아니다. 반면, 암에 걸렸음에도 암에 걸리지 않았다는 결과가 나온 경우에, 환자는 적기에 암치료를 받지 못하고, 사망에 이르게 될 확률이 높아진다. 따라서 암에 걸렸음에도 암에 걸리지 않았다는 결과를 내는 오류는 굉장히 심각한 오류이며, 손실도 그만큼 크다. 이런 경우에는 암에 안 걸렸음에도 암에 걸렸다는 오류가 다소 높아지더라도, 암에 걸렸음에도 안 걸렸다라고 나오는 오류를 최대한 줄이게 된다.

우리가 1종 오류의 확률을 결정하는 데에는 여러 가지 기준이 있을 수 있다. 하지만 1종 오류가 줄어들면 검증력도 줄어든다는 것은 변함이 없다.

그렇지만 새로운 검정 방법을 사용하여 1종 오류와 2종 오류를 동시에 줄일 수도 있다. 예를 들어 앞에서 살펴봤듯이 모분포가 라플라스 분포일 때, 표본중앙값을 사용한다면, 표본평균을 사용할 때보다 1종 오류와 2종 오류를 동시에 줄일 수 있다.

요약

동일한 조건에서 1종 오류율을 줄이면, 2종 오류율은 증가하고 검증력은 줄어든다.

베이즈 정리: 기저확률의 중요성, 암 검사 결과 양성일 때, 정말 암에 걸렸을 확률은?

베이즈 정리란 다음과 같다.

$$P(A|B) = \frac{P(B|A)P(A)}{P(B)}$$

이 정리를 외우기 위해서는 다음 식만 기억하면 된다.

$$P(A \cap B) = P(A|B)P(B)$$
$$P(A \cap B) = P(B|A)P(A)$$
$$\Downarrow$$
$$P(A|B)P(B) = P(B|A)P(A)$$

수학적으론 굉장히 간단히 보이지만 그것을 제대로 이해하기란 쉽지 않은 모양이다. 게르트 기거렌처Gerd Gigerenzer의 연구에 의하면 베이즈 정리를 배운 많은 사람들이 그것을 제대로 이해하지 못하거나 금방 잊어버린다. 기거렌처는 확률이 아니라 구체적인 빈도(사람들의 인원)를 사용하여 설명하는 것이 더 쉽고, 오래 기억된다는 연구 결과를 발표하였다.

구체적인 예를 들어보자. 위의 식에서 A, B를 다음과 같이 놓자.

$A=$암에 걸렸다.

$B=$암 검사 결과 양성이다.

여기서 정말로 암에 걸린 것과 암 검사 결과가 다를 수 있다는 것을 유의하자. 실제 암에 안 걸렸음에도 검사결과가 양성으로 나타나거나, 실제로 암이 걸렸음에도 검사결과가 음성으로 나타날 수도 있다!

위의 공식들을 활용하면 다음과 같은 결과를 얻을 수 있다.

$$P(\text{암에 걸렸다}|\text{암 검사 양성})=\frac{P(\text{암 검사 양성}|\text{암에 걸렸다})P(\text{암에 걸렸다})}{P(\text{암 검사 양성})}$$

위의 수식을 말로 풀어보자. 암 검사 결과 양성일 때 정말로 암에 걸렸을 확률은 암에 걸릴 확률, 암에 걸렸는지 아닌지에 상관없이 암 검사에 양성이 나올 확률, 그리고 암에 걸렸을 때 암 검사에서 양성일 확률에 좌우된다! 이 식을 처음 볼 때 이해가 잘 되지 않을 수 있다. 중요한 것은 앞서도 얘기했듯이 실제 암에 걸린 것과 암 검사 결과가 다를 수 있다는 것을 기억하는 것이다. 그리고 암 검사에 양성일 확률은 그가 실제로 암에 걸렸던지, 암에 걸리지 않았던지 상관없이 암 검사를 했을 때, 검사 결과가 양성으로 나올 확률을 말한다. 암 검사에서 양성이 나오는 경우는 정말 암에 걸렸기 때문일 수도 있고, 검사가 잘못되었기 때문일 수도 있다.

10000명의 사람이 있다. 그 중 10명이 진짜 암 환자이다. 암 검사는 암 걸린 사람들 중 90%에 대해 양성 판정을 내린다. 따라서 10명의 암에 걸린 사람 중에 9명이 양성 판정을 받고, 1명은 음성 판정을 받을 것이다. 반면, 암 검사는 약 1%의 잘못된 양성 판정을 내린다. 즉, 암에 걸리지 않았음에도 양성이라고 잘못된 결과가 나올 확률이 1%라는 것이다. 따라서 9990명의 정상인 중에서 1%인 (약) 100명이 암 양성 판정을 받는다. 그렇다면 총 10000명의 사람들 중에서 몇 명이나 암 검사 결과 양성이 나올까? 109명이다. 그 중에서 몇 명이 진짜 암 환자인가? 9명이다. 그렇다면 암 검사 결과 양성이 나왔을 때, 진짜 암 환자일 확률은 $\frac{9}{109} \approx 0.08$, 8%에 불과하다!

비록 정상인이 암 양성 판정을 받을 확률이 작다고 하더라도, 암 양성 판정을 받은 사람이 정상인일 확률이 클 수 있다. 그것은 정상인일 확률과 암 환자일 확률이 크게 차이가 나기 때문이다. 암 검사가 양성일 때 암 환자일 확률과 대비해서 검사 결과가 주어지지 않은 상태에서 암 환자일 확률을 **기저확률**이라고 한다.

만약 정상인일 확률과 암 환자일 확률이 동일하다고 해보자. 기저확률이 동일한 경우이다. 이때, 정상인이 암 양성 판정을 받을 확률이 1%, 암 환자가 암 양성 판정을 받을 확률이 90%라면, 암 양성 판정을 받은 사람들 전체를 91이라고 할 때, 1은 정상인이고, 90은 진짜 암 환자이다. 이제 정상인일 확률이 암 환자일 확률의 두 배라고 해보자. 좀더 쉽게 정상인의 수가 암 환자의 수의 두 배라고 생각해도 무방하다. 이때 정상인이 암 양성 판정을 받을 확률이 1%이고 암 환자가 암 양성 판정을 받을 확률이 90%라면, 암 양성 판정을 받은 사람들 전체를 92라고 놓을 수 있다. 그 중 2는 정상인이고, 90은 진짜 암 환자이다. 같은 방식으로 정상인일 확률이 암 환자일 확률의 100배일 경우에는 암 양성 판정을 받은 사람의 100이 정상인이고, 90이 진짜 암 환자이며 전체 암 양성 판정 중에서 정상인의 비율이 늘어나기 시작한다. 만약 정상인일 확률이 암 환자일 확률의 1000배로 늘어날 경우, 1000이 정상인이고, 90이 진짜 암 환자가 되어 전체 암 양성 판정 중에서 정상인의 비율이 압도적으로 늘어나게 된다!

만약 기저확률이 이렇게 압도적으로 차이가 날 경우에는 아무리 암 검사의 정확도가 90%, 99%일지라도, 암 검사가 양성이었을 때 암 환자일 확률은 그다지 높지 않다.

이것을 그림을 표현하면 다음과 같다.

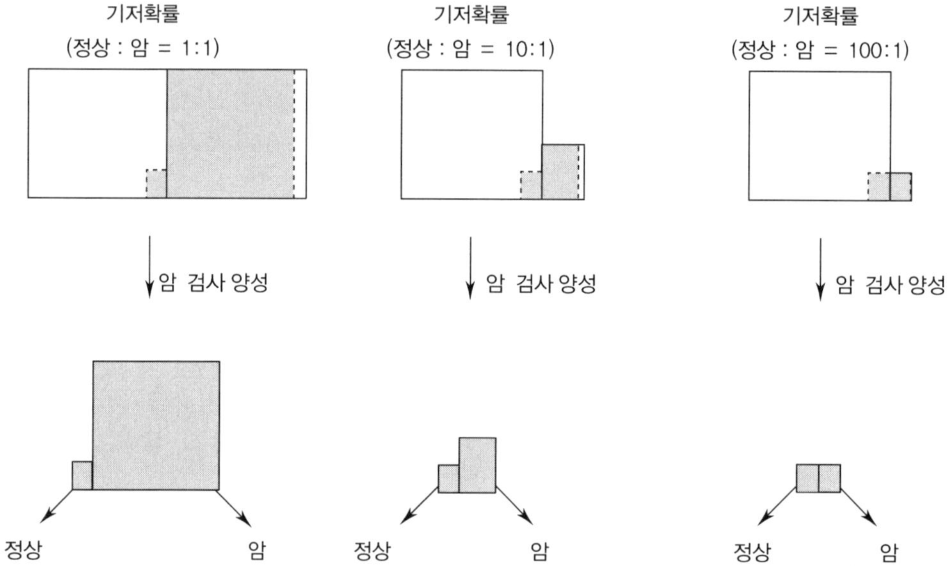

암 검사가 상당히 정확함에도 암 검사에 양성 결과가 나왔다고 해서 정말 암에 걸렸을 확률이 그리 크지 않다는 것은 기저확률을 고려하지 않는다면 다소 놀라운 일이다. 하지만 기저확률을 고려하면, 암 검사(암 검사의 정확도가 90%를 넘어감에도 불구하고) 양성에 대한 신뢰도가 그리 크지 않은 것이다.

암 검사에 양성인 경우, 정말로 암에 걸렸을 확률보다 정상일 확률이 더 크다고, 암 검사가 사실 암 환자를 가려내는 검사가 아니라 정상인을 가려내는 검사라고 주장한다면 어떨까? 하지만 실제 논리적으로 이와 유사한 주장을 펼치는 사람들이 있다.

예를 들어 전체 자동차 사고 중에 밤에 일어나는 사고보다 낮에 일어나는 사고의 수가 훨씬 많다. 그렇기 때문에 밤에 운전하는 것보다 낮에 운전하는 것이 더 위험하다는 식이다. 하지만 기저확률을 유의하자. 밤에 운전하는 경우보다 낮에 운전하는 경우가 훨씬 많다. 따라서 밤에 일어나는 사고의 수보다 낮에 일어나는 사고의 수가 더 많은 것은 어찌 보면 당연하다. 우리가 비교해야 할 것은 $P(\text{사고}|\text{밤에 운전})$과

$P(\text{사고}|\text{낮에 운전})$이지 $P(\text{밤에 운전}|\text{사고})$와 $P(\text{낮에 운전}|\text{사고})$가 아니다. (전체 자동차 사고 중에 밤에 일어나는 사고보다 낮에 일어나는 사고의 수가 훨씬 많으므로 $P(\text{밤에 운전}|\text{사고}) < P(\text{낮에 운전}|\text{사고})$이다.)

$$P(\text{사고}|\text{밤에 운전}) = \frac{P(\text{밤에 운전}|\text{사고})P(\text{사고})}{P(\text{밤에 운전})}$$

$$P(\text{사고}|\text{낮에 운전}) = \frac{P(\text{낮에 운전}|\text{사고})P(\text{사고})}{P(\text{낮에 운전})}$$

$P(\text{밤에 운전}|\text{사고}) < P(\text{낮에 운전}|\text{사고})$일 때에도 $P(\text{밤에 운전})$과 $P(\text{낮에 운전})$의 차이에 따라 $P(\text{사고}|\text{밤에 운전})$와 $P(\text{사고}|\text{낮에 운전})$는 그 크기가 바뀔 수 있다! (위의 식에서 $P(\text{사고})$는 동일하다.)

《벌거벗은 통계》(발터 크래머 지음, 염정용 옮김)란 책에는 이런 경우가 여러 가지 소개되어 있다. 예를 들어 전체 자동차 사고 중에 적정 속도를 지킨 자동차가 과속한 경우보다 많다고 해서, 과속할수록 사고 확률이 줄어든다고 얘기할 수 없는 것이다. 시속 400km로 운전하다 사고 난 자동차는 하나도 없다고 해서, 시속 400km로 운전할 때 사고 위험이 극적으로 줄어든다고 말할 수 없는 것과 마찬가지이다. 시속 400km로 운전하다 사고 난 자동차가 없었던 것은 애당초 시속 400km로 운전하는 자동차가 없었기 때문이다. 기저확률이 0%이다!

사실 밤에 운전하는 것이나 과속이 위험하다는 것은 누구가 아는 상식이기에 그와 반대되는 주장을 할 경우에 그것의 비논리성을 찾아내려 하지만, 잘 모르는 사실에 대해 이와 같은 논리를 적용했을 때, 그것의 비논리성을 즉시 알아채기란 쉽지만은 않다.

역시 《벌거벗은 통계》에 소개된 한 예를 보자. 독일의 한 신문은 "나이가 들수록 행복해진다"라는 제목의 기사에서, 20세 이하의 청소년들의 경우 모든 사망 원인 중에서 자살이 25퍼센트로 가장 높은 반면, 70세 이상의 노인들의 경우 자살이 2퍼센트 이하라는 근거로 나이가 들수록 자살하는 경우가 줄어들며, 그것은 나이가 들수록 행복하기 때문이라고 썼다.

하지만 20세 이하의 청소년들의 경우 10만명 당 20명 이하가 사망하며, 70세 이상의 노인들의 경우 10만명 당 2500명이 사망한다. 20명의 25퍼센트는 5명이고, 2500명의 2퍼센트 50명에 이른다.

우리가 20세 이하의 청소년들의 자살율과 70세 이상의 노인들의 자살율을 비교할 때 필요한 것은 P(자살 | 20세 이하)와 P(자살 | 70세 이상)이다. 하지만 신문에서는 P(자살 | 20세 이하 사망)과 P(자살 | 70세 이상 사망)을 비교하였다.

> "오류는 항상 동일하다. 이와 같은 논리대로 하면, 병원이 생명을 더 위협하며(독일 국민의 절반 이상이 그곳에서 죽는다), 공립학교가 범법자를 양산하고(독일 교도소의 거의 모든 수감자들이 공립학교 출신이다), 신문을 읽으면 탈모가 된다(이런 불행을 당한 사람 중에 신문을 한 번도 읽지 않은 사람이 누가 있겠나?)는 결론을 내릴 수도 있다."
>
> 《벌거벗은 통계》(발터 크래머 지음, 염정용 옮김)

요약

$$P(A|B) \neq P(B|A)$$

$$P(A|B) = P(B|A)\frac{P(A)}{P(B)}$$

조건부 확률은 기저확률의 영향을 크게 받는다!

여러 모평균의 쌍 검정하기 : 다중성 문제의 해결

"모집단 1, 2, 3의 평균이 모두 같다."는 영가설을 통계적으로 검정하고 싶다. 그 영가설 H_0는 다음과 같이 쓸 수 있다.

$$H_0 : \mu_1 = \mu_2 = \mu_3$$

또는

$$H_0 : H_{01} \cap H_{02} \cap H_{03} (H_{01} : \mu_1 = \mu_2,\ H_{02} : \mu_1 = \mu_3,\ H_{03} : \mu_2 = \mu_3)$$ [41)]

영가설 H_0를 검정한다고 할 때, 가장 손쉽게 생각할 수 있는 방법은 모평균1과 모평균2(H_{01}), 모평균1과 모평균3(H_{02}), 모평균2와 모평균3(H_{03})에 대해 t-검정을 실시하는 것이다. 그리고 영가설 H_{01}, H_{02}, H_{03} 중 하나라도 기각할 수 있다면, 우리는 H_0를 기각하는 것이다. 문제는 다중성multiplicity이다.

다중성은 여러 개의 검정을 동시에 실시함에 따라 그 중에 하나라도 우연히 기각할 확률이 점점 늘어남을 의미한다. 예를 들어 100개의 영가설을 모두 유의수준 5%로 검정한다고 생각을 해보자. 이때 모든 영가설검정이 서로 독립이고,

---

41) "$H_{01} \cap H_{02} \cap H_{03}$", "$H_{01}$ and H_{02} and H_{03}", "$H_{01} \wedge H_{02} \wedge H_{03}$"는 모두 영가설 H_{01}, H_{02}, H_{03}이 모두 참임을 의미한다.

모든 영가설이 참이라고 가정을 해보자. 그렇다면 첫 번째 영가설이 기각될 확률은 5% 이고, 기각되지 않을 확률은 95% 이다. 첫 번째 영가설이 기각되지 않았을 때(전체의 95%)에도 두 번째 영가설이 기각될 확률은 5% 이다(서로 독립이므로). 따라서 전체적으로 첫 번째 영가설이 기각되지 않고, 두 번째 영가설이 기각될 확률은 $0.95 \times 0.05 = 0.0475$ 이다. 그리하여, 첫 번째 영가설 또는 두 번째 영가설이 (두 영가설이 모두 참임에도 불구하고) 기각될 확률은 $0.05 + 0.0475 = 0.0975$, 9.75% 가 된다! 100개의 영가설이 모두 참일 때, 그것들을 모두 유의수준 5% 에서 검정한다면, 그 중에 하나 이상이 기각될 확률은 99.4% 가 된다![42]

이렇게 되면 기각된 영가설이 있어도 그것을 곧이곧대로 믿기 힘들 것이다.

피셔Fisher가 제안한 분산분석 $F-$검정은 영가설이 위의 $H_0: \mu_1 = \mu_2 = \mu_3$와 같이 "모든 모평균이 같다."의 형태일 때, 그것을 기각하는 오류율을 통제하기 위해 고안되었다. 만약에 영가설 $H_0: \mu_1 = \mu_2 = \mu_3$와 같이 3개의 모평균이 모두 같다는 영가설을 검정하기 위해, 영가설 H_{01}, H_{02}, H_{03}에 대해 $t-$검정을 유의수준 5% 에서 실시한다면, 영가설 $H_0: \mu_1 = \mu_2 = \mu_3$이 참임에도 (영가설 H_{01}, H_{02}, H_{03} 중 하나를 기각함으로써) 그것을 기각하는 확률이 14%[43]까지 올라간다. 하지만 영가설 $H_0: \mu_1 = \mu_2 = \mu_3$에 대해 분산분석 $F-$검정을 유의수준 5% 에서 실시하면, 영가설 H_0가 참일 때, 그것을 기각하는 확률이 5% 가 된다.

---

42) 100개의 영가설이 모두 참일 때, 그들이 모두 기각되지 않을 확률(기각된 영가설의 수가 0)은 $(0.95)^{100}$ 이므로, 하나라도 기각될 확률(기각된 영가설의 수가 0인 아닌)은 $1-(0.95)^{100} \simeq 0.994$가 된다.

43) 여기서는 영가설 H_{01}, H_{02}, H_{03}에 대한 검정이 서로 독립임을 가정했다. 나중에 살펴보겠지만, 이 경우에는 서로 독립적이지 않다.

분산분석 F–검증의 원리

F–검증은 피셔Fisher에 의해 제안되었고, 스네데커Snedecor에 의해 F–검증F–test이라고 명명되었다. 이때 F는 피셔Fisher의 첫 글자를 따온 것이지만, F–검증을 피셔–검증이라고 하지는 않는다. 마찬가지로 F–검증에 쓰이는 F–값을 피셔–값이라고 읽지 않는다. 그냥 "에프–값"이다.[44)]

먼저 F–분포에 대해 알아보자.

$$X_i \sim N(0,1),\ Y_i \sim N(0,1)\ \ (X_i,\ Y_i\text{는 서로 독립이다.})$$

$$\Downarrow$$

$$\frac{\sum_{i=1}^{n_X} X_i^2 / n_X}{\sum_{i=1}^{n_Y} Y_i^2 / n_Y} \sim F(n_X, n_Y)$$

F–분포를 결정하는 모수는 2개가 있다: 분자의 자유도, 분모의 자유도. F–분포는 카이제곱 분포를 따르고 서로 독립인 두 확률변수를 각각의 자유도로 나눈 값의 비의 분포로 정의할 수도 있다(설명이 복잡하게 느껴진다면 다음의 수

44) 재미있는 것은 SPSS 한글판의 일부 버전의 경우 F–검증을 하면, 표의 마지막에 "거짓"값이 나타난다. 그것은 "F"(F–값)에 대한 명백한 오역이다. "F"가 False(거짓)의 약자라고 생각했나보다.

식을 보자).

$$Z_1 \sim \chi^2(n_1),\ Z_2 \sim \chi^2(n_2)\ \ (Z_1, Z_2\text{는 서로 독립이다.})$$

$$\Downarrow$$

$$\frac{Z_1/n_1}{Z_2/n_2} \sim F(n_1, n_2)$$

그리고 이때 각각의 카이제곱 분포의 모수(자유도)가 $F-$분포를 결정하는 모수가 된다.

먼저 X_i가 모두 표준정규분포를 따르고 서로 독립인 확률변수일 때, $\sum_{i=1}^{n} X_i^2/n$의 분포를 생각해보자. $\sum_{i=1}^{n} X_i^2$는 알다시피 $\chi^2(n)-$분포를 따르고, 여기서 n은 χ^2-분포를 결정하는 모수로 자유도라고 불린다. $\sum_{i=1}^{n} X_i^2/n$의 분포는 $\chi^2(n)/n$으로 표시할 수 있으며, $\chi^2(n)-$분포와 비교해서 x축으로 $1/n$배 한 후 y축으로 n배한 확률분포를 보이게 될 것이다("정규분포의 확률밀도함수 이해하기" 참조). 그 분포를 그래프로 그려보면 다음과 같다. 비교를 위해 $\chi^2(n)-$분포와 $\chi^2(n)/n-$분포를 연이어 나타내었다.

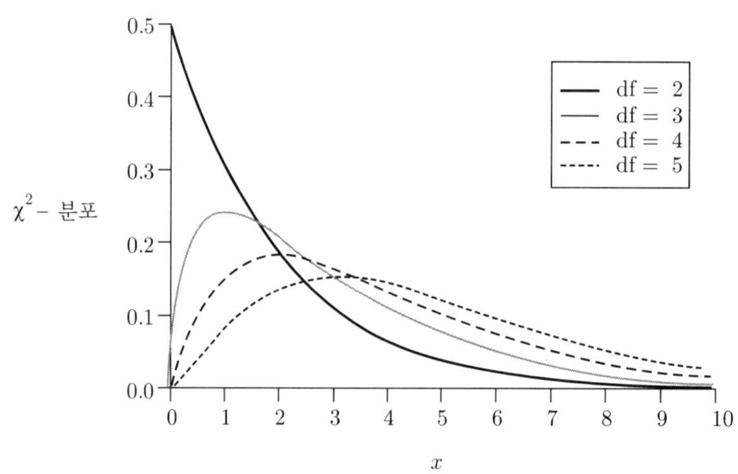

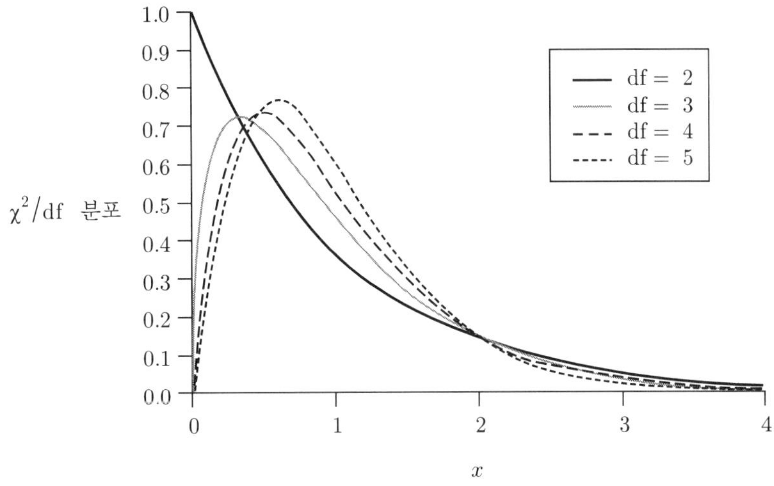

중요한 차이점은 다음과 같다.

	기대값	분산
$\chi^2(n)$-분포	n	$2n$
$\chi^2(n)/n$-분포	1	$2/n$

다음 그래프들은 카이제곱을 따르는 확률변수에 자유도를 나눠준 값의 분포 ($\chi^2(n)/n$)를 점선으로 나타내고(둘 중 하나의 카이제곱 분포의 그래프는 $y=1$을 기준으로 반대 방향으로 그려졌다. 따라서 $y=1-f(x)$을 그린 것이다.), 두 카이제곱의 자유도를 모수로 하는 F-분포를 굵은 실선으로 그린 것이다.

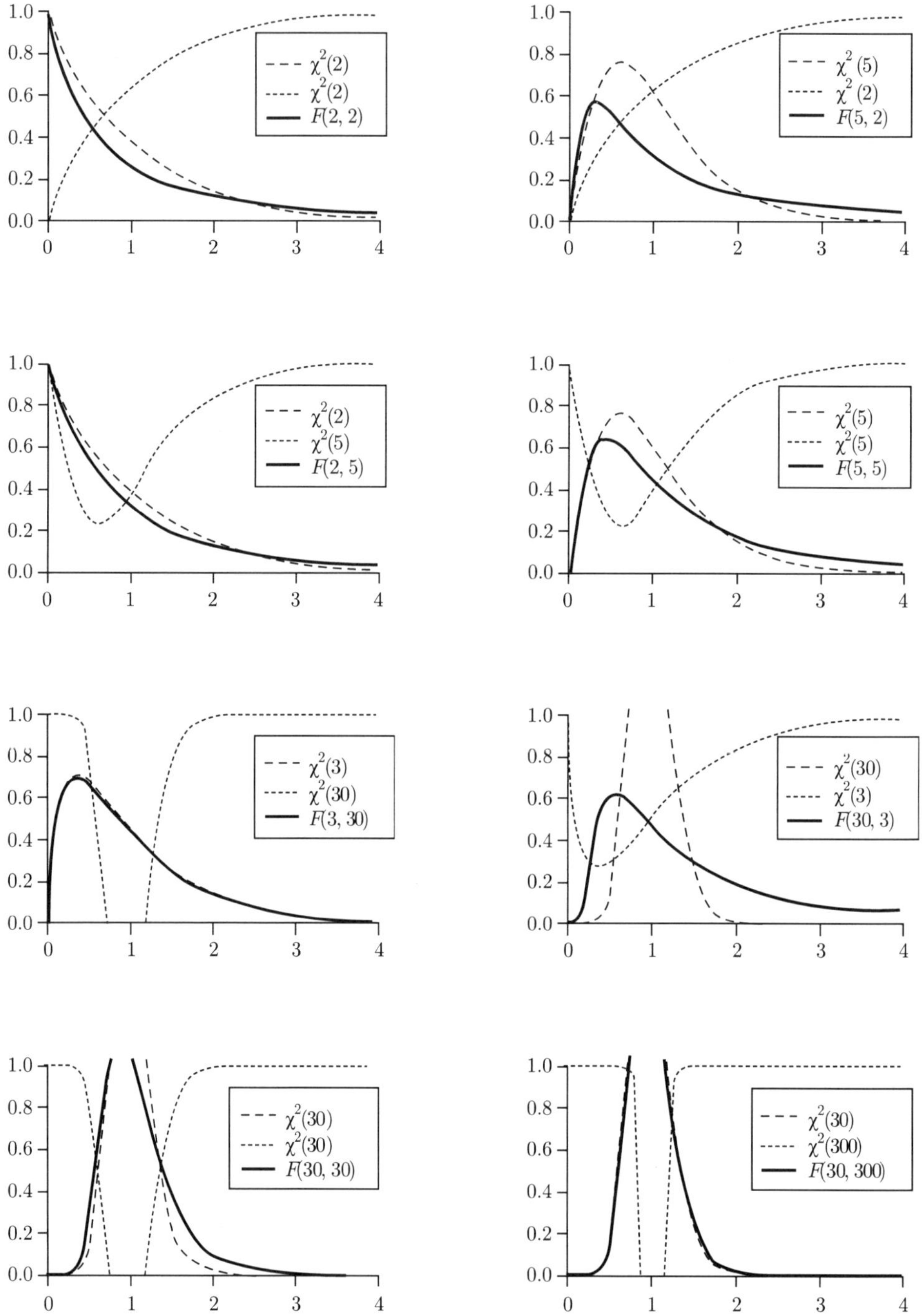

분산분석 $F-$검정에서, 표본이 주어졌을 때 $F-$값은 다음과 같이 계산한다. 그것은 영가설이 참일 때, $F-$값이 앞서 설명한 $F-$분포를 따르기 때문이다.

$$F=\frac{\dfrac{\sum_{i=1}^{g} n_i(\overline{X_{..}}-\overline{X_{i.}})^2}{g-1}}{\dfrac{\sum_{i=1}^{g}\sum_{j=1}^{n_i}(\overline{X_{i.}}-X_{ij})^2}{N-g}}$$

(g : 표본 수, n_i : i번째 표본의 크기)

$\overline{X}_{..}$: 전체 평균 $\qquad N=\sum_{i=1}^{g} n_i$

$\overline{X}_{i.}$: i번째 표본의 평균

X_{ij} : i번째 표본의 j번째 관찰값

만약 영가설 $H_0: \mu_1=\mu_2=\cdots=\mu_g$이 참이라면, X_{ij}와 $\overline{X_{i.}}$의 분포는 다음과 같아진다. 여기서 주목할 점은 X_{ij}, $\overline{X_{i.}}$ 모두 σ^2의 크기에 따라 달라지지만 F-값은 그렇지 않다는 점이다.

$$X_{ij}\sim N(\mu_i,\ \sigma^2),\ \ \overline{X_{i.}}\sim N\left(\mu_i,\ \frac{\sigma^2}{n_i}\right)$$

(μ_i: i번째 집단의 모평균, n_i: i번째 집단에서 추출한 표본의 크기)

$$\Downarrow$$

$$\sum_{j=1}^{n_i}\left(\frac{X_{ij}-\overline{X_{i.}}}{\sigma}\right)^2\sim\chi^2(n_i-1),\ \ \sum_{i=1}^{g}\left(\frac{\overline{X_{i.}}-\overline{X_{..}}}{\sigma/\sqrt{n_i}}\right)^2\sim\chi^2(g-1)$$

$$\Downarrow$$

$$\frac{\sum_{i=1}^{g}\sum_{j=1}^{n_i}(X_{ij}-\overline{X_{i.}})^2}{\sigma^2}\sim\chi^2\left(\sum_{i=1}^{g}n_i-g\right),\ \ \frac{\sum_{i=1}^{g}n_i(\overline{X_{i.}}-\overline{X_{..}})^2}{\sigma^2}\sim\chi^2(g-1)$$

$$\Downarrow$$

$$\frac{\dfrac{\dfrac{\sum_{i=1}^{g}n_i(\overline{X_{i.}}-\overline{X_{..}})^2}{\cancel{\sigma^2}}}{g-1}}{\dfrac{\dfrac{\sum_{i=1}^{g}\sum_{j=1}^{n_i}(X_{ij}-\overline{X_{i.}})^2}{\cancel{\sigma^2}}}{\sum_{i=1}^{g}n_i-g}}=\frac{\dfrac{\sum_{i=1}^{g}n_i(\overline{X_{i.}}-\overline{X_{..}})^2}{g-1}}{\dfrac{\sum_{i=1}^{g}\sum_{j=1}^{n_i}(X_{ij}-\overline{X_{i.}})^2}{\sum_{i=1}^{g}n_i-g}}\sim F\left(g-1,\ \sum_{i=1}^{g}n_i-g\right)$$

따라서 영가설 $H_0: \mu_1 = \mu_2 = \cdots = \mu_g$이 참이라면, 분산분석에서 사용하는 $F-$값은 $F(g-1, N-g)-$분포를 따른다는 것을 알 수 있다($N = \sum_{i=1}^{g} n_i$, 총 자료의 수).

$F-$검정은 영가설 $H_0: \mu_1 = \mu_2 = \cdots = \mu_g$이 참이라는 가정 하에서는 관찰되기 힘든 $F-$값이 관찰되었을 때, 영가설을 기각하는 것이다. 이것이 어떤 의미를 지니는가? 영가설 $H_0: \mu_1 = \mu_2 = \cdots = \mu_g$이 참일 때에도, 우리가 표본을 추출할 때마다 다른 표본이 뽑힌다. 따라서 $F-$값도 표본에 따라 변하게 된다. 만약 영가설이 참이라면, 분자, 분모 모두 기댓값이 1이므로(앞에서 $\chi^2(n)/n-$분포의 기댓값이 1이었으므로), $F-$값도 1과 비슷한 값이 나타날 것으로 예상되지만, 그렇지 않은 값이 우연히 나타날 수도 있다. 실제로 $F-$값의 기댓값을 적분을 통해 구해보면 분자의 자유도에 상관없이 분모의 자유도(df_2)의 함수$\left(\frac{df_2}{df_2 - 2},\ df_2 > 2\right)$로 나타난다. 유의수준 5%을 생각한다면, 영가설이 참일 때 관찰될 수 있는 $F-$값의 95%에 대해서는 **그것이 영가설이 참이라서 우연히 나타날 수 있는 결과라고 판단을 하고**, 그렇지 않은 극단적인 값 5%에 대해서만 영가설이 참이 아니라고 결론을 내리는 것이다. 따라서 $F-$검증은 우연을 통제하기 위한 방법이다. 이 방법은 등분산성, 정규성 가정이 성립하고 영가설이 참일 때, 영가설을 기각할 확률을 정확히 5%로 통제한다!

여기서 주목할 점은 $F-$검증은 영가설이 참일 때 우연히 나타나는 $F-$값에 대해서만 관심을 가진다는 점이다. $F-$값은 영가설이 참이냐 거짓이냐에 따라 변하기도 하지만(영가설이 참일 때에는 $F-$값의 대부분이 1 주변에 분포될 것이고, 영가설이 참이 아닐 때에는 1보다 큰 값들이 나타날 확률이 높아진다.), 앞의 표에서 보았듯이 표본의 크기에 따라서도 변한다. 만약 표본의 크기가 커지면, $F-$값은 1 주변에 아주 조밀하게 분포하고, 따라서 영가설에서 조금만 어긋나도 $F-$검정은 유의미하게 나온다. 즉, $F-$검정의 결과(특히 그것에 의한 $p-$값)로 알 수 있는 것은 영가설의 기각 유무(혹은 영가설이 참일 때 얼마나 나오기 힘든

관측값인지)이지 모집단이 얼마나 차이가 나는지를 알려주지 않는다. ("효과크기와 $p-$값의 차이" 참조)

요약

분산분석에서 사용하는 $F-$값은 $F-$검정의 가정이 모두 성립하고(1. 정규성, 2. 등분산성, 3. 독립성), 영가설(모든 집단의 모평균이 동일하다)이 참일 때, $F-$분포와 동일한 분포를 따른다.

$F-$분포의 정의	분산분석에서의 $F-$값
$X_i \sim N(0,1),\ Y_i \sim N(0,1)$ $i.i.d$	1. 모집단의 분포는 모두 정규분포를 따르고, 분산이 동일하다(정규성, 등분산성). 2. 모집단에서의 표본 추출은 독립적이다(독립성). 3. 모집단의 평균은 모두 동일하다(영가설).
$\Downarrow$	$\Downarrow$
$\dfrac{\sum_{i=1}^{n_X} X_i^2/n_X}{\sum_{i=1}^{n_Y} Y_i^2/n_Y} \sim F(n_X, n_Y)$	$\dfrac{\dfrac{\sum_{i=1}^{g} n_i(\overline{X_{i.}}-\overline{X_{..}})^2}{g-1}}{\dfrac{\sum_{i=1}^{g}\sum_{j=1}^{n_i}(X_{ij}-\overline{X_{i.}})^2}{\sum_{i=1}^{g} n_i - g}} \sim F\left(g-1, \sum_{i=1}^{g} n_i - g\right)$

F-검정과 t-검정

집단 1, 2, 3은 모두 $N(0,1)$의 분포를 따른다.

$$X_1 \sim N(0,1),\ X_2 \sim N(0,1),\ X_3 \sim N(0,1)$$

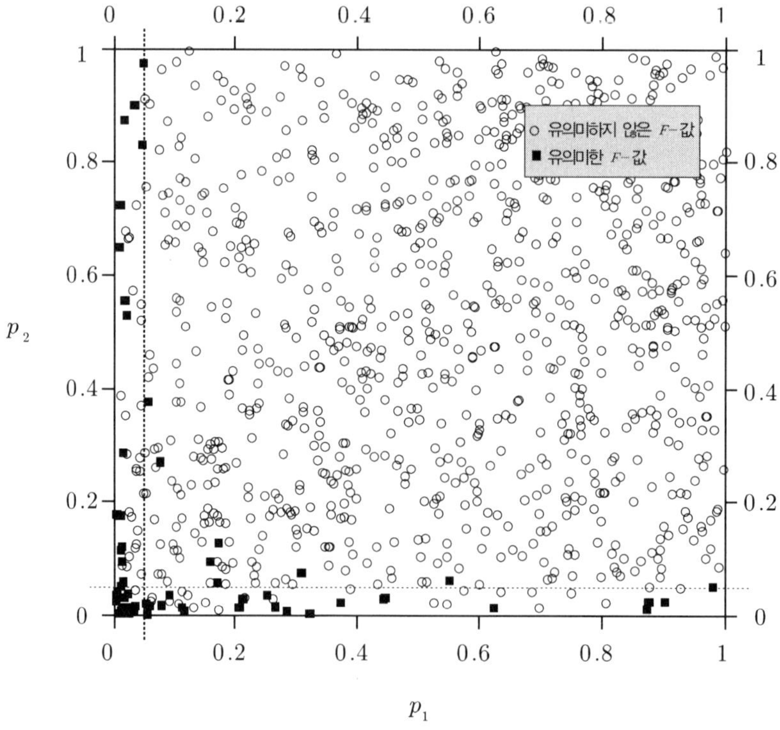

표본크기 10인 표본을 뽑아 $H_{01}: \mu_1 = \mu_2$, $H_{02}: \mu_2 = \mu_3$에 대해 t-검정을 한 p-값을 각 p_1, p_2로 놓고, 좌표 (p_1, p_2) 위에 같은 표본에 대해, $H_0: \mu_1 = \mu_2 = \mu_3$에 대한 F-검정 결과 유의미, 유의미하지 않음을 ■, ○로 표시해 보았다. 앞의 그래프는 1000번 시뮬레이션을 한 결과이다.

그래프에서 보듯이 H_{01}과 H_{02}를 모두 기각시킬 수 없음에도 유의미한 F-값을 보인 경우가 있는 반면, H_{01}과 H_{02}를 모두 기각시킬 수 있어도, 유의미하지 않은 F-값을 나타내는 경우도 있다.

결론적으로 $H_{01}: \mu_1 = \mu_2$, $H_{02}: \mu_2 = \mu_3$, 그리고 H_0: H_{01} and H_{02}라고 놓았을 때, H_{01}과 H_{02}을 검증하기 위한 t-검정과 H_0를 검정하기 위한 F-검정의 결과는 서로 일치하지 않는다. 물론 F-검정이 유의미하게 나온 경우 t-검정이 유의미하게 나올 확률이 그렇지 않을 때보다 훨씬 크지만, 두 검정의 결과가 항상 일치되는 것은 아니다.

이것은 앞에서 봤던 Z-검정과 t-검정의 차이와 비슷하다. F-검정은 모든 모집단이 동일한 분산을 가지고 있다고 가정한다. 반면 t-검정을 두 번할 경우, t-검정의 대상이 되는 두 집단이 동일한 분산을 가진다는 가정을 하지만, 세 모집단이 모두 같다고 보지는 않는다. H_{01}을 검정할 때 추정하는 μ_1과 μ_2의 공동분산과 H_{02}을 검정할 때 사용하는 μ_2와 μ_3의 공동분산은 대부분 같지 않다.

만약 세 모집단의 분산이 같다는 가정을 한다면, 세 표본분산을 사용하여 공통의 모분산($\widehat{\sigma^2_{sp}}$)을 추정하여 사용할 수 있다.

$$\widehat{\sigma^2_{sp}} = \frac{(n_1 - 1)s_1^2 + (n_2 - 1)s_2^2 + (n_3 - 1)s_3^2}{n_1 + n_2 + n_3 - 3}$$

$$t = \frac{1}{\sqrt{\frac{1}{n_1} + \frac{1}{n_2}}} \frac{(\overline{X_{1.}} - \overline{X_{2.}})}{\widehat{\sigma_{sp}}} \sim t(n_1 + n_2 + n_3 - 3) \text{ (모집단 1, 2의 평균이 같을 때)}$$

하지만 공통의 모분산($\sigma_1^2 = \sigma_2^2 = \sigma_3^2$)을 가정하여 위의 공통의 모분산을 추정하여 사용할 때에도, H_{01}과 H_{02}에 대한 $t-$검정의 결과와 H_0의 $F-$검정에 대한 결과가 일치하지 않는 경우가 있다. 그것은 $F-$검정은 표본평균의 분산을 사용하여 모평균이 모두 같은지를 검정하지만, $t-$검정은 두 표본평균을 바로 비교하기 때문이다. 표본평균이 $(\overline{X_{1.}}, \overline{X_{2.}}, \overline{X_{3.}}) = (3, 3, 5)$일 때, $t-$검정을 통해 μ_2와 μ_3를 비교하면, 첫 번째 표본평균과 두 번째 표본평균이 같은 것은 아무런 영향을 미치지 않는다. 반면, $F-$검정을 통해 μ_1, μ_2, μ_3의 대소를 비교할 때는 $(\overline{X_{1.}}, \overline{X_{2.}}, \overline{X_{3.}}) = (3, 3, 5)$일 때는 유의미하지 않지만, $(\overline{X_{1.}}, \overline{X_{2.}}, \overline{X_{3.}}) = (2, 3, 5)$에서는 유의미할 수 있다. 이런 현상을 차이가 크지 않은 두 표본평균이 다른 표본평균의 차이를 가린다mask고 표현할 수 있다.

보통 $F-$검정 결과 유의미할 경우에 사후비교Post Hoc Comparison 혹은 다중비교절차Multiple Comparison Procedure(MCP)를 밟지만, 사실 $F-$검정 결과와 다중비교절차가 서로 일치하지 않는 경우도 있다. 그리고 다중비교절차에도 여러 가지 방법이 있는데, 그것들도 서로 일치하지 않는 경우가 있다. 그것은 $t-$검정과 $Z-$검정처럼 서로 다른 가정에 기초하기 때문이기도 하고, $F-$검정과 $t-$검정처럼 서로 다른 통계량을 사용하기 때문이기도 하다. 이 부분은 "분산분석 $F-$검정 vs 다중비교 $t-$검정"에서 명확해진다.

분산분석에서 각 집단의 자유도는 $n_i - 1$을 하는 반면, 집단간 제곱에는 n_i을 곱해주는 이유는?

분산분석 $F-$검정은 다음과 같은 가정에서, 다음과 같은 분포를 이용한다.

μ의 추정치

$$\boldsymbol{X_{ij}} \sim N(\mu, \sigma^2), \quad \overline{\boldsymbol{X_{i.}}} \sim N\left(\mu, \frac{\sigma^2}{n_i}\right)$$

$$\Downarrow$$

$$\frac{\sum_{j=1}^{n_i} (\boldsymbol{X_{ij}} - \overline{X_{i.}})^2}{\sigma^2} \sim \chi^2(n_i - 1),$$

$$\sum_{i=1}^{g} \left(\frac{\overline{\boldsymbol{X_{i.}}} - \overline{X_{..}}}{\sqrt{\sigma^2 / n_i}} \right)^2 = \frac{\sum_{i=1}^{g} n_i (\overline{\boldsymbol{X_{i.}}} - \overline{X_{..}})^2}{\sigma^2} \sim \chi^2(g-1)$$

우선 위의 분포를 통해 알 수 있는 것은, **집단간 제곱합에서 n_i를 곱해주는 이유는 표본평균의 분산이 $\frac{1}{n_i}$배로 작아지기 때문에, 그것을 보정하기 위함이다. 반면 자유도가 $n_i - 1$가 되는 이유는, 각 집단의 모평균을 표본평균으로 추정하였기 때문에 각 집단마다 자유도가 하나씩 감소하는 것이다.** μ의 추정치 $\overline{X_{i.}}$는 각 집단마다 다른 값을 가지지만, 똑같은 μ의 추정치 $\overline{X_{..}}$는 하나의 값이다.

집단내 제곱합을 모두 더하면, 다음이 성립한다.

$$\frac{\sum_{i=1}^{g}\sum_{j=1}^{n_i}(X_{ij}-\overline{X_{i.}})^2}{\sigma^2} \sim \chi^2\left(\sum_{i=1}^{g}(n_i-1)\right) \sim \chi^2\left(\sum_{i=1}^{g}n_i - g\right)$$

F값은 다음과 같이 정의된다.

$$Y_1 \sim \chi^2(n_1),\ Y_2 \sim \chi^2(n_2) \Rightarrow \frac{Y_1/n_1}{Y_2/n_2} \sim F(n_1, n_2)$$

여기서 중요한 것은 카이제곱 분포를 따르는 두 확률변수가 있을 때, 각 확률변수를 자유도로 나눠준 값의 비율이 $F-$분포를 따른다는 것이다. 그리고 $F-$분포는 수학적으로 정확히 구할 수 있다. 왜 굳이 카이제곱 분포에 자유도를 나눠줬을까? 그것은 카이제곱 분포를 따르는 확률변수의 기댓값이 자유도이기 때문이다. 자유도를 나눠준 확률변수의 기댓값은 1이 되고, $F-$값을 결정하는 분자와 분모의 기댓값이 모두 1이 되므로, $F-$값의 기댓값도 1과 가까울 것으로 기대할 수 있다. (정확히는 n_2가 2보다 클 때, $\frac{n_2}{n_2-2}$이다.)

분산분석 $F-$검정에서 쓰이는 $F-$값은, 집단간에 평균의 차이가 없을 때(집단의 평균이 모두 같을 때), 카이제곱 분포를 따르는 두 확률변수를 자유도로 나눈 값의 비가 나타내는 $F-$분포를 따르지만, 집단간에 평균에 차이가 있을 때에는 $F-$값이 $F-$분포를 벗어나 좀더 큰 값이 나타날 확률이 높도록 만들어졌다.

예를 들어, 다음의 분포도 성립한다.

$$X_{ij} \sim N(\mu, \sigma^2),\ \overline{X_{i.}} \sim N\left(\mu, \frac{\sigma^2}{n_i}\right)$$

$$\Downarrow$$

$$\frac{\sum_{i=1}^{g}\sum_{j=1}^{n_i}(X_{ij}-\overline{X_{..}})^2}{\sigma^2} \sim \chi^2\left(\sum_{i=1}^{g}n_i - 1\right),\quad \frac{\sum_{i=1}^{g}n_i(\overline{X_{i.}}-\overline{X_{..}})^2}{\sigma^2} \sim \chi^2(g-1)$$

앞의 경우와 다른 점은 각 집단의 표본평균 $\overline{X_{i.}}$ 대신 전체 표본평균 $\overline{X_{..}}$를 사용했다는 것이다. 따라서 X_{ij}에 대한 분포 가정이 성립한다면, 다음의 두 가지가 모두 성립한다.

$$(1)\ X_{ij} \sim N(\mu, \sigma^2),\ \ \overline{X_{i.}} \sim N\left(\mu, \frac{\sigma^2}{n_i}\right)$$

$$\Downarrow$$

$$\frac{\sum_{i=1}^{g}\sum_{j=1}^{n_i}(X_{ij} - \overline{X_{i.}})^2}{\sigma^2} \sim \chi^2\left(\sum_{i=1}^{g} n_i - g\right),\ \ \frac{\sum_{i=1}^{g} n_i(\overline{X_{i.}} - \overline{X_{..}})^2}{\sigma^2} \sim \chi^2(g-1)$$

$$\Downarrow$$

$$\frac{\dfrac{\sum_{i=1}^{g} n_i(\overline{X_{i.}} - \overline{X_{..}})^2}{\sigma^2} / (g-1)}{\dfrac{\sum_{i=1}^{g}\sum_{j=1}^{n_i}(X_{ij} - \overline{X_{i.}})^2}{\sigma^2} \Big/ \left(\sum_{i=1}^{g} n_i - g\right)} = \frac{\sum_{i=1}^{g} n_i(\overline{X_{i.}} - \overline{X_{..}})^2 / (g-1)}{\sum_{i=1}^{g}\sum_{j=1}^{n_i}(X_{ij} - \overline{X_{i.}})^2 \Big/ \left(\sum_{i=1}^{g} n_i - g\right)}$$

$$\sim F\left(g-1, \sum_{i=1}^{g} n_i - g\right)$$

$$(2)\ X_{ij} \sim N(\mu, \sigma^2),\ \ \overline{X_{i.}} \sim N\left(\mu, \frac{\sigma^2}{n_i}\right)$$

$$\Downarrow$$

$$\frac{\sum_{i=1}^{g}\sum_{j=1}^{n_i}(X_{ij} - \overline{X_{..}})^2}{\sigma^2} \sim \chi^2\left(\sum_{i=1}^{g} n_i - 1\right),\ \ \frac{\sum_{i=1}^{g} n_i(\overline{X_{i.}} - \overline{X_{..}})^2}{\sigma^2} \sim \chi^2(g-1)$$

$$\Downarrow$$

$$\frac{\dfrac{\sum_{i=1}^{g} n_i(\overline{X_{i.}}-\overline{X_{..}})^2}{\sigma^2}/(g-1)}{\dfrac{\sum_{i=1}^{g}\sum_{j=1}^{n_i}(X_{ij}-\overline{X_{..}})^2}{\sigma^2}/\left(\sum_{i=1}^{g} n_i-1\right)} = \frac{\sum_{i=1}^{g} n_i(\overline{X_{i.}}-\overline{X_{..}})^2/(g-1)}{\sum_{i=1}^{g}\sum_{j=1}^{n_i}(X_{ij}-\overline{X_{..}})^2/\left(\sum_{i=1}^{g} n_i-1\right)} \sim F\left(g-1, \sum_{i=1}^{g} n_i-1\right)$$ [45]

위의 두 가지 경우를 비교해보면, 다음과 같다.

$$\frac{\sum_{i=1}^{g} n_i(\overline{X_{i.}}-\overline{X_{..}})^2/(g-1)}{\sum_{i=1}^{g}\sum_{j=1}^{n_i}(X_{ij}-\boldsymbol{\overline{X_{i.}}})^2/\left(\sum_{i=1}^{g} n_i-\boldsymbol{g}\right)} \sim F\left(g-1, \sum_{i=1}^{g} n_i-\boldsymbol{g}\right),$$

$$\frac{\sum_{i=1}^{g} n_i(\overline{X_{i.}}-\overline{X_{..}})^2/(g-1)}{\sum_{i=1}^{g}\sum_{j=1}^{n_i}(X_{ij}-\boldsymbol{\overline{X_{..}}})^2/\left(\sum_{i=1}^{g} n_i-\boldsymbol{1}\right)} \sim F\left(g-1, \sum_{i=1}^{g} n_i-\boldsymbol{1}\right)$$

만약 우리의 가정(영가설)이 맞다면, 이 두 $F-$분포는 자유도의 차이가 있을 뿐 똑같이 성립한다. 하지만 영가설이 틀렸을 때, $F-$값이 그 차이를 두드러지게 나타낼 수 있느냐에는 차이가 있다.

45) 사실 $\dfrac{\sum_{i=1}^{g} n_i(\overline{X_{i.}}-\overline{X_{..}})^2/(g-1)}{\sum_{i=1}^{g}\sum_{j=1}^{n_i}(X_{ij}-\overline{X_{..}})^2/\left(\sum_{i=1}^{g} n_i-1\right)}$가 $F\left(g-1, \sum_{i=1}^{g} n_i-1\right)$의 분포를 따르기 위해서는 $\sum_{i=1}^{g} n_i(\overline{X_{i.}}-\overline{X_{..}})^2$과 $\sum_{i=1}^{g}\sum_{j=1}^{n_i}(X_{ij}-\overline{X_{..}})^2$가 서로 독립적이어야 한다. 여기서는 그 조건을 정확히 만족하지 못하므로, $F\left(g-1, \sum_{i=1}^{g} n_i-1\right)$ 분포와 정확하게 같은 분포는 아니지만 비슷한 분포를 따르리라고 예상해 볼 수 있다.

$$F = \frac{\sum_{i=1}^{g} n_i(\overline{X_{i.}} - \overline{X_{..}})^2/(g-1)}{\sum_{i=1}^{g}\sum_{j=1}^{n_i}(X_{ij} - \overline{X_{i.}})^2/(\sum_{i=1}^{g} n_i - g)}$$ 로 정의된 경우에, 집단의 모평균에 차이가 있을 때, 분자만 커지기 때문에 $F-$값은 커지게 된다. 하지만 $$F = \frac{\sum_{i=1}^{g} n_i(\overline{X_{i.}} - \overline{X_{..}})^2/(g-1)}{\sum_{i=1}^{g}\sum_{j=1}^{n_i}(X_{ij} - \overline{X_{..}})^2/(\sum_{i=1}^{g} n_i - 1)}$$ 로 정의한 경우, 분자와 분모 모두 커지고, 따라서 F값이 어떻게 변할 지 확신할 수 없다.

$$F = \frac{\sum_{i=1}^{g} n_i(\overline{X_{i.}} - \overline{X_{..}})^2/(g-1)}{\sum_{i=1}^{g}\sum_{j=1}^{n_i}(X_{ij} - \overline{X_{i.}})^2/(\sum_{i=1}^{g} n_i - g)}$$ 로 정의된 경우, 집단의 모평균의 차이가 있다면, $F-$값은 $F-$분포에서 확률적으로 나타나기 힘든 값이 나타날 것이고, 따라서 집단간 모평균의 차이를 지지하는 증거로 사용될 수 있다!

요약

집단간 제곱에서 n_i를 곱해주는 이유는 표본평균의 분산이 $\frac{1}{n_i}$배로 작아지기 때문에, 그것을 보정하기 위함이다. 반면 각 집단내 제곱합의 자유도가 $n_i - 1$가 되는 이유는, 각 집단마다 그 집단의 모평균을 표본평균으로 추정하였기 때문에 각 집단내 제곱합의 분포(카이제곱 분포)는 자유도가 하나씩 감소한다. 반면, 집단간 제곱합의 자유도가 $g-1$인 것은 표본평균의 개수가 g개이고, 그들을 통해 전체 평균을 추정하였기 때문에 자유도가 하나 줄어드는 것이다.

일요인 실험설계의 분석

일요인 실험의 결과를 분석하는 과정을 살펴보자. 집단별 혹은 실험조건별 산포도scatterplot와 집단별 상자그림side-by-side box plot을 그려본다. 다음 두 그림은 산포도과 집단별 상자그림의 예를 보여준다. 두 그림을 통해 집단별로 자료가 어떻게 분포되어 있고, 집단별로 중앙값, 평균 그리고 분산이 어떻게 다른지, 특이점이 존재하는지를 확인할 수 있다. 이렇게 특별한 가정을 하지 않고, 데이터의 특성을 살

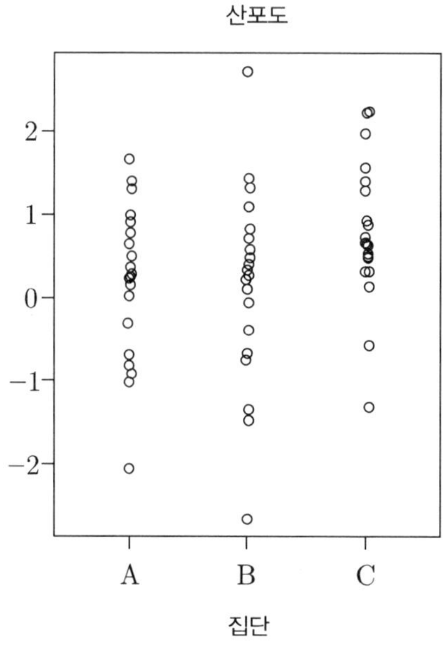

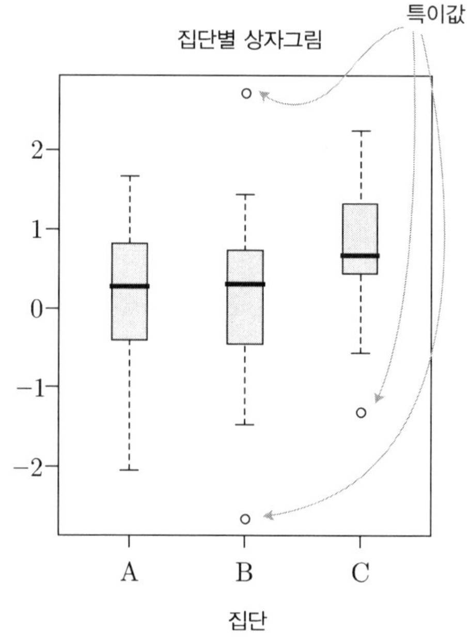

펴보는 것을 탐색적 자료 분석Exploratory Data Analysis이라고 한다. 특히 특이점의 존재를 확인하는 것이 이 과정에서 중요하다. 특이점은 집단별 산포도보다는 집단별 상자그림을 통해 쉽게 찾을 수 있다. 많은 경우 특이점은 단순한 입력 실수[46]에 의해서 발생한다. 본격적인 통계분석을 하기 전에 단순한 입력 실수를 찾아낼 수 있다면, 나중에 그것을 발견했을 때 통계분석을 다시 해야 하는 수고를 덜 수 있다. 입력 실수가 아닌 경우, 특이값은 우연에 의한 것일 수도 있고, 다른 분포에서 온 것일 수도 있다.

우연에 의한 특이값이란 그 값 자체가 다른 값들과 다른 성질을 가진 것이 아니라, 우연히 굉장히 크거나 작은 값을 갖게 된 것을 말한다. 예를 들어 정규분포를 따르는 경우 평균에서 표준편차의 세 배 차이가 나는 값을 관찰하는 경우가 매우 드물지라도(약 0.27%) 완전히 불가능한 것은 아니다.[47]

반면 다른 분포에서 온 특이값이란, 특이값이 나머지 값들과 성질이 다른 경우를 말한다. 예를 들어 추운 지방의 사람들의 키와 더운 지방의 사람들의 키는 서로 다른 분포를 가지고 있다. 추운 지방의 사람들의 키가 크다. 따라서 더운 지방의 사람들의 키에 대한 자료에 추운 지방의 사람의 키가 포함되어 있다면, 그 값은 특이값이 되기 싶다. 만약 이렇게 다른 분포에서 온 특이값이라면, 그것을 확인하는 것이 중요하다.

우연에 의한 특이값은 맘대로 생략할 수 없지만, 다른 분포에서 온 특이값을 발견했다면, 우리의 관심을 특이값을 제외한 값들에 한정시킴으로써 특이값을 제외할 수 있다. 예를 들어 필리핀에서 사람들의 키를 조사하는데, 네덜란드에서 이주해 온 사람의 키가 특이값으로 발견되었다고 하자. 그렇다면 우리의 관심을 필리핀에서 태어난 사람들의 키나 필리핀 토속 인종의 키로 한정시킨다면, 네덜란드에서 이주해 온 사람의 키가 자연스럽게 제외된다.

---

46) 1,000명을 100명으로 잘못 입력하거나, 27조를 72조로 잘못 입력하는 경우 등.

47) 복권에 당첨되는 사람이 있고, 번개 맞는 사람들이 있는 것처럼.

앞의 두 그래프는 $N(0, 1)$, $N(0.5, 1)$, $N(1, 1)$의 모분포에서 20개씩 표본을 추출한 자료에 대해 집단별 산포도와 집단별 상자그림을 그린 것이다. 특이값의 존재가 집단별 상자그림에서는 분명하게 드러난다.

그 외에도 집단별로 분산의 크기가 비교적 동일한지, 집단별 평균값이 분산의 크기와 비교해서 얼마나 차이가 나는지 등을 확인한다. 이런 탐색적 분석을 통해 자료의 전체적인 구조를 파악할 수 있다.

세 개 이상의 집단에 대한 자료가 있을 때, 많은 경우 우리는 이들 집단의 평균값이 어떻게 다른지를 알고 싶어 한다. 여기서 우리의 관심사는 표본평균이 아니라 모평균이다. 반면 우리가 가지고 있는 자료는 표본(표본평균)이다.

세 집단의 모평균이 같은 경우에도 집단별 표본평균은 대부분 다르게 나타난다. 다시 말해, 세 집단의 모평균이 같은 경우에도 세 집단의 표본평균은 상당 부분 어떤 표본이 추출되느냐에 따라 결정되므로, 우리는 세 표본평균이 어느 정도 서로 차이를 보일 것이라고 예상할 수 있다(어떤 표본이 추출되느냐는 우연에 의해 결정된다. 따라서 표본에 따라 달라지는 표본평균의 차이를 우연에 의한 차이라고 볼 수 있을 것이다. 반면 실제 모평균이 달라서 달라지는 표본평균은 우연이 아니라 모평균의 차이를 반영한다고 볼 수 있다). 만약 모분산이 크다면 표본평균은 표본에 따라 큰 폭으로 변할 것이고, 모분산이 작다면 대부분의 경우 표본평균은 모평균에 가까운 값을 보일 것이다. 따라서 우리는 분산을 고려했을 때, 표본평균들의 차이가 지나치게 커서 그것이 우연 때문이라고 보기 힘들 경우에 그 차이가 모평균의 차이에서 왔다고 결론을 내려야 한다.

모분포의 분산에 의해 어느 정도 예상할 수 있을 만큼 표본평균들의 값의 차이가 크지 않음에도 그것이 모평균의 차이라고 결론내리는 것을 방지하기 위해 흔히 $F-$검정을 사용한다. $F-$값은 모평균이 서로 다른 경우에 큰 값을 보이도록 만들어졌다. 만약 $F-$값이 어떤 값보다 크면, 그것이 모평균이 모두 같을 경우에 우연히 발생하기는 굉장히 어렵기 때문에, 모평균에 차이가 있다고 결론을 내린다. 얼마나 발생하기 힘들어야 우연이 아닌 것으로 볼 것인가는 유의수준으로 결정된다. "세 모평균이 같음에도 주어진 자료 혹은 더 희귀한 자료가 발생할 확률이 0.03(3%)보다 작다(p-값)."라고 할 때, 그것을 세 모평균이 서로 다르다는 증거로 충분한지에 대해서는 객관적인 기준이 없다. 어떤 사람은 0.05보다 작으면 충분하다고 생각하지만, 다른 사람은 0.01보다 작길 원한다. 이렇게 통계적 결정을 내리는 기준을 유의수준으로 정한다. 유의수준 0.05에서는 p-값이 0.03이면 충분하지만, 유의수준 0.01에서는 그렇지 못한다.

예를 들어, $N(0,1)$, $N(0,1)$, $N(0,1)$의 세 모분포(모두 동일한 평균과 분산을 가지고 있다!)에서 각 집단별 표본크기 20의 표본을 추출하여, F-값을 구한다고 했을 때, 우리는 수학적으로 F-값의 분포를 정확히 구할 수 있다.[48] 그 말은 모평균이 같은 경우라도, 표본이 어떻게 뽑히느냐(우연!)에 따라 F-값이 변하는데, 대부분의 경우에 F-값이 어떤 범위에 놓이게 되는지 알 수 있다는 의미이다. 그리고 얼마나 발생하기 힘든 경우를 우연이 아닌 경우로 볼 것인가를 유의수준으로 정한다. 만약 유의수준을 5%라고 잡았다면, 모평균이 같은 경우에도 5%라는 낮은 확률로 발생할 수 있는 F-값에 대해서는 모평균이 같지만 우연히 발생했다고 결론 내리지 않고, 모평균이 서로 다르기 때문에 나타난 F-값으로 결론내리겠다는 의미이다. 이 경우, 세 모평균이 같을 때에도, 5%의 확률로 "세 모평균이 모두 같지 않다."라는 결론을 내리게 되므로, 그 5%의 확률을 유의할 필요가 있다!

유의수준은 보통 5%, 1%가 많이 쓰이지만, 꼭 그 값을 써야 하는 것은 아니다. 0.1%, 0.01%도 쓸 수도 있다. 그렇게 낮은 값을 쓰면, 모평균이 서로 같을 때에도 "모두 같지 않다"라는 결론을 내릴 확률은 줄어든다. 따라서 유의해야 할 경우가 줄어든다!

---

48) F-값의 분포를 좀더 생각해보자. 만약 세 표본평균의 값이 모두 모평균 0과 같게 나온다면, F-값은 0이 된다! 하지만 세 표본평균이 모두 모평균과 같게 나올 확률은 거의 없다. 표본평균의 분포는 모평균을 중심으로 한 정규분포를 띨 것이다. 그에 따라 예상되는 F-값의 분포는 1 주위가 높고, 0이나 ∞로 갈수록 작아진다.

하지만 유의수준을 낮추면 모평균이 모두 같지 않은 경우에도 "모두 같지 않다."라고 결론내리는 확률 역시 낮아진다. 즉, 모평균이 모두 같지 않지만, 잠정적으로 "모두 같다."라고 결론내리는 것이다. 이것은 문제다! 유의수준을 너무 낮춰도 문제가 있다.

우연히 다르게 나올 수 있는 표본평균의 차이 때문에 "모평균이 모두 같지 않다."라는 결론을 내리는 것을 방지하기 위해 일원분산분석 $F-$검정을 실시한다. 하지만 $F-$검정을 하기 위해서는 $F-$검정의 가정이 위배되지 않는지 확인해봐야 한다. 일원분산분석은 다음의 세 가지 가정을 한다.

1. 정규성Normality
2. 등분산성Equal variance(Homoscedasity)
3. 독립성Independence

만약 이 가정들이 지나치게 위배된다면, 일원분산분석 $F-$검정은 적절한 분석 방법이 아니다.

$F-$검정 결과가 유의미해서, 세 모평균이 모두 같지 않다라는 결론이 섰다면, 이제 모평균이 서로 어떻게 다른지를 살펴봐야 한다. $F-$검정 후에 모평균의 차이를 알아보는 방법은 크게 두 가지로 나눠볼 수 있다. 하나는 대비contrast 검정이고, 다른 하나는 쌍별 비교pairwise comparison이다.

대비 검정은 주로 모평균에 특별한 구조가 있을 때 사용한다. 예를 들어서 A, B, C의 세 집단이 있을 때, A집단은 기존의 감기약을 복용한 집단이고, B집단은 새로 개발된 첫 번째 신약을 복용한 집단, C집단은 두 번째 신약을 복용한 집단이라고 한다면, 기존의 감기약의 효능과 신약의 효능(두 신약의 효능의 평균)을 비교해보고 싶을 것이다. 따라서 집단 A, B, C는 서로 동질적이지 않고, 기존약/신약이라는 구분을 통해 $A/(B, C)$로 구분된다. 만약 다른 구분 방법이 있다면, 다른 방식으로 구분할 수 있다. 예를 들어, 기존의 감기약과 첫 번째 신약은 주성분이 같지만, 두 번째 신약은 주성분이 다르다고 할 때, 주성분이라는 기준으로 집단 A, B, C를 나눈다면, $(A, B)/C$로 나뉘게 될 것이다. 경우에 따라서는 첫 번째 신약과 두 번째 신약의 효과를 검증하고자 할 수도 있다. 이때는 B/C의 구분을 생각해 볼 수 있다.

실험(혹은 조사)을 하기 전에 검증을 하려는 대비를 정하는 것을 사전 대비 preplanned contrasts라고 하고, 실험을 마친 후 자료를 보고 흥미로운 대비를 만들어 내는 것을 사후 대비post hoc contrasts라고 한다.

사전 대비는 실험 전에 검증을 하고자 하는 대비를 정해놓고, 실험 결과에 따라 대비를 바꾸지 않는다. 반면 사후 대비는 실험결과를 보고 두드러져 보이거나, 흥미로운 대비를 구성해낸다.

만약 집단간에 특별한 관계가 없고, 모두 똑같이 서로 다른 집단이라면, 모든 집단 쌍에 대해 비교를 해 볼 수도 있다. 그것을 쌍별 비교pairwise comparison라고 한다. 만약 A, B, C, D, E라는 다섯 집단이 있을 때, A는 나머지 모든 집단과 비교되고 B 또한 그렇다. 이렇게 모든 집단은 나머지 모든 집단과 비교된다.

만약 A, B가 기존의 약 1,2를 복용한 집단, C, D, E가 신약 1,2,3을 복용한 집단이고, 우리의 관심사가 기존의 약과 신약의 효능을 비교하는 것이라면, 우리는 A와 B의 차이에 대해 관심이 없다. 혹은 기존의 연구에 의해 A, B의 차이가 극히 미미하다는 것이 알려져 있을 수도 있다. 반면, A, B, C, D, E가 모두 신약이고, 어느 것이 특별할 이유가 없다면, 모든 집단이 나머지 모든 집단과 검증되는 쌍별 비교이 자연스러울 것이다.

요약

요인이 하나인 여러 집단(혹은 실험조건)의 모평균의 차이에 대한 일반적인 검증 과정.

1. 탐색적 자료분석: 자료의 전체적인 모습과 구조를 확인하고, 특이값을 발견

하고 조사한다.

가. 집단별 산포도scatterplot

나. 집단별 상자그림boxplot

2. $F-$검정의 가정 확인: $F-$검정을 쓰기에 앞서 다음 가정이 성립하는지 확인한다.

가. 정규성normaility

나. 등분산성homoscedasity

다. 독립성independence

3. $F-$검정: 여러 모집단의 평균이 하나라도 차이가 나는지 확인한다.

4-1. 대비 검정

가. 사전 대비 검정preplanned comparison: 자료를 얻기 전에 미리 정해둔 관심의 대상(대비)에 대해 비교, 검정한다.

나. 사후 대비 검정post hoc comparison: 자료를 얻은 후 흥미로운 대상(대비)에 대해 비교, 검정한다.

4-2. 쌍별 비교pairwise comparison: 모든 집단이 서로 동질한 경우, 모든 집단들을 서로서로 비교, 검정한다.

이요인 실험설계의 분석

이원분산분석이 일원분산분석과 다른 점은 집단 혹은 조건에 일정한 구조가 있다는 점이다. 예를 들어, 어떤 약도 먹지 않은 통제 집단 A, 기존의 약을 먹은 집단 B, 신약을 먹은 집단 C는 일원분산분석의 대상이다. 반면, 어떤 약도 먹지 않은 통제 집단, 기존의 약을 먹은 집단, 신약을 먹은 집단, 그리고 기존의 약과 신약을 먹은 집단의 총 네 집단이 있을 때, 모든 집단은 기존의 약을 먹거나 먹지 않음과 그리고 신약을 먹거나 먹지 않음의 두 요인을 기준으로 구분해 볼 수 있다. 만약 기존의 약을 먹거나 먹지 않음을 요인 1이라고 하고, 신약을 먹거나 먹지 않음을 요인 2라고 한다면, 요인 1과 요인 2를 곱해서 모든 집단을 표현할 수 있고, 다음과 같이 나타낼 수 있다.

	기존의 약 복용 여부×신약의 복용 여부
어떤 약도 먹지 않은 집단	기존의 약을 먹지 않음×신약을 먹지 않음
기존의 약을 먹은 집단	기존의 약을 먹음×신약을 먹지 않음
신약을 먹은 집단	기존의 약을 먹지 않음×신약을 먹음
기존의 약과 신약을 모두 먹은 집단	기존의 약을 먹음×신약을 먹음

일반적으로 요인 A의 수준은 $A_1, A_2, \cdots, A_{n_A}$($n_A$: 요인 A의 수준의 개수)로 나타내고, 요인 B의 수준은 $B_1, B_2, \cdots, B_{n_B}$($n_B$: 요인 B의 수준의 개수)으로 나타낸다. 그리고, 각 집단 혹은 조건은 $A \times B$로 나타낼 수 있는데, 구체적으로 $A_1 \times B_1$, $A_1 \times B_2$, $\cdots$, $A_1 \times B_{n_B}$, $A_2 \times B_1$, $A_2 \times B_2$, $\cdots$, $A_{n_A} \times B_{n_B}$ 등으로 나타낸다.

위의 예에서, 요인 A를 기존 약의 복용여부라고 한다면, 수준 A_1을 "기존약을 복용함", A_2를 "기존약을 복용하지 않음"이라 정할 수 있고, 요인 B를 신약의 복용여부라고 한다면, 수준 B_1을 "신약을 복용함", 수준 B_2를 "신약을 복용하지 않음"이라 정할 수 있다. 그리고 위의 모든 집단은 $A_1 \times B_1$, $A_1 \times B_2, A_2 \times B_1$, $A_2 \times B_2$로 나타낼 수 있다.

다른 예를 들어보자. 연령 수준과 비만 수준이 다음과 같다고 할 때, 각 집단은 다음과 같이 나타낼 수 있다. 연령과 비만이라는 두 요인의 곱으로 모든 집단이 정의된다.

연령 수준: 30대 이하, 40대, 50대 이상
비만 수준: 저체중, 정상체중, 고도비만

집단: 30대 이하×저체중, 30대 이하×정상체중, 30대 이하×고도비만
40대×저체중, 40대×정상체중, 40대×고도비만
50대 이상×저체중, 50대 이상×정상체중, 50대 이상×고도비만

이런 종류의 자료를 분석할 때 이원분산분석을 사용할 수 있다. 이원분산분석에서 주의할 점은 요인 A의 효과가 요인 B의 수준에 따라 달라질 수 있다는 것이다. 예를 들어, 저체중의 경우 나이가 들어감에 따라 근력이 약해지는데 비해, 정상체중에서는 그렇지 않을 수 있다. 따라서 탐색적 자료분석의 과정에서 상호작용 그림이 중요한 역할을 한다.

우선 그래프를 통한 탐색적 자료분석를 해보자. 일원분산분석에서처럼 산포도와 집단별 상자그림을 그려볼 수 있다.

산포도

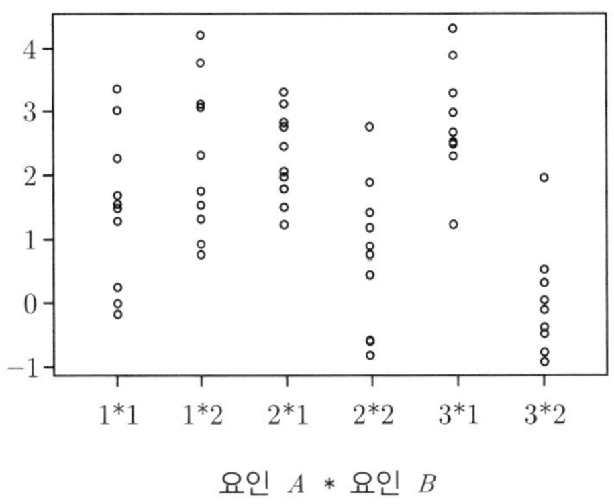

집단별 상자그림

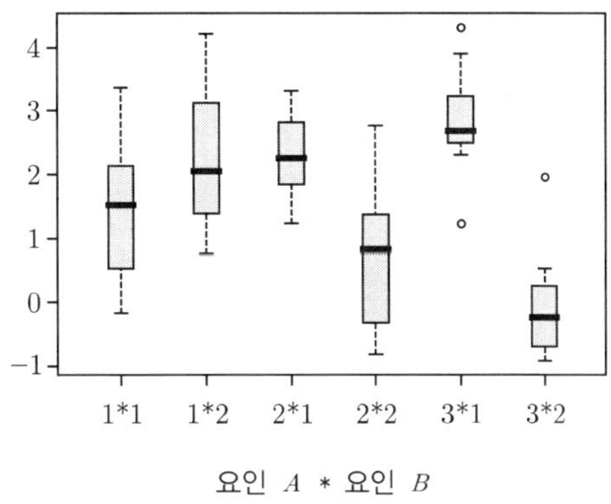

그리고 이원분산분석에서는 요인간의 상호작용을 확인하기 위해 상호작용 그림interaction plot을 그려 보거나 두 요인의 주효과와 상호작용 그리고 잔차를 모두 한 그래프 안에 그려 볼 수도 있다.

상호작용 그림

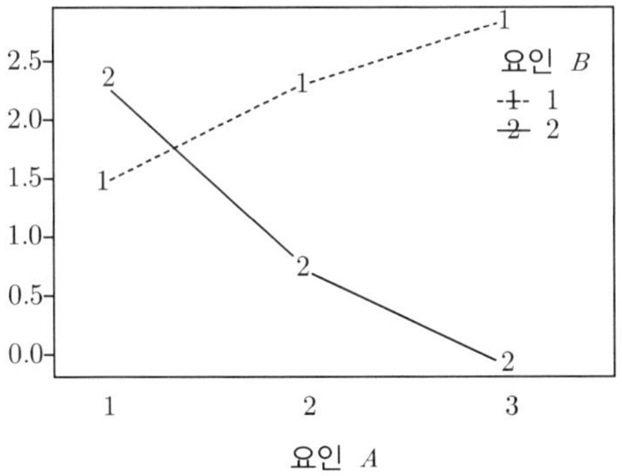

효과와 잔차 그림

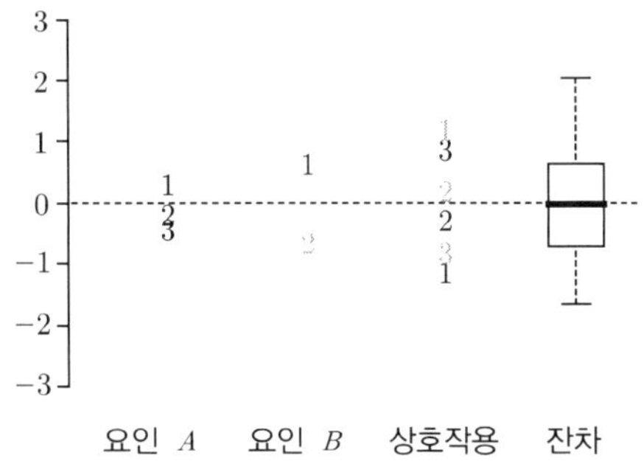

위의 상호작용 그림은 요인 B의 수준에 따라 요인 A의 영향이 어떻게 달라지는지를 보여준다. B_1 수준에서는 요인 A의 수준이 A_1, A_2, A_3로 변함에 따라 반

응 변수가 증가함에 반해, B_2 수준에서는 요인 A의 수준이 A_1, A_2, A_3로 변함에 따라 반응 변수가 감소하고 있다.

효과와 잔차 그림에서는 각 요인의 주효과와 상호작용을 잔차와 비교해 볼 수 있다. 효과와 잔차의 크기를 비교해보면 대략적인 효과크기를 예상해 볼 수 있다.

이런 구조의 자료를 어떻게 분석할 것인가? 일반적인 순서는 다음과 같다. 먼저 집단별 평균이 차이가 있는지를 검증한다. 이것은 일원분산분석의 $F-$검정과 동일하다. 요인 구조를 무시하고, 각 집단 혹은 조건에 따른 평균이 모두 같다고 볼 수 있는지, 없는지를 검증하는 것이다. 만약 요인구조를 무시한 집단별 평균의 차이가 없다면 모든 집단의 평균이 전체평균과 같지 않다고 말할 수 없다. 만약 차이가 있다면 상호작용interaction이 있는지를 검증한다. 여기서 흔히, 상호작용이 있다면, 단순 효과simple effect를 검증하고, 없다면 주효과main effect를 검증한다. 집단별 차이 검증은 집단별 평균이 모두 같거나, 그렇지 않음에 대한 결론을 내리는 것이고, 상호작용을 검증하는 것은 상호작용이 모두 없거나 그렇지 않음에 대해, 주효과를 검증하는 것은 주효과가 모두 없거나 그렇지 않음에 대해 결론을 내리는 것이다.

흔히 상호작용이 통계적으로 유의미하지 않을 때, 주효과를 검증하는 이유는 상호작용이 없다는 것이 모든 집단의 모평균을 주효과의 합으로 나타낼 수 있다는 것을 의미하기 때문이다.

반면, 상호작용이 통계적으로 유의미하다는 것은, 하나 이상의 집단이 주효과들의 합만으로 나타낼 수 없다는 것을 의미한다. 따라서 요인 A의 주효과가 있을 지라도, 요인 B의 수준에 따라 요인 A의 효과의 양상이 달라지거나, 없어질 수도 있다. 경우에 따라서 요인 A의 주효과가 없을 때에도 요인 B의 수준에 따라 요인 A의 효과가 나타날 수 있다.

예를 들어 다음을 보자.

	B_1	B_2	B_3	$\overline{B}$
A_1	−1	0	1	0
A_2	0	0	0	0
A_3	−1	0	1	0
$\overline{A}$	−1	0	1	0

각 셀 안의 숫자는 각 집단에 대한 모평균을 나타낸다. $A_1 \times B_1$ 집단의 평균은 −1이고, $A_2 \times B_1$ 집단의 평균은 0이다. 이 경우 상호작용이 통계적으로 유의미한다면 A의 주효과와 B의 주효과만으로 자료를 만족하게 기술할 수 없다. 예를 들어 요인 A의 주효과는 나타나지 않았지만(①: A의 수준이 A_1, A_2, A_3으로 변해도 B의 수준 B_1, B_2, B_3을 평균한 값인 $\overline{B}$는 0으로 동일하다), B_1, B_3 수준에서 요인 A는 평균값에 영향을 준다(②). 즉, B_1, B_3 수준에서 요인 A의 단순효과가 존재한다. 반면 B_2에서는 요인 A가 아무런 영향을 미치지 않는다(③). 요인 B의 주효과는 분명 있지만(④), A의 수준에 따라, 요인 B가 평균값에 영향을 줄 때도 있고(⑤), 별다른 영향을 주지 않을 때도 있다(⑥).

정리를 해보자. 이요인 실험설계 결과의 분석을 위해, 우선 탐색적 자료분석을 통해 자료의 구조를 이해하고 특이점이 있는지를 확인한다. 그리고 이원분산분석 F−검정을 하기 전에 가정에 위배되는 것은 없는지 확인한다. 그리고 각 집단 혹은 조건에 따른 변화가 있는지를 검정한다(일원분산분석 F−검정). 만약 있다면, 상호작용을 검정한다. 상호작용이 있다면 단순효과를, 없다면 주효과를 검정한다. 하지만 이것은 일반적인 순서일 뿐이다. 필요와 상황에 맞게 통계분석 방법은 변할 수 있다.

요약

요인이 두 개 이상인 경우의 분석

1. 탐색적 자료 분석
   가. 집단별 산포도
   나. 집단별 상자그림
   다. 상호작용 그림
   라. 효과와 잔차 그림
2. $F-$검정의 가정 확인
   가. 정규성
   나. 등분산성
   다. 독립성
3. $F-$검정
   가. 일원분산분석 $F-$검정(흔히 전체 $F-$검정Oveall $F-$test라고 한다.)
   나. 상호작용효과 $F-$검정
   나-a. 단순효과 $F-$검정(상호작용효과가 있을 때)
   나-b. 주효과 $F-$검정(상호작용효과가 없을 때)

4-1. 대비검정
   가. 사전 대비검정
   나. 사후 대비검정

4-2. 쌍별 비교

대비 이해하기

분산분석은 집단간 차이가 있는지를 검증한다.[49] 하지만 집단간에 차이가 있다고 하더라도 차이가 어떤 집단 사이에 존재하는지는 알려주지 않는다. 분산분석에 의해 집단간에 차이가 있다는 결론을 내렸을 때, 차이의 양상을 좀더 자세히 살펴보기 위한 방법의 하나로 대비Contrast를 검증하는 방법을 사용할 수 있다. 대비는, 집단간의 차이 뿐 아니라, 몇몇 집단을 하나의 그룹(집단들의 집단)으로 묶어서 그룹간의 차이를 검정할 때에도 사용할 수 있다. 이게 대체 무슨 소리인가?

여러 집단간의 차이를 비교할 때에, 집단간의 관계 등의 이유로 특별히 한 종류로 묶이는 집단들이 있을 수 있다. 예를 들어서, 어떤 실험에서 약물 A, B, C, D의 효과가 차이가 있는지 분석을 하고자 한다. 그런데 약물 A, B는 기존에 자주 사용된 약물이고, 약물 C, D는 새로 개발된 약물이라고 하면, 개별 약물의 효과 차이에도 관심이 있을 수 있지만, 기존의 약물과 새로운 약물 사이

49) 정규분포를 결정하는 두 가지 모수는 평균과 분산이다. 따라서 평균과 분산이 같은 정규분포는 동일한 분포이다. 분산분석의 가정에 따라 모든 집단이 정규분포를 따르고, 분산이 같을 때, 두 집단의 평균이 같다는 것은 두 집단의 분포가 완전히 동일하다는 의미이다. 물론 평균이 같은 두 분포가 언제나 동일한 것은 아니다. 분산분석의 가정에 의해 두 분포가 모두 정규분포를 따르고, 동일한 분산일 때는 그렇다는 것을 염두해 두어야 한다. 예를 들어, 평균 1, 분산 2인 정규분포와 평균 1, 분산 2인 카이제곱 분포는 서로 평균과 분산이 같지만, 다른 분포이다.

의 효과 차이를 알아보고 싶을 수도 있다. 그렇게 여러 집단을 하나로 묶어서 그룹들 사이의 차이를 알아보고 싶을 때, 대비를 통해 검증을 실시한다. 약물 A, B, C, D의 효과를 알아보기 위해 측정한 값은 구체적으로 혈압 등을 생각할 수 있다.

약물 A, B, C, D를 복용한 후 측정한 값의 평균을 μ_A, μ_B, μ_C, μ_D라고 놓으면, 우리가 알고 싶은 것은 $\frac{\mu_A+\mu_B}{2} \neq \frac{\mu_C+\mu_D}{2}$이다($\mu_A$, μ_B: 기존 약물 A, B의 결과 평균, μ_C, μ_D: 새로운 약물 C, D의 결과 평균). 그때 영가설과 대립가설은 다음과 같이 쓸 수 있다.

$$H_0 : \frac{\mu_A+\mu_B}{2} = \frac{\mu_C+\mu_D}{2}$$

$$H_A : \frac{\mu_A+\mu_B}{2} \neq \frac{\mu_C+\mu_D}{2}$$

위의 가설은 다음과 같이 고쳐 쓸 수도 있다.

$$H_0 : \frac{\mu_A+\mu_B}{2} - \frac{\mu_C+\mu_D}{2} = 0$$

$$H_A : \frac{\mu_A+\mu_B}{2} - \frac{\mu_C+\mu_D}{2} \neq 0$$

여기서 영가설의 각 모수 앞에 있는 계수만을 따로 떼어내어 (w_A, w_B, w_C, w_D) $(w_A, w_B, w_C, w_D) = \left(\frac{1}{2}, \frac{1}{2}, -\frac{1}{2}, -\frac{1}{2}\right)$라고 놓자. 이때 $\frac{1}{2}$, $\frac{1}{2}$, $-\frac{1}{2}$, $-\frac{1}{2}$를 대비계수contrast coefficient라 한다. $\frac{\mu_A+\mu_B}{2} - \frac{\mu_C+\mu_D}{2}$는 대비계수를 사용하여 다음과 같이 나타낼 수 있다.

$$\frac{\mu_A + \mu_B}{2} - \frac{\mu_C + \mu_D}{2} = \frac{1}{2}\mu_A + \frac{1}{2}\mu_B - \frac{1}{2}\mu_C - \frac{1}{2}\mu_D$$
$$= w_A\mu_A + w_B\mu_B + w_C\mu_C + w_D\mu_D$$

좀더 편하게 표시하기 위해 집단을 알파벳을 이용하여 구분하지 않고, 숫자를 사용하여 구분한다. μ_A, μ_B, μ_C, μ_D를 $\mu_1, \mu_2, \mu_3, \mu_4$로 표시하고 w_A, w_B, w_C, w_D를 w_1, w_2, w_3, w_4로 표시하면, 앞의 영가설과 대립가설은 다음과 같이 나타낼 수 있다.

$$(w_1, w_2, w_3, w_4) = \left(\frac{1}{2}, \frac{1}{2}, -\frac{1}{2}, -\frac{1}{2}\right)$$
$$H_0 : w_1\mu_1 + w_2\mu_2 + w_3\mu_3 + w_4\mu_4 = \sum_{i=1}^{4} w_i\mu_i = 0$$
$$H_A : \sum_{i=1}^{4} w_i\mu_i \neq 0$$

일반적으로 n개의 집단이 있을 때, 영가설 $\mu_1 = \mu_2 = \cdots = \mu_n$을 만족한다면, μ_1, μ_2, $\cdots$, μ_n을 하나의 변수 μ로 나타낼 수 있다($\mu_1 = \mu_2 = \cdots = \mu_n = \mu$). 반면, 대비 $(w_1,\ w_2,\ \cdots,\ w_n)$의 영가설은 다음과 같다.

$$H_0 : \sum_{i=1}^{n} w_i\mu_i = 0$$

$\mu_1 = \mu_2 = \cdots = \mu_n = \mu$일 때 $\sum_{i=1}^{n} w_i\mu_i = \mu\sum_{i=1}^{n} w_i$임으로 $\sum_{i=1}^{n} w_i\mu_i$은 $\sum_{i=1}^{n} w_i = 0$일 때 0이 된다. 따라서 영가설 $H_0 : \mu_1 = \mu_2 = \cdots = \mu_n$이 성립할 때, 대비의 영가설 $H_0 : \sum_{i=1}^{n} w_i\mu_i = 0$이 성립되도록 하려면, $\sum_{i=1}^{n} w_i = 0$을 만족시키면 된다. 다시 말하면, $\sum_{i=1}^{n} w_i = 0$을 만족할 때, 다음의 영가설 1)이 만족하면, 영가설 2)도 만족하게 된다.

$$1)\ H_0: \mu_1 = \mu_2 = \cdots = \mu_n$$

$$2)\ H_0: \sum_{i=1}^{n} w_i \mu_i = 0$$

하지만 영가설 1)이 만족하지 않을 때, 영가설 2)도 만족하지 않는다고 말할 순 없다.

$$p \rightarrow q \Rightarrow \sim q \rightarrow \sim p \text{ (참)}$$

$$p \rightarrow q \Rightarrow \sim p \rightarrow \sim q \text{ (거짓, 항상 성립하지 않음)}$$

따라서 우리는 영가설 1)을 기각하지 못할 때, 논리적으로 영가설 2) 또한 기각할 수 없다! 하지만 영가설 1)을 기각할 때에 영가설 2)가 반드시 기각된다고 볼 수 없다. 영가설 1)를 기각한다는 것은 $\mu_1 = \mu_2 = \cdots = \mu_n$이 참이 아니라는 의미이며 영가설 2)를 기각한다는 것은 특정한 집단들의 가중평균이 서로 다르다는 것을 의미하기 때문이다.

예를 들어서 $H_0 : \dfrac{\mu_1 + \mu_2 + \mu_3}{3} = \mu_4$, $H_0 : \dfrac{\mu_1 + \mu_3 + \mu_5}{3} = \dfrac{\mu_2 + \mu_4}{2}$, $H_0 : \mu_3 = \dfrac{\mu_1 + \mu_2 + \mu_4 + \mu_5}{4}$을 나타내는 영가설은 다음과 같이 쓸 수 있다.

$$(w_1, w_2, w_3, w_4) = \left(\frac{1}{3}, \frac{1}{3}, \frac{1}{3}, -1\right),\ H_0: \sum_{i=1}^{4} w_i \mu_i = 0$$

$$(w_1, w_2, w_3, w_4, w_5) = \left(\frac{1}{3}, -\frac{1}{2}, \frac{1}{3}, -\frac{1}{2}, \frac{1}{3}\right),\ H_0: \sum_{i=1}^{5} w_i \mu_i = 0$$

$$(w_1, w_2, w_3, w_4, w_5) = \left(-\frac{1}{4}, -\frac{1}{4}, 0, -\frac{1}{4}, \frac{1}{4}\right),\ H_0: \sum_{i=1}^{5} w_i \mu_i = 0$$

일반적인 다음의 영가설에 대한 검정은 일반적인 모평균에 대한 검정과 크게 다르지 않다.

$$H_0: \sum_{i=1}^{n} w_i \mu_i = 0$$

편의상 $w(\mu_i) \equiv \sum_{i=1}^{n} w_i \mu_i$, $w(\overline{X_{i.}}) \equiv \sum_{i=1}^{n} w_i \overline{X_{i.}}$ 로 놓자. 분산분석의 기본 가정에 의해 다음이 성립한다.

$$X_{ij} \sim N(\mu_i, \sigma^2)$$

따라서 표본평균의 분포는 다음과 같다.

$$\overline{X_{i.}} \sim N\left(\mu_i, \frac{\sigma^2}{n_i}\right)$$

표본평균의 $w(\overline{X_{i.}}) \equiv \sum_{i=1}^{n} w_i \overline{X_{i.}}$ 는 표본평균의 선형결합이므로 다음과 같은 분포를 따른다.

$$w(\overline{X_{i.}}) = \sum_{i=1}^{n} w_i \overline{X_{i.}} \sim N\left(\sum_{i=1}^{n} w_i \mu_i, \sum_{i=1}^{n} \frac{w_i^2 \sigma^2}{n_i}\right)$$

영가설이 참이라면, $\sum_{i=1}^{n} w_i \mu_i = 0$에 의해, 다음이 성립한다.

$$w(\overline{X_{i.}}) = \sum_{i=1}^{n} w_i \overline{X_{i.}} \sim N\left(0, \sum_{i=1}^{n} \frac{w_i^2 \sigma^2}{n_i}\right)$$

영가설 $H_0: \sum_{i=1}^{n} w_i \mu_i = 0$이 성립할 때, $w(\overline{X_{i.}})$의 분포를 정확히 알고 있으므

로, 표본크기 n_i인 표본평균 $\overline{X_{i.}}$을 이용하여 영가설 H_0: $\sum_{i=1}^{n} w_i \mu_i = 0$에 대한 유의성 검정을 실시할 수 있다.

한 가지 특수한 대비로 직교 대비orthogonal contrast가 있다. 그것은 정규분포를 따르는 두 확률변수의 공분산이 0일 때, 두 확률변수는 서로 독립임을 이용한 것이다.

만약 두 대비 $\overrightarrow{w_1} = (w_{11}, w_{12}, \cdots, w_{1n})$와 $\overrightarrow{w_2} = (w_{21}, w_{22}, \cdots, w_{2n})$에 있어 $\sum_{i=1}^{n} \frac{w_{1i} w_{2i}}{n_i} = 0$을 만족한다면, 이 두 대비를 직교 대비라고 부른다.

$$w_1(\overline{X_{i.}}) \equiv \sum_{i=1}^{n} w_{1i} \overline{X_{i.}}$$

$$w_2(\overline{X_{i.}}) \equiv \sum_{i=1}^{n} w_{2i} \overline{X_{i.}}$$

$$Cov(w_1(\overline{X_{i.}}), w_2(\overline{X_{i.}})) = \sum_{i=1}^{n} w_{1i} w_{2i} Var(\overline{X_{i.}}) + 2\sum_{i=1}^{n} \sum_{j=1}^{i-1} w_{1i} w_{2i} Cov(\overline{X_{i.}}, \overline{X_{j.}})$$

앞에서 직교 대비의 경우 $\sum_{i=1}^{n} \frac{w_{1i} w_{2i}}{n_i} = 0$라고 했다. 그리고 모든 집단의 분산을 σ^2라 놓으면, $Var(\overline{X_{i.}}) = \frac{\sigma^2}{n_i}$라고 놓을 수 있다. 집단 i와 집단 $j(i \neq j)$의 표본평균 $\overline{X_{i.}}$와 $\overline{X_{j.}}$는 서로 독립이다. 따라서 공분산 $Cov(\overline{X_{i.}}, \overline{X_{j.}}) = 0$이다.

이 값들을 위의 식에 넣으면, $Cov(w_1(\overline{X_{i.}}), w_2(\overline{X_{i.}})) = 0$을 보일 수 있고, 따라서 두 확률변수 $w_1(\overline{X_{i.}}), w_2(\overline{X_{i.}})$은 서로 독립이다!

$$\begin{aligned} Cov(w_1(\overline{X_{i.}}), w_2(\overline{X_{i.}})) &= \sum_{i=1}^{n} w_{1i} w_{2i} \frac{\sigma^2}{n_i} + 2\sum_{i=1}^{n} \sum_{j=1}^{i-1} w_{1i} w_{2i} 0 \\ &= \sigma^2 \sum_{i=1}^{n} \frac{w_{1i} w_{2i}}{n_i} + 0 = 0 + 0 = 0 \end{aligned}$$

두 영가설 H_0: $\sum_{i=1}^{n} w_{1i}\mu_i = 0$과 H_0: $\sum_{i=1}^{n} w_{2i}\mu_i = 0$를 검증할 때 사용하는 두 통계량 $w_1(\overline{X_{i.}})$, $w_2(\overline{X_{i.}})$이 서로 독립이므로, 두 가설검증 결과 역시 서로 독립이다! 따라서 $\sum_{i=1}^{n} \frac{w_{1i}w_{2i}}{n_i} = 0$을 만족하는 두 직교 대비에 대한 검증은 서로 독립임을 알 수 있다!

임의의 대비 $w(\overline{X_{i.}})$[50)]에 대해 제곱합[51)]은 다음과 같이 정의된다.

$$SS_w = \frac{\left(\sum_{i=1}^{n} w_i \overline{X_{i.}}\right)^2}{\sum_{i=1}^{n} \frac{w_i^2}{n_i}} = \frac{\{w(\overline{X_{i.}})\}^2}{\sum_{i=1}^{n} \frac{w_i^2}{n_i}}$$

그런데 앞서 살펴 봤듯이 임의의 대비 $w(\overline{X_{i.}})$는 다음의 분포를 따른다.

$$w(\overline{X_{i.}}) = \sum_{i=1}^{n} w_i \overline{X_{i.}} \sim N\left(0, \sum_{i=1}^{n} \frac{w_i^2\sigma^2}{n_i}\right)$$

따라서 χ^2-분포의 정의에 의해, 다음과 같이 쓸 수 있다.

$$\frac{\left(\sum_{i=1}^{n} w_i \overline{X_{i.}} - 0\right)^2}{\sum_{i=1}^{n} \frac{w_i^2\sigma^2}{n_i}} = \frac{\{w(\overline{X_{i.}})\}^2}{\sum_{i=1}^{n} \frac{w_i^2\sigma^2}{n_i}} \sim \chi^2(1)$$

따라서 위에서 정의된 제곱합 SS_w는 다음의 분포를 따른다.

---

50) 대비 $w(\overline{X_{i.}})$의 대비계수는 w_i $(1 \le i \le n)$으로 나타내고, 두 개 이상의 대비가 있을 때, 서로 구분짓기 위해서 첨자를 쓸 경우, $w_a(\overline{X_{i.}})$의 대비계수는 w_{ai}로 나타낼 수 있다.

51) 물론 여기서는 제곱이 하나 있으므로 '제곱합'이란 말이 다소 부적절하지만, 관례를 따르겠다.

$$SS_w = \frac{\left(\sum_{i=1}^{n} w_i \overline{X_{i.}}\right)^2}{\sum_{i=1}^{n} \frac{w_i^2}{n_i}} = \frac{\{w(\overline{X_{i.}})\}^2}{\sum_{i=1}^{n} \frac{w_i^2}{n_i}} \sim \sigma^2 \chi^2(1)$$

요약

영가설 H_0: $\sum_{i=1}^{n} w_i \mu_i = 0$ 의 검증에 있어 다음의 분포를 활용한다.

$$w(\overline{X_{i.}}) = \sum_{i=1}^{n} w_i \overline{X_{i.}} \sim N\left(0, \sum_{i=1}^{n} \frac{w_i^2 \sigma^2}{n_i}\right)$$

직교 대비는 서로 독립인 대비이고 다음을 만족한다.

$$\sum_{i=1}^{n} \frac{w_{1i} w_{2i}}{n_i} = 0$$

일원분산분석 대 이원분산분석

A, B 두 요인을 조합한 조건으로 실험을 하였다. 그 결과에 대해 이원분산분석을 실시해야 할 것이다. 하지만 이원분산분석을 배우지 못했거나, 이해하지 못한다고 생각해서 요인 A를 모두 합치거나, 요인 B를 모두 합쳐서 일원분산분석을 실시한다고 생각해보자. 그 결과는 이원분산분석에서의 주효과 검증과 일치할까?

예를 들어 보자. 요인 A에는 A_1, A_2 수준이 존재하고, 요인 B에는 B_1, B_2, B_3 수준이 존재한다고 해보자. 가능한 조합은 다음과 같다: $A_1 \times B_1$, $A_1 \times B_2$, $A_1 \times B_3$, $A_2 \times B_1$, $A_2 \times B_2$, $A_2 \times B_3$. 모집단 수준에서 그들의 분포는 다음과 같다.

조건 $A_1 \times B_1$, $A_1 \times B_2$, $A_1 \times B_3$에서의 평균은 -1, 0, 1이고, 조건 $A_2 \times B_1$, A_2

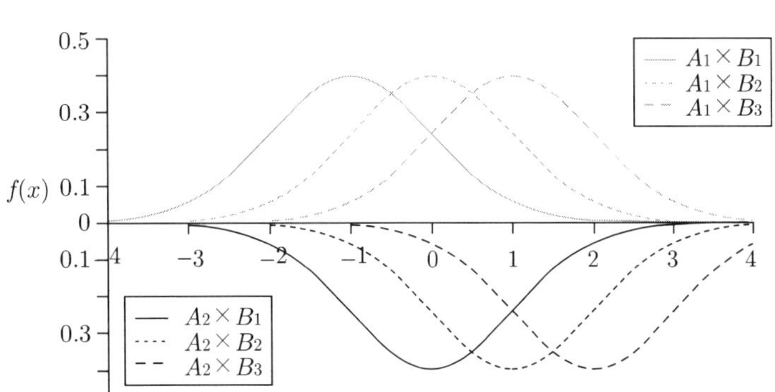

$\times B_2$, $A_2 \times B_3$의 평균은 0, 1, 2이다. 분산은 공통적으로 1이다.

이제 우리의 관측값을 X_{ijk}로 표시하자. i는 요인 A를, j는 요인 B를, 그리고 k는 특정한 관측값을 나타낸다. 따라서 X_{125}는 요인 A는 A_1수준, 요인 B는 B_2수준에서 얻은 5번째 관측값을 나타낸다. 그리고 $\overline{X_{12.}}$은 $A_1 \times B_2$조건에서 얻은 관측값들의 평균($A_1 \times B_2$ 조건의 표본평균)을, $\overline{X_{1..}}$은 A_1조건의 모든 관측값에 대한 평균을 나타낸다.

이때, 아래 첨자의 점은 평균이 되어야 할 대상을 나타낸다. 따라서 $\overline{X_{12.}} = \frac{\sum_{i=k}^{n_k} X_{12k}}{n_k}$, $\overline{X_{1..}} = \frac{\sum_{j=1}^{n_j} \sum_{k=1}^{n_k} X_{1jk}}{n_j n_k}$이 성립한다. 여기서는 각 조건에 표본크기($n_k$)는 모두 같다고 놓자. n_i는 첫 번째 요인의 수준의 개수이고, n_j는 두 번째 요인의 수준의 개수이다.

위와 같은 분포에서, 요인 B를 무시하고, 요인 A만을 가지고 일원분산분석을 하겠다는 것은, 요인 A에 따라 요인 B를 모두 합친 다음과 같은 분포에서 분석을 하는 것이다.

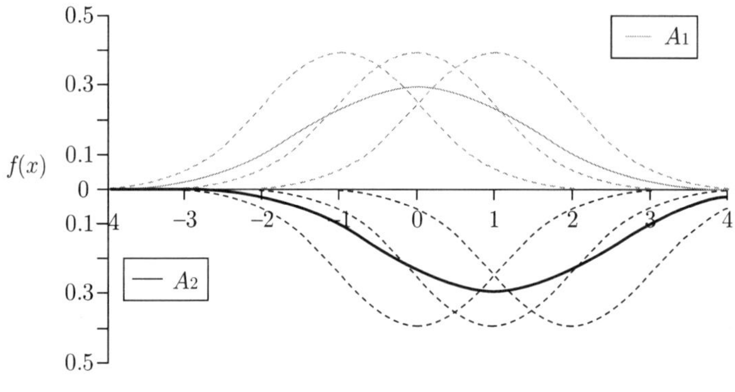

각각의 경우에 표본평균의 분포가 어떻게 달라지는지 살펴보자. 우선 요인 A와 요인 B을 모두 고려하는 경우를 생각해보자. 앞서 말했듯이, 요인 $A \times B$의 수준에 따른 평균은 다음과 같고, 분산은 모두 1이다.

평균	B_1	B_2	B_3
A_1	−1	0	1
A_2	0	1	2

A_i, B_j 조건에서의 관측값 X_{ijk}를 확률변수로 본다면, 다음이 성립한다.

$$X_{ijk} \sim N(\mu_{ij}, \sigma^2)$$

그리고 $k=1,2, \cdots, n_k$의 관측값으로 계산된 표본크기 n_k의 표본평균 $\overline{X_{ij.}}$은 다음의 분포를 따른다.

$$\overline{X_{ij.}} \sim N\left(\mu_{ij}, \frac{\sigma^2}{n_k}\right)$$

따라서 앞의 예에서 만약 각 조건에서 표본크기를 모두 10으로 통일했다면, 다음의 표본평균의 분포를 얻을 수 있다. 모분산은 모두 1이다.

표본평균의 분포	B_1	B_2	B_3
A_1	$\overline{X_{11.}} \sim N\left(-1, \frac{1}{10}\right)$	$\overline{X_{21.}} \sim N\left(0, \frac{1}{10}\right)$	$N\left(1, \frac{1}{10}\right)$
A_2	$\overline{X_{21.}} \sim N\left(0, \frac{1}{10}\right)$	$N\left(1, \frac{1}{10}\right)$	$N\left(2, \frac{1}{10}\right)$

그리고 A_1 수준의 평균을 추정하기 위해 사용하는 $\overline{X_{1..}} = \frac{\overline{X_{11.}} + \overline{X_{12.}} + \overline{X_{13.}}}{3}$의 분포는 다음과 같다. $\overline{X_{2..}}$의 분포도 마찬가지로 구할 수 있다.

$$\overline{X_{1..}} \sim N\left(-1+0+1, \frac{3 \cdot 1/10}{3^2}\right) \sim N\left(0, \frac{1}{30}\right)$$

$$\overline{X_{2..}} \sim N\left(1, \frac{1}{30}\right)$$

따라서 A_1과 A_2를 비교하기 위해 사용하는 $\overline{X_{2..}} - \overline{X_{1..}}$의 분포는 다음과 같다.

$$\overline{X_{2..}} - \overline{X_{1..}} \sim N\left(1-0, \frac{1}{30}+\frac{1}{30}\right) \sim N\left(1, \frac{2}{30}\right)$$

반면, 요인 B를 무시하고 요인 A의 차이를 검증한다고 해보자. 요인 B를 무시한다는 것은, 관측값 X_{ijk}에서 j를 무시하는 것이므로, X_{ik}로 쓸 수 있다. 이때 A_1 수준과 A_2수준의 모분포(X_{1k}와 X_{2k}의 분포)는 앞의 그래프(굵은선)와 같다. 그것은 평균이 다른 세 정규분포를 평균한 분포이다. 이 분포의 평균과 분산은 다음과 같이 구할 수 있다.

$$E(X_{1k}) = \int_{-\infty}^{+\infty} \frac{1}{3}\left(\frac{1}{\sqrt{2\pi}}e^{-\frac{1}{2}(x+1)^2} + \frac{1}{\sqrt{2\pi}}e^{-\frac{1}{2}x^2} + \frac{1}{\sqrt{2\pi}}e^{-\frac{1}{2}(x-1)^2}\right)x\,dx$$

$$Var(X_{1k}) = \int_{-\infty}^{+\infty} \frac{1}{3}\frac{1}{\sqrt{2\pi}}(e^{-\frac{1}{2}(x+1)^2} + e^{-\frac{1}{2}x^2} + e^{-\frac{1}{2}(x-1)^2})(x - E(\overline{X_{1.}}))^2\,dx$$

이것을 풀어 보면, $E(X_{1k}) = 0$이고, $Var(X_{1k}) = \frac{5}{3}$이다. 이때, 각 조건에서 평균은 $\overline{X_{i.}}$로 표시할 수 있다. 우리의 예에서 표본의 크기는 B_1, B_2, B_3 수준을 모두 합쳤기 때문에 30으로 늘어난다. 따라서 표본평균의 기댓값과 분산은 다음과 같아진다.

$$E(\overline{X_{1.}}) = 0, \quad Var(\overline{X_{1.}}) = \frac{5/3}{30} = \frac{5}{90}$$

같은 방식으로 $E(\overline{X_{2.}})=1$과 $Var(\overline{X_{2.}})=\frac{5}{90}$는 쉽게 구할 수 있고, $\overline{X_{2.}}-\overline{X_{1.}}$의 평균과 분산은 다음과 같다.

$$E(\overline{X_{2.}}-\overline{X_{1.}})=1,\quad Var(\overline{X_{2.}}-\overline{X_{1.}})=\frac{5}{90}+\frac{5}{90}=\frac{1}{9}$$

이것을 앞서서 요인 B를 구분했던 경우와 비교를 해보면 다음과 같다.

	기댓값	분산	비고
$\overline{X_{2..}}-\overline{X_{1..}}$	1	$\frac{2}{30}=0.067$	$\overline{X_{1..}}=\frac{\overline{X_{11.}}+\overline{X_{12.}}+\overline{X_{13.}}}{3}$
$\overline{X_{2.}}-\overline{X_{1.}}$	1	$\frac{1}{9}=0.111$	$\overline{X_{1.}}=\int_{-\infty}^{\infty}\frac{1}{3}[f_{11}(x)+f_{12}(x)+f_{13}(x)]x\,dx$ f_{11} : X_{11k}의 확률밀도함수 f_{12} : X_{12k}의 확률밀도함수

확률변수 $\overline{X_{2..}}-\overline{X_{1..}}$의 분산이 $\overline{X_{2.}}-\overline{X_{1.}}$보다 $\frac{6}{10}$배 작다. 따라서 A_1수준과 A_2수준의 차이를 알아보기 위해 $\overline{X_{2.}}-\overline{X_{1.}}$(요인 B를 무시하고 평균한 값들의 차이)보다 $\overline{X_{2..}}-\overline{X_{1..}}$(요인 B를 고려하여, B의 수준별로 평균을 구한 후, 그것들을 평균한 값)을 사용하는 것이 낫다!

한 가지 주의할 점은 A의 수준별로 B_1, B_2, B_3을 모두 합쳐 놓은 모집단을 생각할 때, 그 모집단이 더 이상 정규분포가 아니라는 점이다. 분산분석 $F-$검정은 집단별로 모집단이 정규분포를 이룬다고 가정을 한다. 따라서 특정한 요인을 모두 합쳐서 분산분석을 실시하는 것이 단지 비효율적일 뿐만 아니라, 분산분석의 기본 가정에 어긋나는 일이다. 물론 정규분포에서 크게 어긋나지 않는다면, 큰 문제는 없지만, 요인 B에 따라 평균의 차이가 커질수록 정규분포에서 크게 어긋난다.

앞의 예에서는 드러나지 않은 문제가 한 가지 더 있다. 앞의 예에서는 수준 A_1에서 B_1, B_2, B_3의 평균의 차이가, 수준 A_2에서 B_1, B_2, B_3의 평균의 차이와 동일했다. 즉, 수준 A_2에서 B_1, B_2, B_3의 평균은 수준 A_1에서 B_1, B_2, B_3의 평균을 평행이동한 것이다. 그렇기 때문에 요인 B를 모두 합친 A_1의 분산과 요인 B를 모두 합친 A_2의 분산이 같았다. 하지만 그것이 언제나 성립하지 않는다.

수준 A_1에서 B_1, B_2, B_3의 평균의 차이가, 수준 A_2에서 B_1, B_2, B_3의 평균의 차이와 동일하지 않는 경우의 예를 들어보자. 요인 A, B의 수준에 따른 평균이 다음과 같다면, 모분포는 다음과 같다. 분산은 모두 1이다.

평균	B_1	B_2	B_3
A_1	−1	0	2
A_2	0.5	1	1.5

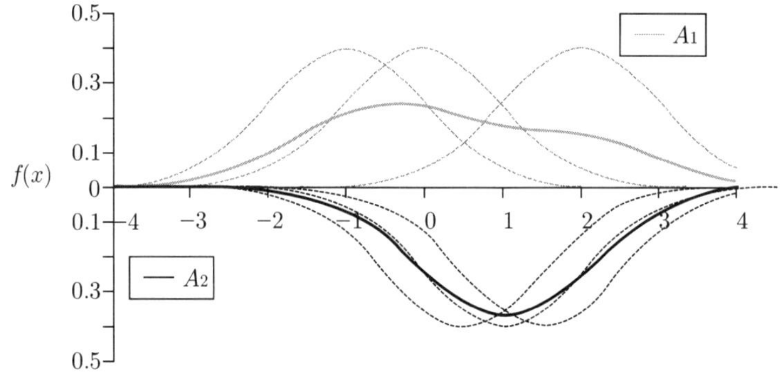

분산을 계산하면, A_1의 경우에 대략 2.555이고, A_2의 경우에는 대략 1.167이 나온다. 따라서 이 상태로 분산분석을 실시하는 것은 분산분석의 또 다른 가정인 등분산성에 어긋난다.

물론 요인 B를 무시하고 분석해도 무방한 경우도 있다. 만약 요인 B의 수준 B_1, B_2, B_3에 따라 평균의 차이가 없다면, 일원분산분석을 해도 정규성이나 등분산성 가정에 크게 어긋나지 않는다. 하지만 요인 B의 수준에 따라 차이가 커질수록 요인 B의 수준을 모두 합쳐서 분산분석을 하는 것은 분산분석의 정규성 가정에 어긋나고, 검증력power도 떨어지고, 경우에 따라서는 등분산성 가정까지 어긋나게 된다!

실제로 분산분석의 결과를 보자. 각 조건의 모분포가 각자의 모평균을 가진 정규분포(분산 1)라고 해보자.

평균	B_1	B_2	B_3
A_1	1.0	2.5	4.0
A_2	1.5	3.0	4.5

다음은 각 조건의 모집단에서 표본크기 16의 표본을 추출하여, 이원분산분석과 요인 B를 무시한 일원분산분석을 실시한 결과이다. R을 사용하였다. 물론 이 결과는 어떤 표본이 추출되느냐에 따라 달라진다.

```
> summary(aov(data~A+B+A*B, data))
            Df Sum Sq Mean Sq F value Pr(>F)
A            1   4.41    4.41   5.115 0.0261 *   ← 유의미한 요인 A의 효과
B            2 165.48   82.74  95.944 <2e-16 ***
A:B          2   1.64    0.82   0.950 0.3905
Residuals   90  77.61    0.86
---
Signif. codes:  0 '***' 0.001 '**' 0.01 '*' 0.05 '.' 0.1

> summary(aov(data~A, data))
            Df Sum Sq Mean Sq F value Pr(>F)
A            1   4.41   4.411   1.694 0.196  ← 유의미하지 않은 요인 A의 효과
Residuals   94 244.73   2.604
```

이원분산분석에서는 유의미하게 나타났던 요인 A의 주효과가 요인 B를 무시한 일원분산분석에서는 유의미하게 나타나지 않았다!

그렇다면 애시당초 요인 B를 고려하지 않고 자료를 모은 경우는 어떨까? 그 경우는 요인 A, B를 모두 고려하여 자료를 모은 후 요인 B를 하나로 합쳐서 분석하는 경우와 다를까? 일반적으로 다르다.

만약 우리가 처음부터 요인 B를 고려하지 않았다면, 우리가 추출한 표본 속의 대상들이 가지는 요인 B의 수준은 모집단의 요인 B의 수준의 분포와 비슷할 가능성이 높다(무작위 추출이라는 가정하에서!). 예를 들어서 모집단에서 흡연자와 비흡연자의 구성이 20% 대 80%라면, 우리의 표본에도 그렇게 반영이 될 것이다. 하지만 흡연자와 비흡연자의 두 수준을 정해서 표본크기를 같게 하면, 우리의 표본 속에 흡연자와 비흡연자는 50%씩 구성된다.

따라서 요인 B를 고려하지 않고 요인 A의 효과를 실험할 경우, 모집단에서 A의 수준을 달리했을 때, 차이가 나타나는지를 검증하는 것이다.

반면 요인 A, B를 모두 고려하여 실험결과를 모은 것은(각 조건마다 동일한 수의 관측값을 얻었을 경우에!) 의도적으로 요인 B의 수준에 따른 관찰횟수를 동일하게 만든 것이다. 이때 검증하는 것은 요인 B에 따라 다른 기댓값(평균)의 평균이 차이가 있는지를 검증하는 것이다.

예를 들어 보자. 흡연요인과 정기적인 운동요인이 수명에 미치는 영향을 알고 싶다. 흡연요인의 수준은 (A_1 = 흡연, A_2 = 비흡연)이 있고, 운동요인은 (B_1 = 전혀 하지 않음, B_2 = 비정기적, B_3 = 정기적)의 세 가지 수준이 있다. 이때, 흡연요인을 무시하고 운동요인별 수명의 차이를 볼 수 있을 것이다. 그것은 흡연요인을 무시하고 운동을 전혀 하지 않거나, 비정기적으로 하거나, 정기적으로 했을 때 수명이 어떤 차이를 보이는지에 관심이 있는 것이다.

반면, 실험적으로 표본의 크기를 같게 해서, 요인 A, B에 따라 자료를 모으고, 분산분석을 통해 요인 B의 주효과를 보는 것은 요인 B에 따라 흡연자의 수

명과 비흡연자의 수명의 평균이 어떻게 변하는지를 보는 것이다. 이 둘의 차이를 좀더 상술해보자.

예를 들어 전체 인구에서 흡연율이 20%라고 생각을 해보자. 그 경우, 우리가 흡연 여부에 대해 고려하지 않고, 무작위로 표본을 추출하면, 우리의 표본 속에도 흡연율이 20% 내외가 될 것이라고 기대할 수 있다. 반면 요인 A, B를 모두 고려하여 표본을 추출할 경우에, 요인 B의 각 수준 속에는 흡연자와 비흡연자가 50%의 비율로 있게 된다.

이 차이를 전체 인구의 모집단 수준에서 비교를 해보자. 흡연자와 비흡연자의 평균 수명은 약간 차이난다. 반면, 흡연자는 운동효과가 그리 크지 않지만, 비흡연자는 운동효과가 커서, 정기적으로 했을 경우 비흡연자의 평균수명이 흡연자의 평균수명보다 3살 더 증가한다면, 운동을 전혀 하지 않은 집단과 운동을 정기적으로 한 집단의 평균 수명의 차이는 다음 그래프의 수직선으로 나타난다. 흡연자의 운동효과는 크지 않지만, 소수이고, 비흡연자의 운동효과는 크고, 다수이기 때문에 운동효과는 비흡연자의 운동효과와 흡연자의 운동효과의 평균보다 크게 나타난다.

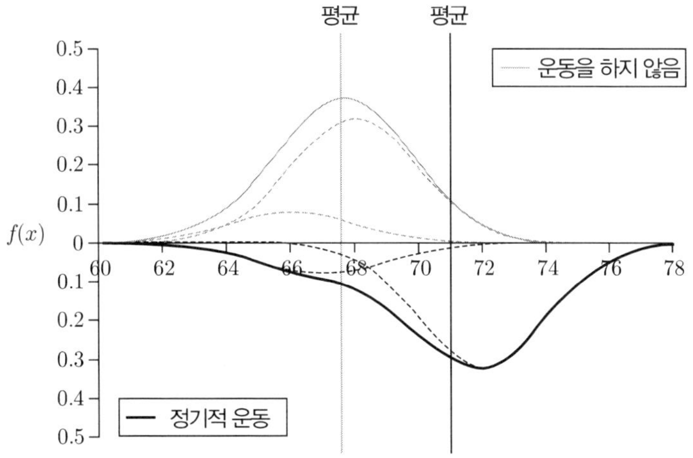

반면 실험적 조건에서는 흡연자와 비흡연자의 비율을 동일하게 맞춘다. 그런 상태를 분포로 표시하면 다음과 같이 나타나고, 그때의 운동효과는 전체 인구에서의 운동효과보다 작아진다.

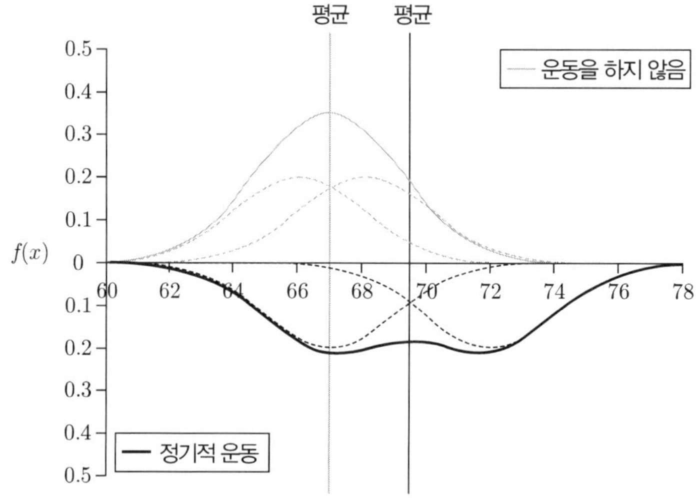

그렇다면 이원조건의 자료에 대해 일원분산분석을 실시하는 것은 언제나 지양해야 할 것인가? 만약 모분산을 알고 있다면 그렇다. 하지만 만약 모분산을 표본을 통해 추정해야 한다면 요인 B를 무시하고 일원분산분석을 실시하는 것이 좀더 나은 결과를 가져오는 경우가 드물게 있다.

모분산을 알고 있을 때, 분산분석을 어떻게 실시하는지에 대해 우선 말해보자. (좀 더 자세한 설명은 "다표본 문제: 이표본 문제의 일반화"를 참조하라.) 분산분석은 기본적으로 모분산을 표본으로 추정한다. 만약 모분산을 알고 있다면, $F-$값의 분모를 알고 있는 모분산(σ^2)으로 놓고, 분모의 자유도를 ∞이라고 놓으면 된다.

만약 모분산을 모른다면, 일반적인 분산분석을 이용하여, $F-$값의 분모에 분산을 추정한 값$\left(\frac{\widehat{\sigma^2}}{\sigma^2}\right)$이 들어가고, 분자에는 전체평균과 집단평균의 차이의 제곱$\left(\frac{\sum_{i=1}^{n}\alpha_i^2}{\sigma^2}\right)$이 들어간다.

$t-$검정은 $F-$검정의 특수한 경우이므로 $t-$검정을 예를 들어보자. $t-$검정은 자유도가 커질수록 신뢰구간은 좁아지고 검정력이 커진다. 여기서 자유도는 모분산을 추정하기 위해 쓰인 자료의 개수이다. 모분산을 추정하기 위해 쓰인 자료의 개수가 많아질수록 분산의 추정치는 정확해지고, 좀더 검정력이 커지는 것이다.

분산분석의 경우에도 모분산을 추정해야 할 경우, 추정하기 위해 쓰인 자료의 개수가 많을수록 모분산의 정확도가 커지고, 검정력이 커진다. 그것은 분산분석의 $F-$값을 구하기 위해 쓰인 분모의 자유도가 커지면, 검정력이 커진다는 의미이다.

요인 B를 무시하고 요인 A에 대한 일원분산분석을 실시하는 것이 도움이 될 수도 있는 것은 그것이 모분산을 추정하기 위해 쓰이는 자료의 개수를 늘려주기 때문이다. 하지만 언제나 그것이 가능한 것은 아니다. 개리 애일러트Gary W. Oehlert(2010)에 따르면, 이원분산분석에서 요인 B의 주효과에 대해 $F-$값이 2보다 작고, 오차항의 자유도가 10 이하일 경우에 사용하면 검정력 증가를 기대해 볼 수 있다고 한다. 즉, 요인 B에 따른 평균의 차이가 크지 않고, 오자의 분산을 추정하기 위해 쓰인 자료의 개수가 너무 작을 경우에는 요인 B를 무시하고 일원분산분석을 실시하는 것이 나을 수도 있다.

요약

실험조건이 이요인으로 되어 있을 때, 하나의 요인을 무시하고 일요인분산분석을 실시하는 것은 검증력의 저하, 정규성 및 등분산성 가정 위배 등의 문제를 가져올 수 있다. 각 조건마다 표본의 수가 동일한 이요인($A \times B$)분산분석에서 요인 A에 대한 주효과는 요인 B의 수준에 따른 모집단의 크기가 동일하다는 가정 하에서 요인 A의 효과를 검증하는 것이다!

■ 참고문헌

Gary W. Oehlert(2010). *A First Course in Design and Analysis of Experiments*.

일원분산분석 대 이원분산분석 II

앞의 논의가 그럴 듯 했는가? 그렇다면 아직 일원분산분석과 이원분산분석의 차이에 대해 정확히 이해하지 못하고 있는 것이다.

우선 이원분산분석의 $\overline{X_{1..}}$과 일원분산분석의 $\overline{X_{1.}}$의 분포가 달라질 수 없다. 왜냐하면, 둘다 같은 방식으로 자료를 모았고, 같은 방식으로 계산을 했기 때문이다!

$$\overline{X_{1..}} = \frac{\sum_{j=1}^{n_j}\sum_{k=1}^{n_k} X_{1jk}}{n_j n_k}, \quad \overline{X_{1.}} = \frac{\sum_{j=1}^{n_j}\sum_{k=1}^{n_k} X_{1jk}}{n_j n_k}$$

그렇다면, $\overline{X_{1..}}$과 $\overline{X_{1.}}$의 분포가 모두 다음과 같이 동일하다.

$$\overline{X_{1..}} \sim N\left(1, \frac{1}{30}\right), \ \overline{X_{1.}} \sim N\left(1, \frac{1}{30}\right)$$

그렇다면, $E(\overline{X_{1.}}) = 0 \ \ Var(\overline{X_{1.}}) = \frac{5}{90}$은 어디에서 온 것인가? 만약 A_1수준에서 표본을 추출할 때, 요인 B를 고려하지 않고, B_1, B_2, B_3외의 다른 수

준은 존재하지 않고, B_1, B_2, B_3일 확률이 동일하다면, $\overline{X_{1.}}$의 분포는 $E(\overline{X_{1.}})=0$, $Var(\overline{X_{1.}})=\frac{5}{90}$이 된다. 정리하면 다음과 같다.

	조건	기댓값	분산	분포형태
$\overline{X_{1.}}$의 분포	B_1, B_2, B_3에 해당하는 표본을 동일하게 10개씩 추출할 때	1	$\frac{1}{30}\approx 0.033$	정규분포
	B_1, B_2, B_3에 해당하는 경우가 동일한 확률로 나타날 때	1	$\frac{5}{90}\approx 0.056$	혼합정규분포

여기에서 중요한 것은 표본을 추출할 때, 어떤 불확실성이 포함되는가이다. 만약 B_1, B_2, B_3이 동일한 수로 추출된다면, B_1, B_2, B_3의 개수가 달라질 수 있는 경우보다 불확실성이 줄어들게 된다. 그것은 $\overline{X_{1.}}$의 분산이 작아짐으로 나타난다.

앞에서는 B_1, B_2, B_3에 해당하는 경우가 동일한 확률로 나타날 때를 가정했으나, 그렇지 않은 경우도 상정해 볼 수 있다. 예를 들어, 모집단에서 B_1, B_2, B_3의 비율이 1:1:1이 아니라, 2:5:3의 비율일 수도 있다. 만약 이런 경우에 요인 B의 수준을 고려하지 않고 표본을 추출한다면, 앞서와는 또 다른 $\overline{X_{1.}}$의 분포를 보일 것이다.

이원분산분석의 주효과 $F-$검정은 일원분산분석의 $F-$검정과 보통 다른 의미를 지닌다. 예를 들어서 모집단에서 B_1, B_2, B_3의 비율이 2:5:3일 때, 요인 A에 대한 일원분산분석 결과는 모집단에서 요인 A에 따른 평균의 차이가 있는지를 검증한다. A_1, A_2의 평균을 구할 때, B_1, B_2, B_3의 비율은 평균적으로 2:5:3이 된다.

반면 요인 A, B에 대한 이원분산분석에서 요인 A의 주효과검정은 모집단에서 B_1, B_2, B_3의 비율이 1:1:1이라고 가정하고, A_1, A_2의 평균의 차이를 검정하는 것과 비슷하다. 만약 모집단의 B_1, B_2, B_3의 비율(2:5:3)을 사용하여, 모집단에서 A_1, A_2의 평균의 차이를 검정하려 한다면, 대비 검정을 실시해야 한다. 다음의 영가설은 모집단(B_1, B_2, B_3의 비율=2:5:3)에서 A_1, A_2의 평균의 차이를 검정한다.

$$H_0:\ \frac{2}{7}A_1B_1+\frac{5}{7}A_1B_2+\frac{3}{7}A_1B_3-\frac{2}{7}A_2B_1-\frac{5}{7}A_2B_2-\frac{3}{7}A_2B_3\ =0$$

만약 A_1인 경우와 A_2인 경우에 B_1, B_2, B_3의 비율이 달라진다면, 그것을 반영하여 대비 검정을 실시할 수도 있다.

이원분산분석의 주효과와 이원분산분석 자료에 대한 일원분산분석은 검증하는 바가 같지만, 검증력에서 차이가 난다. 왜냐하면 분산에 대한 추정값으로 이원 분산분석은 요인별 평균을 쓰지만, 일원 분산분석은 전체 평균을 사용하기 때문이다. 분산이 작을수록 검증력이 커진다.

$$\hat{\sigma}=\frac{\sum_{j=1}^{n_j}\sum_{k=1}^{n_k}(X_{1jk}-\overline{X_{1j.}})^2}{n_j n_k}\quad \text{(두 요인을 모두 고려한 평균)}$$

$$\hat{\sigma}=\frac{\sum_{j=1}^{n_j}\sum_{k=1}^{n_k}(X_{1jk}-\overline{X_{1..}})^2}{n_j n_k}\quad \text{(한 요인을 무시한 평균)}$$

요약

이원분산분석의 주효과와 이원분산분석 자료에 대한 일원분산분석은 검증하는 바가 같지만, 검증력에서 차이가 난다. 반면 이원분산분석 자료에 대한 일원분산분석과 처음부터 한 가지 요인만을 고려하여 모은 자료에 대한 일원분산분석은 검정하는 바가 다르다.

이원분산분석의 주효과와 상호작용효과

이원분산분석에서 주효과와 상호작용효과는 전체 실험 결과를 염두에 두고 해석되어야 한다. 다음의 예를 보자.

실험계획은 이렇다. 운동량과 식사량이 체중에 미치는 영향을 연구하기 위해 최대한 비슷한 체중의 피험자들(예. 남자, 70kg)을 선별하여 운동량과 식사량을 상/중/하로 40일간 유지한 후 체중의 변화를 측정하였다.

이원분산분석의 집단의 수는 두 요인의 수준의 개수에 의해 결정된다. 앞의 예에서 요인 1은 운동량(상/중/하), 요인 2는 식사량(상/중/하)임으로, 집단의 개수는 $3 \times 3 = 9$가 된다.

이때 운동량의 주효과 검증을 위한 영가설은 다음과 같다.[52]

$$H_0:\ \frac{\sum_{j=1}^{3}\mu_{1j}}{3} = \frac{\sum_{j=1}^{3}\mu_{2j}}{3} = \frac{\sum_{j=1}^{3}\mu_{3j}}{3}$$

---

52) 일반적인 이원분산분석의 첫 번째 요인의 주효과 검정에서 영가설은 다음과 같다.

$$H_0:\ \frac{\sum_{j=1}^{n_j}\mu_{1j}}{n_j} = \frac{\sum_{j=1}^{n_j}\mu_{2j}}{n_j} = \cdots = \frac{\sum_{j=1}^{n_j}\mu_{n_i j}}{n_j}$$

(n_i: 첫 번째 요인의 수준의 수)
(n_j: 두 번째 요인의 수준의 수)

여기서 μ_{11}은 운동량 하, 식사량 하인 집단의 평균, μ_{12}는 운동량 하, 식사량 중인 집단의 평균이다.

위의 영가설은 "식사량이 하/중/상일 때, 체중변화의 평균이 다르지 않다." 라고 말할 수 있다. 그런데 여기서 유의해서 봐야 할 점은 운동량이 하/중/상로 변할 때, 그것이 적용되는 집단의 성격이다. 우리는 "일원분산분석 대 이원분산분석"에서 흡연의 집단적 효과가 그 집단의 성격(정기적으로 운동을 하는 사람과 그렇지 않는 사람의 비율)에 따라 달라질 수 있음을 보았다. 마찬가지로 요인 1(운동량)의 주효과를 검정할 때, 집단의 성격에 따라 그 결과가 달라질 수 있다. 위의 예에서 운동량 하/중/상 집단은 $\frac{1}{3}$의 식사량이 하이고, $\frac{1}{3}$의 식사량이 중이고, $\frac{1}{3}$의 식사량이 상인 집단이다.

이원분산분석에서 집단들은 두 요인의 수준에 의해 결정된다. 주효과란 집단들을 요인 1(혹은 요인 2)을 기준으로 나눴을 때, 그들의 평균의 차이를 의미한다. 다시 위의 예(운동량과 식사량이 체중에 미치는 영향 실험)를 보자. 우리는 모든 집단(운동량 하×식사량 하, 운동량 하×식사량 중, 운동량 하×식사량 상, 운동량 중×식사량 하, 운동량 중×식사량 중, 운동량 중×식사량 상, 운동량 상×식사량 하, 운동량 상×식사량 중, 운동량 상×식사량 상)을 요인 1(운동량)을 기준으로 운동량 하, 운동량 중, 운동량 상으로 나눌 수 있다. 운동량 하 집단에는 세 집단(운동량 하×식사량 하, 운동량 하×식사량 중, 운동량 하×식사량 상)이 합쳐진다. 그리고 이 운동량 하 집단의 평균을 구할 수 있을 것이다. 이렇게 구한 운동량 하, 운동량 중, 운동량 상 집단의 평균에 차이가 있는지를 검증하는 것이 요인 1(운동량)의 주효과를 검증하는 것이다. 여기서 유의하자. 운동량 하 집단에 합쳐지는 집단들의 수와 성격은 요인 2가 무엇이고, 그 수준을 어떻게 정했느냐에 따라 달라진다.

"일반적[53]으로 운동량이 하/중/상로 달라졌을 때 체중의 변화가 어떻게 될

53) 무작위로 사람들을 뽑았을 때, 혹은 모든 사람들을 대상으로 했을 때

것인가?"가 관심사라면 이원분산분석의 주효과는 적절한 대답이 될 수 없을 수도 있다. 그것은 우리가 가지고 있는 집단은 $\frac{1}{3}$의 식사량이 하이고, $\frac{1}{3}$의 식사량이 중이고, $\frac{1}{3}$의 식사량이 상인 집단이고, 우리가 관심을 가지고 있는 모집단(모든 사람들)의 식사량은 그것과 다를 수 있기 때문이다. ("일원분산분석 대 이원분산분석" 참조) 만약 두 요인이 일상적인 생활과 동떨어진 것이라면 이런 문제에서 자유롭다. 예를 들어 두 요인이 "신약 A 복용"과 "신약 B 복용"일 때를 생각해보라.

따라서 이원분산분석의 주효과를 해석할 때 주의해야 한다. 이원분산분석의 주효과는 다른 요인과 그 수준이 어떠하냐에 따라 달라질 수 있다.

위의 예에서 운동량(요인 1)의 효과가 식사량에 따라 달라진다면 운동량의 주효과를 해석할 때, 식사량(요인 2)의 수준에 대해 고려할 필요가 있었다. 하지만 운동량의 효과가 식사량에 따라 달라지지 않는다면 운동량의 주효과를 해석하는 데, 식사량을 고려할 필요가 없다. 그것은 집단의 식사량이 하 $\frac{1}{3}$, 중 $\frac{1}{3}$, 상 $\frac{1}{3}$일 때나, 하 $\frac{1}{2}$, 중 $\frac{1}{4}$, 상 $\frac{1}{4}$일 때나 운동량에 의한 집단의 평균의 차이가 동일하다는 의미이다.

가법 모형additive model은 이런 상황을 모형화한다. 두 요인은 서로 영향을 주지 않는다. 만약 운동량이 상일 때 운동량 중인 경우보다 체중의 변화가 2kg 더 작았다면, 그것은 식사량이 어떤 수준이던지 상관이 없이 동일하게 나타난다. 식으로는 다음과 같이 쓸 수 있다.

$$\mu_{ij} = \mu + \alpha_i + \beta_j$$

μ는 모든 집단의 전체 평균, μ_{ij}는 요인 1이 i번째 수준이고, 요인 2가 j번째 수준인 집단의 평균이다. α_i는 요인 1이 i번째 수준인 집단의 평균과 전체 평균의 차이, β_j는 요인 2가 j번째 수준인 집단의 평균과 전체 평균의 차이를 나타낸다. 요인 1의 i번째 수준의 효과는 요인 2의 수준에 관계없이 집단 평균을 α_i만큼

상승시킨다.

다음 가상의 자료와 그래프를 보자.

운동량(하/중/상)과 식사량(하/중/상)에 따른 체중의 변화(kg)의 평균

운동량 식사량	하	중	상	평균
하	−4	−1.5	−0.5	−3
중	−3	−0.5	0.5	1
상	1	3.5	4.5	2
평균	−2	0.5	1.5	

이 표를 보면 운동량 하, 식사량 하 집단의 4주 후 체중의 변화의 평균이 −4kg임을 알 수 있다. 이 표를 그래프로 그려보면 다음과 같다.

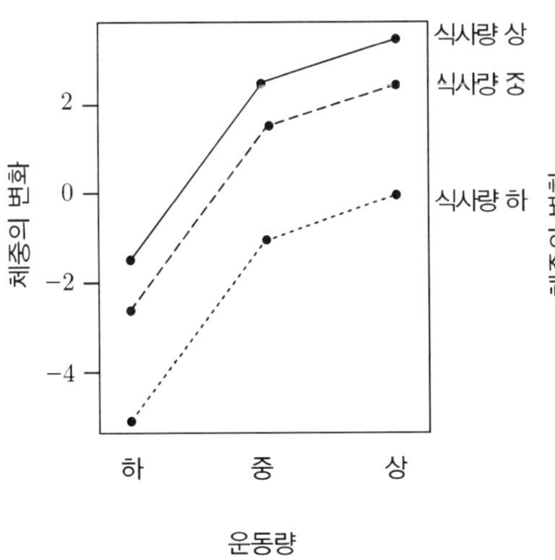

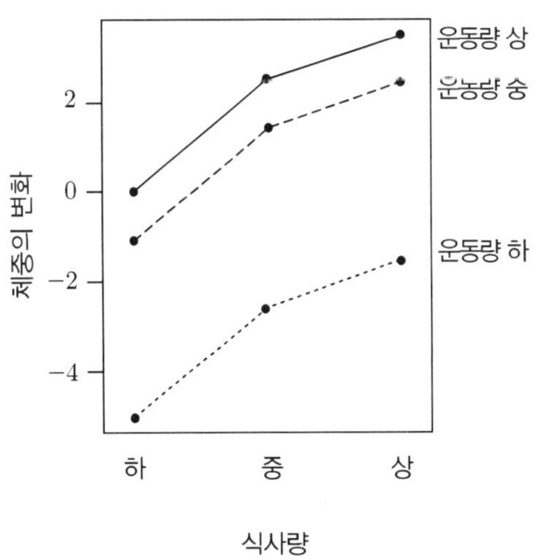

그림에서 왼쪽은 식사량의 수준별로 운동량이 변함에 따라 체중의 변화의 평균이 어떻게 달라지는지를 보여주며, 오른쪽은 운동량의 수준별로 식사량이 변함

에 따라 체중의 변화의 평균이 어떻게 달라지는지를 보여준다. 이 두 상호작용그림은 앞의 표(운동량(하/중/상)과 식사량(하/중/상)에 따른 체중의 변화(kg)의 평균)의 모든 자료를 그래프에 서로 다른 방식으로 나타낸 것이다. 여기서 주목할 점은 두 그래프 모두 모든 선이 평행하게 나타난다는 것이다. 그것은 한 요인의 효과가 다른 요인의 수준에 상관없이 동일하게 나타나기 때문이다.

그에 반해 상호작용이란 요인의 효과가 다른 요인의 수준에 따라 달라지는 것을 의미한다. 그것을 식으로 나타내면 다음과 같다.

$$\mu_{ij} = \mu + \alpha_i + \beta_j + (\alpha \times \beta)_{ij}$$

여기서 주의할 것은 $(\alpha \times \beta)_{ij}$는 $\alpha_i \times \beta_j$가 아니라는 것이다. 흔히 오해하는 것이 상호작용 항 $(\alpha \times \beta)_{ij}$이 두 주효과의 곱 $(\alpha_i \times \beta_j)$과 어떤 관련이 있다고 생각하는 것이다. 하지만 그것은 틀린 생각이다. 두 주효과의 곱 $(\alpha_i \times \beta_j)$는 두 주효과 α_i, β_j가 결정되면 자동적으로 결정되는 값이다. 따라서 $\alpha_i \times \beta_j$에는 어떤 자유도 없다.

반면 상호작용 항 $(\alpha \times \beta)_{ij}$는 i, j에 따라 제약없이 달라질 수 있는 값이다. 사실 $(\alpha \times \beta)_{ij}$는 γ_{ij}라고 써도 무방하다. 중요한 것은 첨자 i, j이다. 상호작용 항은 집단마다 다른 값을 가질 수 있어야 한다. 그럼에도 $(\alpha \times \beta)_{ij}$를 쓰는 이유는 단지 두 주효과를 α, β로 썼을 때, 두 주효과의 합으로 설명하지 못하는 효과를 의미하기 위함이다.

다음의 상호작용 그림을 보자. 여기서 가법 모형에서 벗어나는 부분(평행에서 어긋나는 부분)이 상호작용이다.

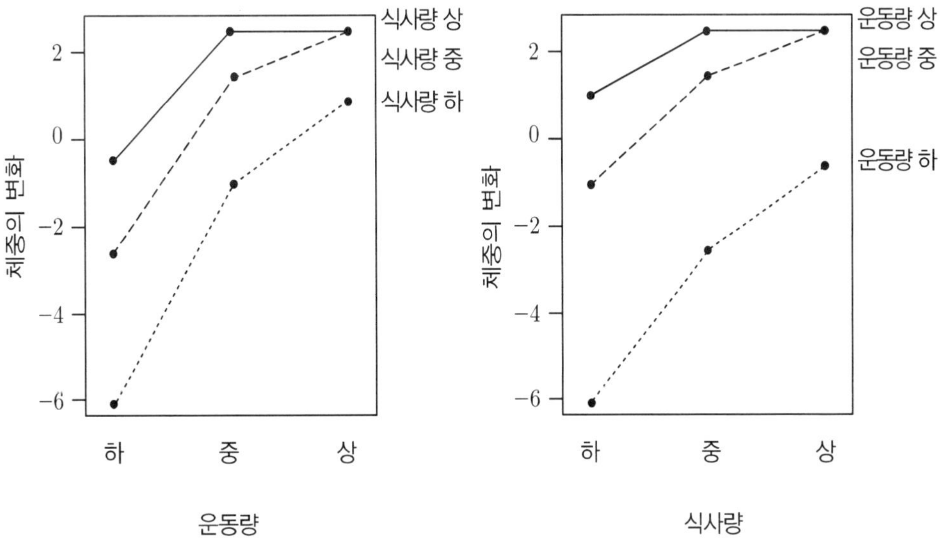

이원분산분석에서 상호작용을 검증한다는 의미에 대해 알아보자. 우리가 얻을 수 있는 자료는 언제나 표본이다. 그리고 우리가 어떤 표본을 얻을 것인지는 상당 부분 우연에 의해 결정된다. 모집단 수준에서 상호작용이 없을 때(가법 모형을 따를 때)에도 표본평균들은 우연에 의해 가법 모형에서 벗어나는(상호작용 효과가 0이 아닌) 패턴을 보인다. 그것은 표본평균이 항상 모평균과 일치하지 않는 것과 유사하다. 따라서 표본 상호작용 효과가 모 상호작용 효과에 의한 것인지, 아니면 단지 표본추출에 따른 우연의 결과인지를 검증할 필요가 있고, 그것이 이원분산분석에서 상호작용을 검증하는 것이다.

요약

이원분산분석에서 첫 번째 요인의 주효과는 두 번째 요인의 종류와 수준에 따라 달라질 수 있다. 이원분산분석에서 상호작용효과는 두 요인의 종류와 수준에 따라 달라질 수 있다.

이원분산분석에서 상호작용 효과검정은 모든 i, j에 대해 $(\alpha \times \beta)_{ij} = 0$라는 영가설을 검정하는 것이다. 만약 주어진 자료가 $(\alpha \times \beta)_{ij}=0$일 때 나타나기 힘든 경우에 상호작용 효과에 대해 유의미하다고 결론을 내린다. 그것은 하나 이상의 μ_{ij}를 전체 평균과 주효과의 합($\mu+\alpha_i+\beta_j$)으로 나타낼 수 없음을 의미한다.

다표본 문제: 이표본 문제의 일반화

이표본 문제에서는 다음의 영가설을 검증한다.

$$H_0 : \mu_1 = \mu_2$$

만약 공통의 모분산(σ^2)을 알고 있다면, 다음의 표본평균의 분포를 사용하여 손쉽게 영가설이 참일 때, 두 표본평균의 차이의 분포를 알 수 있다.

$$\overline{X_{1.}} \sim N\left(\mu_1, \frac{\sigma^2}{n_1}\right), \ \overline{X_{2.}} \sim N\left(\mu_2, \frac{\sigma^2}{n_2}\right)$$

$$\Downarrow$$

$$\overline{X_{1.}} - \overline{X_{2.}} \sim N\left(\mu_1 - \mu_2 (= 0), \frac{\sigma^2}{n_1} + \frac{\sigma^2}{n_2}\right)$$

만약 공통의 모분산을 모른다면, 다음의 분포가 성립한다.

$$\overline{X_{1.}} \sim N\left(\mu_1, \frac{\sigma^2}{n_1}\right), \ \overline{X_{2.}} \sim N\left(\mu_2, \frac{\sigma^2}{n_2}\right)$$

$$\Downarrow$$

$$\overline{X_{1.}} - \overline{X_{2.}} \sim N\left(\mu_1 - \mu_2 (= 0), \frac{\sigma^2}{n_1} + \frac{\sigma^2}{n_2}\right)$$

$$s_{sp}^2 \sim \frac{\sigma^2}{n_1 + n_2 - 2} \bullet \chi^2(n_1 + n_2 - 2)$$

$$\Downarrow$$

$$\frac{\overline{X_{1.}} - \overline{X_{2.}}}{\sqrt{\frac{\sigma^2}{n_1} + \frac{\sigma^2}{n_2}}} = \frac{\overline{X_{1.}} - \overline{X_{2.}}}{\sigma\sqrt{\frac{1}{n_1} + \frac{1}{n_2}}} \sim N(\mu_1 - \mu_2 (= 0), 1)$$

$$\frac{s_{sp}^2}{\sigma^2} \sim \frac{\chi^2(n_1 + n_2 - 2)}{n_1 + n_2 - 2}$$

$$\Downarrow$$

$$\frac{\overline{X_{1.}} - \overline{X_{2.}}}{\sigma\sqrt{\frac{1}{n_1} + \frac{1}{n_2}}} \Big/ \left(\frac{s_{sp}}{\sigma}\right) \sim t(n_1 + n_2 - 2)$$

$$\Downarrow$$

$$\frac{\overline{X_{1.}} - \overline{X_{2.}}}{\sqrt{\frac{1}{n_1} + \frac{1}{n_2}}} \Big/ s_{sp} \sim t(n_1 + n_2 - 2)$$

이제 모집단이 세 개가 있고, 각 모집단에서 표본을 추출했을 때, 다음의 영가설을 어떻게 검증할 것인가?

$$H_0 : \mu_1 = \mu_2 = \mu_3$$

먼저, 이표본 문제에서와 같이 모분산을 알고 있을 때를 생각해보자. 만약 $\mu_1 = \mu_2 = \mu_3$이 성립한다면, (영가설이 참일 때) 다음이 성립한다. μ_1, μ_2, μ_3를 모두 μ라고 놓자.

$$\overline{X_{1.}} \sim N\left(\mu, \frac{\sigma^2}{n_1}\right),\ \overline{X_{2.}} \sim N\left(\mu, \frac{\sigma^2}{n_2}\right),\ \overline{X_{3.}} \sim N\left(\mu, \frac{\sigma^2}{n_3}\right)$$

$$\Downarrow$$

$$\frac{\overline{X_{1.}} - \mu}{\sqrt{\sigma^2/n_1}} \sim N(0,1),\ \frac{\overline{X_{2.}} - \mu}{\sqrt{\sigma^2/n_2}} \sim N(0,1),\ \frac{\overline{X_{3.}} - \mu}{\sqrt{\sigma^2/n_3}} \sim N(0,1)$$

$$\Downarrow$$

$$\frac{(\overline{X_{1.}} - \mu)^2}{\sigma^2/n_1} + \frac{(\overline{X_{2.}} - \mu)^2}{\sigma^2/n_2} + \frac{(\overline{X_{3.}} - \mu)^2}{\sigma^2/n_3} \sim \chi^2(3)$$

$$\Downarrow$$

$$\frac{n_1(\overline{X_{1.}} - \mu)^2}{\sigma^2} + \frac{n_2(\overline{X_{2.}} - \mu)^2}{\sigma^2} + \frac{n_3(\overline{X_{3.}} - \mu)^2}{\sigma^2} \sim \chi^2(3)$$

$$\Downarrow$$

$$\frac{n_1(\overline{X_{1.}} - \overline{X_{..}})^2 + n_2(\overline{X_{2.}} - \overline{X_{..}})^2 + n_3(\overline{X_{3.}} - \overline{X_{..}})^2}{\sigma^2} \sim \chi^2(3-1)$$

위의 마지막 식은 집단마다 공통의 표본크기($n_1 = n_2 = n_3 = n$)를 가정했을 때, 다음과 같다.

$$\frac{n[(\overline{X_{1.}} - \overline{X_{..}})^2 + (\overline{X_{2.}} - \overline{X_{..}})^2 - (\overline{X_{3.}} - \overline{X_{..}})^2]}{\sigma^2}$$

대괄호 안의 식을 보면, 표본평균의 표본분산을 구하는 식의 분자와 동일하다. 이제 집단별 공통 분산의 추정치와 관련된 값의 분포를 구해보자.

$$X_{1j} \sim N(\mu, \sigma^2),\ X_{2j} \sim N(\mu, \sigma^2),\ X_{3j} \sim N(\mu, \sigma^2)$$

$$\Downarrow$$

$$\frac{\sum_{j=1}^{n_1}(X_{1j}-\overline{X_{1.}})^2}{\sigma^2} \sim \chi^2(n_1-1),\quad \frac{\sum_{j=1}^{n_2}(X_{2j}-\overline{X_{2.}})^2}{\sigma^2} \sim \chi^2(n_2-1),\quad \frac{\sum_{j=1}^{n_3}(X_{3j}-\overline{X_{3.}})^2}{\sigma^2} \sim \chi^2(n_3-1)$$

$$\Downarrow$$

$$\frac{\sum_{i=1}^{3}\sum_{j=1}^{n_i}(X_{ij}-\overline{X_{i.}})^2}{\sigma^2} \sim \chi^2\left(\sum_{i=1}^{3}n_i-3\right)$$

앞에서 구한 다음의 두 분포의 비의 분포는 아래와 같이 구할 수 있다.

$$\frac{\sum_{i=1}^{3}\sum_{j=1}^{n_i}(X_{ij}-\overline{X_{i.}})^2}{\sigma^2} \sim \chi^2(\sum_{i=1}^{3}n_i-3),\quad \frac{n_1\left(\overline{X_{1.}}-\overline{X_{..}}\right)^2+n_2\left(\overline{X_{2.}}-\overline{X_{..}}\right)^2+n_3\left(\overline{X_{3.}}-\overline{X_{..}}\right)^2}{\sigma^2} \sim \chi^2(3-1)$$

$$\Downarrow$$

$$\frac{\dfrac{\sum_{i=1}^{3}n_i(\overline{X_{i.}}-\overline{X_{..}})^2}{\sigma^2}\Big/(3-1)}{\dfrac{\sum_{i=1}^{3}\sum_{j=1}^{n_i}(X_{ij}-\overline{X_{i.}})^2}{\sigma^2}\Big/\left(\sum_{i=1}^{3}n_i-3\right)} = \frac{\sum_{i=1}^{3}n_i(\overline{X_{i.}}-\overline{X_{..}})^2/(3-1)}{\sum_{i=1}^{3}\sum_{j=1}^{n_i}(X_{ij}-\overline{X_{i.}})^2\Big/\left(\sum_{i=1}^{3}n_i-3\right)} \sim F\left(3-1, \sum_{i=1}^{3}n_i-3\right)$$

앞에서 $t-$분포는 자유도가 무한히 커질수록 $N(0,\ 1)$에 수렴한다고 하였다. $F-$분포의 경우에도 $F(df_1,\ df_2)$에서 분모의 자유도(df_2)가 무한히 커지면 $\chi^2(df_1)$ 분포에 수렴한다. 따라서 이표본 문제와 다표본 문제에 있어서 모분포의 공통 분산을 알 때와 모를 때 사용하는 분포를 다음과 같이 정리해 볼 수 있다.

	모분산(σ)을 알 때	모분산을 모를 때
이표본 문제	$\dfrac{\overline{X_{1.}}-\overline{X_{2.}}}{\sigma\sqrt{\dfrac{1}{n_1}+\dfrac{1}{n_2}}} \sim N(0,1)$ 또는 $t(\infty)$	$\dfrac{\overline{X_{1.}}-\overline{X_{2.}}}{s_{sp}\sqrt{\dfrac{1}{n_1}+\dfrac{1}{n_2}}} \sim t(n_1+n_2-2)$
다표본 문제 (모집단의 수: g)	$\dfrac{\sum_{i=1}^{g} n_i(\overline{X_{i.}}-\overline{X_{..}})^2/(g-1)}{\sigma^2}$ $\sim \chi^2(g-1)/(g-1)$ 또는 $F(g-1,\ \infty)$	$\dfrac{\sum_{i=1}^{g} n_i(\overline{X_{i.}}-\overline{X_{..}})^2/(g-1)}{s_{sp}^2}$ $\sim F\left(g-1, \sum_{i=1}^{g} n_i - g\right)$

요약

결국은 다음의 $F-$분포를 위의 모든 경우(모분산을 알 때, 모를 때, 모집단의 수가 2개이거나 3개 이상일 때)에 대해 활용할 수 있다.

$$\frac{\sum_{i=1}^{g} n_i(\overline{X_{i.}}-\overline{X_{..}})^2/(g-1)}{s_{sp}^2} \sim F\left(g-1, \sum_{i=1}^{g} n_i - g\right)$$

만약 이분포라면 $g=2$인 경우이고, 모분산을 안다면 $s_{sp}^2=\sigma^2$이고, $F\left(g-1, \sum_{i=1}^{g} n_i - g\right)$에서 두 번째 자유도인 $\sum_{i=1}^{g} n_i - g$를 대신하여 ∞를 사용하면 $F(g-1, \infty)$이 된다.

분산분석 $F-$ 검정 이후

약한 계통적 오류율weak familywise error은 우리가 관심을 갖고 있는 전체 영가설이 참일 때, 전체 영가설을 기각하는 확률을 의미한다. 전체 영가설은 부분영가설들로 구성되어 있으므로 부분영가설의 관점에서 표현을 하면, 부분영가설들이 모두 참일 때 그 중 하나라도 기각하는 확률이다. 다음을 보라.

$$H_0: \mu_1 = \mu_2 = \mu_3$$

$$H_{01}: \mu_1 = \mu_2, \quad H_{02}: \mu_1 = \mu_3, \quad H_{03}: \mu_2 = \mu_3$$

전체 영가설 H_0은 "집단 1,2,3의 모평균이 모두 같다."이다. 이것은 부분영가설들의 곱으로 나타낼 수 있다. 부분영가설 H_{01}은 "집단 1과 집단 2의 모평균이 같다.", 부분영가설 H_{02}은 "집단 1과 집단 3의 모평균이 같다.", 부분영가설 H_{03}은 "집단 2과 집단 3의 모평균이 같다."로 놓으면, 전체 영가설 H_0는 "H_{01}, H_{02}, H_{03}이 모두 참이다."와 논리적으로 동일하다. 따라서 $H_0: H_{01} \cap H_{02} \cap H_{03}$으로 표시할 수 있다.

H_0가 거짓이면, H_{01}, H_{02}, H_{03} 중 하나는 반드시 거짓이며[54], H_0이 참이면,

54) 이 경우에는 특별하게 두 개 이상이 거짓이다. 하지만 이것은 전체 영가설이 "모든 모집단의 평균이

H_{01}, H_{02}, H_{03}는 모두 참이다. 반대로 H_{01}, H_{02}, H_{03}가 모두 참이면 H_0가 참이고, H_{01}, H_{02}, H_{03} 중 하나 이상이 거짓이면, H_0은 거짓이다.

일원분산분석 $F-$검정은 약한 계통적 오류율을 통제하기 위해 실시한다. 그리고 일원분산분석 $F-$검정에서 기각하게 되면, 우리는 "모든 모평균이 같지 않다."라고 결론을 내린다.

예를 들어 위의 전체 영가설 H_0에 대해 유의수준 α에서 일원분산분석 $F-$검정을 실시하면, 집단 1,2,3의 모평균이 모두 같을 때, 전체 영가설 H_0를 기각하여 "집단 1,2,3의 모평균이 모두 같지 않다."라고 결론을 내릴 확률이 α가 되도록 통제하는 것이다. 문제는 "집단 1,2,3의 모평균이 모두 같지는 않다."라는 결론(유의수준 α)을 내렸을 때, 그 중 어느 모평균이 서로 다른지에 대해서 일원분산분석 $F-$검정은 말해주지 않는다는 것이다. 전체 영가설이 참이 아니라면 적어도 하나 이상의 모평균이 나머지 모평균과 달라야 한다.

여기까지의 논의를 잠깐 정리를 해보자. 여러 개의 모평균을 비교할 때, 표본평균을 가지고 $t-$검정을 여러 번 실시하는 것은 1종 오류율을 증가시킨다. 여기서 1종 오류율은 검증하고자 하는 여러 개의 모평균이 모두 같을 때, 그들 중 하나라도 다르다고 결론을 내릴 확률을 얘기한다. 이것이 앞서 말한 약한 계통적 오류율이다. 따라서 1종 오류율(약한 계통적 오류율)의 증가를 막기 위해 일원분산분석 $F-$검정을 실시한다.[55)]

하지만 여기서 문제는 앞서 봤듯이 $F-$검정 결과로 전체 영가설을 기각할

동일하다."라고 표시할 수 있기 때문이다. 일반적인 경우에 전체 영가설이 부분영가설들의 곱으로 나타나는 경우 하나의 부분영가설이 거짓이라고, 나머지 하나가 반드시 거짓이 되지 않는다. 다음의 예를 비교해 보자.
전체 영가설 $H_0: \mu_1 = \mu_2 = \mu_3$에서 $\mu_1 \neq \mu_2$일 때, 반드시 $\mu_2 \neq \mu_3$이거나, $\mu_1 \neq \mu_3$이다(그렇지 않은 경우를 생각해보라. 없다!). 하지만 전체 영가설 $H_0: \mu_1 = \mu_2$ 그리고 $\mu_3 = \mu_4$ 그리고 $\mu_5 = \mu_6$의 경우에는 $\mu_1 \neq \mu_2$라고 $\mu_3 \neq \mu_4$ 혹은 $\mu_5 \neq \mu_6$여야 할 이유가 없다.

55) 전체 영가설 $H_0: \mu_1 = \mu_2 = \mu_3$을 생각할 때 1종 오류율은 H_0가 참임에도 H_0를 기각하는 확률이다. 반면 부분영가설 H_{01}, H_{02}, H_{03}를 생각한 해 H_{01}, H_{02}, H_{03}가 모두 참임에도 그 중 하나를 기각하는 확률이 약한 계통적 오류율이다. $H_0 \Leftrightarrow H_{01}$, H_{02}, H_{03}이므로 이 둘은 같게 된다.

때, 어떤 부분영가설들을 기각해야 할지 모른다는 것이다. 그에 따라 여러 사람들이 $F-$검정 기각 이후에 자료를 어떻게 분석해야 할지에 대해 연구했다.

가장 쉬운 방법은 피셔의 통제된 최소유의차이법Protected Least Significant Difference (Protected LSD)이다. 피셔가 제안한 이 방법은 먼저 유의수준 α에서 일원분산분석 $F-$검정을 실시한 후, 기각된 경우에 한해, 유의수준 α에서 표본평균 쌍별로 $t-$검정을 실시한다. 하지만 만약 분산분석 $F-$검정을 기각하지 못할 경우에는 $t-$검정을 실시하지 않는다.

피셔의 보호된 최소유의차이방법은 약한 계통적 오류율을 통제한다. 하지만 강한 계통적 오류율은 통제하지 못한다.

피셔의 보호된 최소유의차이방법Fisher's Protected LSD(Least Significant Difference)은 n개의 모평균을 표본평균을 통해 비교할 때, 먼저 유의수준 α_{fw}에서 분산분석 $F-$검정을 실시한 후, 유의미한 결과가 나왔을 때, $\dfrac{n(n-1)}{2}$개의 모평균 쌍에 대해 유의수준 $\alpha_c = \alpha_{fw}$에서 $t-$검정을 실시한다. 여기서 유의할 점은 $F-$검정의 유의수준과 $t-$검정의 유의수준이 같다는 것이다. 첫 번째 $F-$검정에 의해 모든 모평균이 같다는 전체 영가설에 대한 1종 오류율은 α_{fw}로 통제된다. 따라서 부분영가설에 대한 약한 계통적 오류율도 α_{fw}로 통제된다.

다음의 자료를 보자.

j	x_{1j}	x_{2j}	x_{3j}	x_{4j}
1	4.9	5.5	4.2	5.2
2	4.9	5.8	3.2	4.6
3	3.5	6.3	4.9	4.9
4	4.8	5.2	3.8	4.2
5	5.8	5.2	2.2	5.5
표본평균	4.78	5.6	3.66	4.88
표본분산	0.82	0.22	1.05	0.26

산포도와 상자그림은 다음과 같다. 여기서 네 집단의 모분산이 모두 같은지에 대해 의심이 생길 수도 있지만, 여기서는 모분산이 모두 같다는 것을 미리 알고 있다고 하자. 이때 네 집단의 합동모분산에 대한 추정치는 $\frac{4\times0.82+4\times0.22+4\times1.05+4\times0.26}{16}=0.59$가 되고, 이때 사용된 자유도는 16이다.

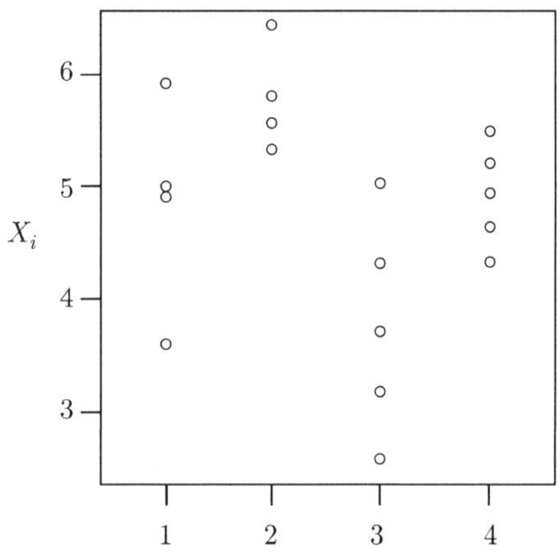

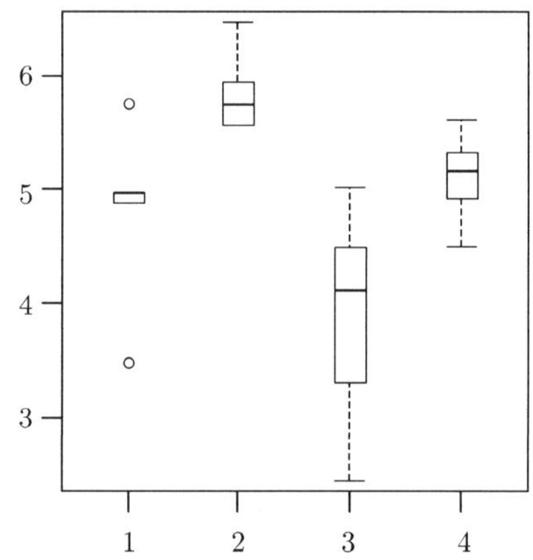

분산분석 $F-$검정결과 $p-$값은 0.03이 나왔다. 따라서 유의수준 0.05에서 영가설 $H_0: \mu_1=\mu_2=\mu_3=\mu_4$를 기각할 수 있다. 이제 $\frac{4\times3}{2}$개의 부분영가설 $(\mu_1=\mu_2,\ \mu_1=\mu_3,\ \cdots,\ \mu_3=\mu_4)$에 대해 유의수준 0.05에서 $t-$검정을 실시한다. 이때, 모분산에 대한 추정치로는 합동분산을 사용한다. 피셔의 최소유의차이방법은 모분산이 동일함을 가정한다. 결과는 다음과 같다.

영가설	$\overline{x_{i.}}-\overline{x_{i'.}}$	$p-$값
$\mu_1=\mu_2$	4.78−5.6=−0.82	0.10
$\mu_1=\mu_3$	4.78−3.66=1.12	0.03
$\mu_1=\mu_4$	4.78−4.88=−0.1	0.83
$\mu_2=\mu_3$	5.6−3.66=1.94	0.00
$\mu_2=\mu_4$	5.6−4.88=0.72	0.14
$\mu_3=\mu_4$	3.66−4.88=−1.22	0.02

이 방법의 문제는 한 모집단의 평균이 나머지 집단의 모평균보다 훨씬 커질 때 나타난다. 위의 예에서 첫 번째 집단의 모평균이 굉장히 커서 다음과 같은 자료가 나타났다고 하자.

j	x_{1j}	x_{2j}	x_{3j}	x_{4j}
1	14.9	5.5	4.2	5.2
2	14.9	5.8	3.2	4.6
3	13.5	6.3	4.9	4.9
4	14.8	5.2	3.8	4.2
5	15.8	5.2	2.2	5.5
평균	14.78	5.6	3.66	4.88

이 경우 유의수준 0.05에서 분산분석 $F-$검정을 하면 확실히 "기각"이다. 왜냐하면 자료가 확실히 $H_0: \mu_1 = \mu_2 = \mu_3 = \mu_4$가 거짓임을 나타내고 있기 때문이다. μ_1은 μ_2, μ_3, μ_4보다 현저히 큰 것으로 짐작된다. 이 상태에서 유의수준을 그대로 놓고 모평균 쌍에 대해 $t-$검정(피셔의 최소유의차이방법)을 한 결과는 다음과 같다.

영가설	$\overline{x_{i.}} - \overline{x_{i'.}}$	$p-$값
$\mu_1 = \mu_2$	14.78-5.6=9.18	**0.00**
$\mu_1 = \mu_3$	14.78-3.66=11.12	**0.00**
$\mu_1 = \mu_4$	14.78-4.88=9.9	**0.00**
$\mu_2 = \mu_3$	5.6-3.66=1.94	0.00
$\mu_2 = \mu_4$	5.6-4.88=0.72	0.14
$\mu_3 = \mu_4$	3.66-4.88=-1.22	0.02

6개의 부분영가설 중 5개의 영가설이 기각되었다!

여기서 이 방법을 따를 때, 영가설 $\mu_2 = \mu_3 = \mu_4$의 1종 오류율을 생각해보자. 영가설 $\mu_2 = \mu_3 = \mu_4$의 기각여부는 부분영가설들($\mu_2 = \mu_3$, $\mu_2 = \mu_4$, $\mu_3 = \mu_4$)의 기각여부에 의해 결정되는데, 유의수준을 0.05로 잡았으므로, 영가설 $\mu_2 = \mu_3 = \mu_4$의 1종 오류율(즉, $\mu_2 = \mu_3 = \mu_4$이 참일 때, $\mu_2 = \mu_3$, $\mu_2 = \mu_4$, $\mu_3 = \mu_4$ 중 하나 이상을 기각하게 되는 확률)은 $1-(1-0.05)^3 \simeq 0.14$가 된다![56]

정리하자면, $H_0: \mu_1 = \mu_2 = \mu_3 = \mu_4$에 대해 피셔의 보호된 최소유의차이방법을 사용하면, $H_0: \mu_1 = \mu_2 = \mu_3 = \mu_4$가 참일 때, $H_0: \mu_1 = \mu_2 = \mu_3 = \mu_4$을 기각하는 1종 오류율은 통제할 수 있지만, 일단 H_0가 기각되었을 때 영가설 $\mu_2 = \mu_3 = \mu_4$에 대한 1종 오류율은 통제할 수 없다.

결론적으로 피셔의 최소유의차이방법은 전체 영가설이 참일 때, 1종 오류율을 통제할 수 있지만, 전체 영가설이 참이 아닐 경우, 전체 영가설의 부분영가설들의 곱으로 이루어진 새로운 전체 영가설에 대하여 1종 오류율을 통제할 수 없다. 특히 중요한 것은 참인 부분영가설들로 이루어진 새로운 전체 영가설에 대해서 1종 오류율을 통제할 수 없다는 점이다.

반면, 전체 영가설의 모든 부분영가설(혹은 그들의 곱)에 대해 1종 오류율을 통제할 수 있을 때, 우리는 "강한 계통적 오류율을 통제한다."고 표현한다. 위의 예에서처럼 4개의 모평균을 비교할 때, 피셔의 최소유의차이방법(유의수준 α_{fw})을 사용하면, 강한 계통적 오류율은 최대 $3 \times \alpha_{fw}$까지 커질 수 있다. 가능한 모든 부분영가설($\mu_1 = \mu_2 = \mu_3$, $\mu_1 = \mu_3 = \mu_4$, $\mu_2 = \mu_3 = \mu_4$, $\mu_1 = \mu_2$, $\mu_1 = \mu_3$, $\mu_1 = \mu_4$, $\mu_2 = \mu_3$, $\mu_2 = \mu_4$, $\mu_3 = \mu_4$)에 대해 1종 오류율의 최대값이 $3 \times \alpha_{fw}$까지 늘어날 수 있다는 의미이다.[57]

---

56) 사실 $\mu_2 = \mu_3$, $\mu_2 = \mu_4$, $\mu_3 = \mu_4$을 검증하기 위해 사용하는 $\overline{X}_{2.} - \overline{X}_{3.}$, $\overline{X}_{2.} - \overline{X}_{4.}$, $\overline{X}_{3.} - \overline{X}_{4.}$가 서로 독립이 아니기 때문에, 오류율은 0.14보다 다소 작아진다.

57) 이것은 부분영가설이 동시에 기각되지 않을 경우 정확한 확률이며, 그렇지 않을 경우에는 과대추정한 값(최대값)이다. "계통적 오율율의 통제: 본페르니의 방법"을 참조하라.

정리를 하자면 약한 계통적 오류율을 통제하는 피셔의 최소유의차이 방법은 나머지 집단의 표본평균들과 현격한 차이를 보이는 표본평균을 검정에 포함시킴으로써 쉽게 무력화되고, 그에 따라 강한 계통적 오류율은 통제되지 않는다. 따라서 피셔의 최소유의차이방법을 사용하려면 최대한 모평균이 비슷한 것이라고 예상되는 집단들만을 검정에 포함시켜야 한다.

요약

피셔의 보호된 최소유의차이방법Fisher's Protected LSD(Least Significant Difference)은 약한 계통적 오류율을 통제한다. 하지만 강한 계통적 오류율은 통제하지 못한다.

강한 계통적 오류율의 통제

약한 계통적 오류율을 통제하는 피셔의 보호된 최소유의차이방법에 대해 살펴보았다. 분산분석 $F-$검정을 통해 약한 계통적 오류율을 통제(피셔의 보호된 최소유의차이 방법의 첫 번째 단계)하는 것은 두 가지 약점이 있다. 첫째, 전체 영가설이 참이 아닌 경우에는 무용지물이 될 수 있고, 둘째, 전체 영가설의 형태가 모든 모평균이 모두 같다($\mu_1 = \mu_2 = \cdots = \mu_n$)는 형태여야 한다.

강한 계통적 오류율을 통제하는 방법은 크게 세 가지로 나눠 볼 수 있다.

1. 본페르니Bonferroni의 방법
2. 시닥Sidak의 방법
3. 튜키Tukey의 방법

여기에서 본페르니의 방법과 시닥의 방법은 전체 영가설의 형태에 제약이 없다. 반면, 튜키의 방법은 검정하는 전체 영가설의 형태가 분산분석 $F-$검정에서와 같이 모든 모평균이 모두 같다($\mu_1 = \mu_2 = \cdots = \mu_n$)는 형태여야 한다.

강한 계통적 오류율은 전체 영가설을 구성하는 부분영가설들 중에서 참인 영가설들만을 모았을 때, 그 중 하나라도 기각하는 확률을 말한다.

앞에서도 살펴보았지만, 계통적 오류율이 증가하는 것은 여러 부분영가설들이 기각되는 경우가 서로 다르기 때문이다. 예를 들어 전체 영가설 H_0가 "H_{01} 그리고 H_{02} 그리고 H_{03} 그리고 H_{04}"일 때, $H_{01}, H_{02}, H_{03}, H_{04}$가 모두 동시에 기각된다고 생각해보자. 그렇다면 H_0의 오류율이나 부분영가설의 오류율이나 동일할 것이다. 반면, H_{01}를 기각하지 못하지만, H_{02}를 기각할 수 있는 경우가 존재할 경우 H_0의 오류율은 영가설 H_{01}의 검정의 유의수준보다 증가하게 된다.

따라서 중요한 것은 $H_{01}, H_{02}, H_{03}, H_{04}$를 모두 기각시키지는 못하지만, 그 중의 일부를 기각시킬 수 있는 확률을 구하는 것이다. 하지만 그 확률을 구하기란 쉽지 않다. 그 확률을 정확히 알 수 없을 때, 그 확률의 최대값을 사용하는 본페르니의 방법을 쓴다. 따라서 실제 오류율은 본페르니 방법으로 구한 오류율보다 낮아질 수 있다. 그런 의미에서 본페르니 방법은 보수적이다. 여기서 보수적이라는 것은 영가설을 기각하는데 보수적이란 의미이다. 우리가 오류율을 적게 허용할수록 영가설을 쉽게 기각하지 못하고, 보수적이 된다. 본페르니 방법을 사용하면 실제 오류율이 우리가 허용하기로 정한 오류율(유의수준)보다 낮아지므로, 본페르니 방법은 보수적인 방법이다.

반면, 시닥의 방법은 두 부분영가설의 검정이 서로 독립임을 가정하여 실제 오류율이 우리가 정한 오류율(유의수준)과 일치하도록 한다.

마지막으로 튜키의 방법은 여러 부분영가설의 공통기각역의 정확한 확률을 계산하여 오류율과 유의수준이 일치하도록 만든다. 그 방법은 뒤에서 설명될 것이다.

요약

강한 계통적 오류율을 통제하는 방법은 전체 영가설의 형태와 공통기각역의 확률에 따라 본페르니(자유형태, 공통기각역의 최대 확률), 시닥(자유형태, 독립), 튜키(모든 모평균이 같다, 공통기각역의 정확한 확률)의 방법으로 구분할 수 있다.

계통적 오류율의 통제: 본페르니의 방법

H_0이 기각되는 경우는 H_{01}, H_{02}, H_{03}, H_{04} 중의 하나 이상의 영가설을 기각할 때이다. 이때 약한 실험별(계통적) 오류율은 H_{01}, H_{02}, H_{03}, H_{04} 모두가 참일 때, H_{01}, H_{02}, H_{03}, H_{04} 중에 하나 이상을 기각하는 확률이 된다.

H_{01}을 기각하는 사건을 R_1이라고 놓고, H_{02}을 기각하는 사건을 R_2, 일반적으로 H_{0k}을 기각하는 사건을 R_k라고 놓자. 그러면 H_{01}, H_{02}, H_{03}, H_{04}의 비교별 오류율은 각각 $P(R_1|H_{01})$, $P(R_2|H_{02})$, $P(R_3|H_{03})$, $P(R_4|H_{04})$로 표시할 수 있다. 그리고 H_{02}, H_{03}, H_{04}의 참, 거짓이 H_{01}의 검정에 아무런 영향을 주지 않는다면, 다음의 등식이 성립한다.

$$P(R_1|H_{01}) = P(R_1 | H_{01} \cap H_{02} \cap H_{03} \cap H_{04}) = P(R_1 | H_0)$$

이때 H_0의 실험별(계통적) 오류율은 다음과 같이 표시할 수 있다.

$$P(R_1 \cup R_2 \cup R_3 \cup R_4 | H_{01} \cap H_{02} \cap H_{03} \cap H_{04}) = P(R_1 \cup R_2 \cup R_3 \cup R_4 | H_0)$$

그리고 다음의 등식이 성립한다. 잘 모르겠다면 일단 넘어간다!

$$
\begin{aligned}
&P(R_1 \cup R_2 \cup R_3 \cup R_4 | H_0) \\
&= P(R_1 | H_0) + P(R_2 | H_0) + P(R_3 | H_0) + P(R_4 | H_0) \\
&\quad + P(R_1 \cap R_2 | H_0) + P(R_1 \cap R_3 | H_0) + P(R_1 \cap R_4 | H_0) \\
&\quad + P(R_2 \cap R_3 | H_0) + P(R_2 \cap R_4 | H_0) + P(R_3 \cap R_4 | H_0) \\
&\quad - P(R_1 \cap R_2 \cap R_3 | H_0) - P(R_1 \cap R_2 \cap R_4 | H_0) - P(R_2 \cap R_3 \cap R_4 | H_0) \\
&\quad + P(R_1 \cap R_2 \cap R_3 \cap R_4 | H_0)
\end{aligned}
$$

혹은

$$
\begin{aligned}
&P(R_1 \cup R_2 \cup R_3 \cup R_4 | H_0) \\
&\quad = P(R_1 | H_0) + P(R_2 | H_0) + P(R_3 | H_0) + P(R_4 | H_0) \\
&\qquad - P[(R_1 \cap R_2) \cup (R_1 \cap R_3) \cup (R_1 \cap R_4) \cup (R_2 \cap R_3) \cup (R_2 \cap R_4) \\
&\qquad\quad \cup (R_3 \cap R_4) | H_0] \\
&\qquad - P[(R_1 \cap R_2 \cap R_3) \cup (R_1 \cap R_2 \cap R_4) \cup (R_2 \cap R_3 \cap R_4) | H_0] \\
&\qquad\quad \Gamma(R_1 \cap R_2 \cap R_3 \cap R_4 | H_0)
\end{aligned}
$$

보통 본페르니 방법은 다음을 활용한다. 위의 경우에 적용하기 위해서는 A_i 대신 R_i를 대입하면 된다.

$$P\left(\bigcup_{i=1}^{n} A_i\right) \le \sum_{i=1}^{n} P(A_i)$$

그것이 언제나 성립한다는 것은 벤다이어그램을 그려보면 쉽게 알 수 있다. 예를 들어 $n = 3$인 경우를 보자.

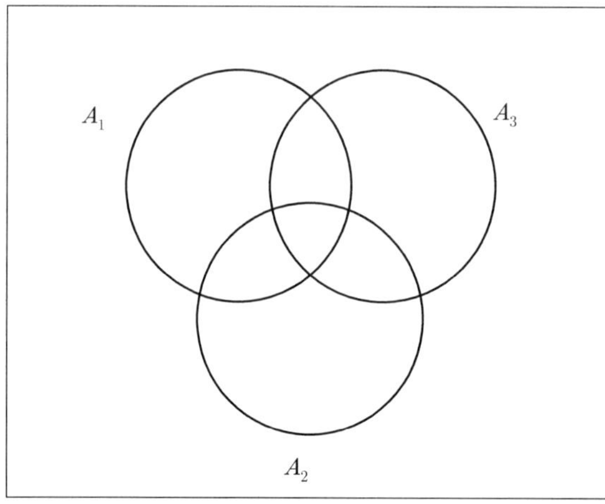

만약 A_1, A_2, A_3 사이에 서로 겹치는 부분이 없다면, $P\left(\bigcup_{i=1}^{n} A_i\right)=\sum_{i=1}^{n} P(A_i)$이 성립할 것이다. 하지만 겹치는 부분이 조금이라도 있다면, $P\left(\bigcup_{i=1}^{n} A_i\right)<\sum_{i=1}^{n} P(A_i)$이 된다.

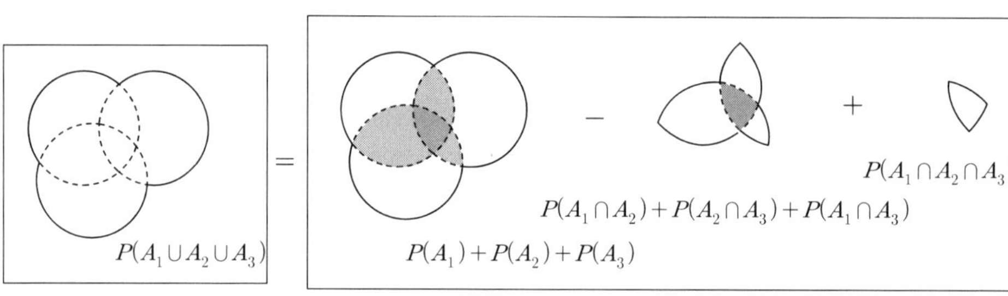

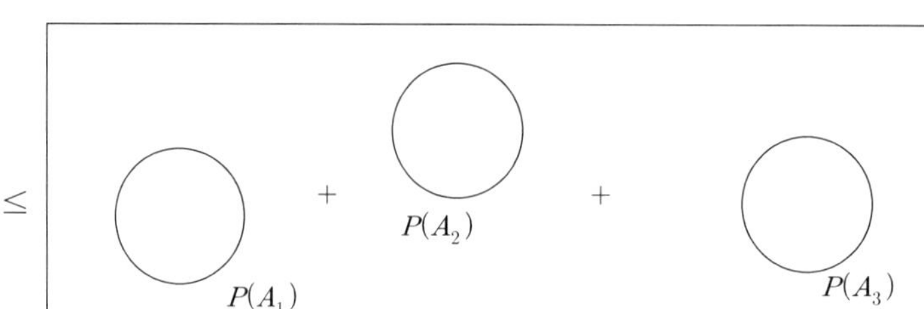

다중 비교: 오류율 사이의 관계

어떤 특정한 검증 절차가 주어졌을 때, 그것의 약한 계통적 오류율, 거짓발견율, 강한 계통적 오류율은 다음과 같은 관계가 성립한다.

약한 계통적 오류율 ≤ 거짓발견율의 기대값 ≤ 강한 계통적 오류율

처음에는 이해하기 다소 힘들 수 있다. 먼저 약한 계통적 오류율과 강한 계통적 오류율의 관계를 살펴보자. 약한 계통적 오류율은 모든 부분영가설이 참인 굉장히 특수한 경우에 있어 하나 이상의 부분영가설을 잘못 기각하게 되는 확률을 말한다. 반면 강한 계통적 오류율은 참인 부분영가설만을 모아서 새로운 전체 영가설들을 만들었을 때, 하나 이상의 부분영가설을 기각할 확률이다.[58)]

---

58) 예를 들어, 전체 영가설이 H_0: H_{01} 그리고 H_{02} 그리고 H_{03} 그리고 H_{04}이고, 참인 부분영가설이 H_{02}, H_{03}, H_{04}일 때, 참인 부분영가설만을 모아서 새로운 전체 영가설을 구성하면, 다음과 같은 새로운 전체 영가설이 가능하다:

H_{02}, H_{03}, H_{04}, "H_{02} 그리고 H_{03}", "H_{02} 그리고 H_{04}", "H_{03} 그리고 H_{04}", "H_{02} 그리고 H_{03} 그리고 H_{04}"

강한 계통적 오류율은 이 새로운 전체 영가설에서 하나 이상의 부분영가설을 기각할 확률을 의미한다. 그렇다면 새로운 전체 영가설을 어떻게 구성하느냐에 따라 하나 이상의 부분영가설을 기각할 확률이 달라질 수 있을텐데, 강한 계통적 오류율은 그들 중 최대값을 지칭한다. 그리고 대부분의 경우 오류율의 최대값은 참인 부분영가설 모두로 이루어진 전체 영가설을 생각할 때 생긴다.

약한 계통적 오류율은 부분영가설 중 일부가 거짓인 경우에 오류율(하나 이상의 참인 부분영가설을 기각할 확률)이 어떻게 될지에 대해서는 얘기하고 있지 않다. 반면 강한 계통적 오류율은 부분영가설 중 일부가 거짓인 경우에도, 참인 부분영가설 중 하나 이상을 기각하게 되는 확률을 의미한다.

예를 들어 전체 영가설 H_0가 "$\mu_1 = 0$ 그리고 $\mu_2 = 0$ 그리고 $\mu_3 = 0$"일 때, 부분영가설 1,2,3은 다음과 같이 쓸 수 있다.

$$H_{01} : \mu_1 = 0, \quad H_{02} : \mu_2 = 0, \quad H_{03} : \mu_3 = 0$$

이때, 부분영가설 H_{01}의 검정은 검정통계량 t_1의 절대값 $|t_1|$을 $t_{1-\frac{\alpha_c}{2}}$와 비교함으로써 이루어지고, 나머지 부분영가설 H_{02}, H_{03}의 경우도 검정통계량 t_2, t_3을 사용하여 동일하게 이루어진다고 하자. 그리고 t_1, t_2, t_3의 분포가 서로 독립이라고 할 때, 약한 계통적 오류율은 $1-(1-\alpha_c)^3$이 된다. 반면, 강한 계통적 오류율은 어떻게 될까? 다음은 부분영가설의 참, 거짓에 따른 오류율(하나 이상의 참인 부분영가설을 기각하는 확률)의 변화를 표로 나타낸 것이다.

경우					하나 이상의 참인 부분영가설을 기각하는 확률	$\alpha_c = 0.01$
	H_0	H_{01}	H_{02}	H_{03}		
①	**참**	**참**	**참**	**참**	$1-(1-\alpha_c)^3$	0.03
②	거짓	거짓	**참**	**참**	$1-(1-\alpha_c)^2$	0.02
③	거짓	거짓	거짓	**참**	α_c	0.01

앞서 설명한 검증 절차는 이렇게 부분영가설의 참, 거짓에 따라 하나 이상의 참인 부분영가설을 기각하는 확률이 다르게 되는데, 약한 계통적 오류율은 그 중 모든 부분영가설이 참인 경우(①)의 값, $1-(1-\alpha_c)^3$이 되고, 강한 계통적 오류

율은 하나 이상의 부분영가설이 참인 경우(①,②,③)의 값들 중에서 최대값인 $1-(1-\alpha_c)^3$이 된다.

여기서 알 수 있는 것은 언제나 강한 계통적 오류율이 약한 계통적 오류율보다 같거나 높은 이유는 강한 계통적 오류율이 약한 계통적 오류율보다 더 많은 경우의 오류율에 관련되며, 그것들 중 최대값을 취하기 때문이다.

거짓발견율의 기댓값과 약한 계통적 오류율의 관계도 같은 방식으로 이해할 수 있다. 거짓발견율의 기댓값 역시 강한 계통적 오류율과 마찬가지로 약한 계통적 오류율이 상관하지 않는 경우(거짓인 부분영가설이 존재하는 경우)도 취급한다. 약한 계통적 오류율이 관계하는 경우(모든 부분영가설이 참인 경우)에는 거짓발견율의 기댓값과 약한 계통적 오류율이 같다.[59] 하지만 거짓발견율의 기댓값은 다른 경우(거짓인 부분영가설이 하나 이상 존재하는 경우)의 거짓발견율의 기댓값들도 모두 고려한 최대값이므로, 거짓발견율의 기댓값은 약한 계통적 오류율과 같거나 높아지는 것이다.

마지막으로 거짓발견율과 강한 계통적 오류율을 살펴보기 전에, 거짓발견율을 확률변수들로 표시해보자.

	기각	기각하지 못함
참인 영가설(e)	A	B
거짓인 영가설(f)	C	D

59) 거짓발견율은 $\frac{\text{잘못된 기각의 수}}{\text{전체 기각의 수}}$이다. 만약 전체 영가설이 참인 경우라면, 어떠한 기각도 잘못된 기각이므로, 하나라도 기각되는 영가설이 있다면 거짓발견율($\frac{\text{잘못된 기각의 수}}{\text{전체 기각의 수}}$)은 1이 된다. 그런데 전체 영가설이 참인 경우에 하나 이상의 부분영가설을 기각하는 확률을 약한 계통적 오류율(e_{wfw})이라고 정했다. 따라서 전체 영가설이 참인 경우에는 거짓발견율의 기댓값은 하나라도 기각되는 영가설이 있는 경우(확률 e_{wfw})와 그렇지 않는 경우(확률 $1-e_{wf}$)를 나눠서 구할 수 있다. 그 값은 약한 계통적 오류율과 동일하다($1\times e_{wfw}+0\times(1-e_{wfw})=e_{wfw}$).

기각되는 참인 영가설의 수(A), 기각되지 않는 참인 영가설의 수(B), 기각되는 거짓인 영가설의 수(C), 기각되지 못하는 거짓인 영가설의 수(D)는 모두 표본과 검증 절차에 의해 결정되는 확률변수라고 볼 수 있다. 여기서 참인 영가설의 수(e)와 거짓인 영가설의 수(f)는 알려져 있지 않다. 강한 계통적 오류율은 $P(A \geq 1)$을 의미한다. 반면 거짓발견율을 α로 통제한다고 할 때, $E\left(\frac{A}{A+C}\right) \leq \alpha$임을 의미한다. 강한 계통적 오류율과 거짓발견율의 기댓값은 어떤 관계가 있을까?

강한 계통적 오류율은 $P(A \geq 1) = P(A=1) + P(A=2) + P(A=3) + \cdots + P(A=e)$로 나타낼 수 있다. 여기서 주목할 점은 강한 계통적 오류율은 기각되는 거짓인 영가설의 수(C)와 무관하다. 만약 거짓인 영가설이 기각되는 것과 참인 영가설이 기각되는 사건이 서로 독립이라면, $P(A \geq 1 | C=c) = P(A \geq 1)$이다. 반면 거짓발견율은 다음과 같이 C의 영향을 받는다.

$$E\left(\frac{A}{A+C} | C=c\right)$$
$$= \frac{1}{1+c}P(A=1|C=c) + \frac{2}{2+c}P(A=2|C=c) + \cdots + \frac{e}{e+c}P(A=e|C=c)$$

강한 계통적 오류율에 관한 식과 거짓오류율에 관한 식을 비교해보자.

$$P(A \geq 1 | C=c)$$
$$= P(A=1| C=c) + P(A=2| C=c) + \cdots + P(A=e| C=c)$$

$$E\left(\frac{A}{A+C} | C=c\right)$$
$$= \frac{1}{1+c}P(A=1|C=c) + \frac{2}{2+c}P(A=2|C=c) + \cdots + \frac{e}{e+c}P(A=e|C=c)$$

여기서 주목할 점은 거짓발견율의 기댓값에서 나타나는 $\frac{1}{1+c}, \frac{2}{2+c}, \cdots, \frac{2}{2+c}$가 모두 1과 같거나 작다는 것이다. 따라서 $E\left(\frac{A}{A+C}|C=c\right) \le P(A \ge 1|C=c)$이 성립한다. 즉, 거짓발견율의 기댓값은 강한 계통적 오류율보다 같거나 작다. 따라서 강한 계통적 오류율을 α로 통제하면, 거짓발견율의 기댓값은 α와 같거나 작다.

이제 약한 계통적 오류율, 강한 계통적 오류율, 거짓발견율의 기댓값의 대소를 정리하면 다음의 요약과 같다. 약한 계통적 오류율보다 거짓발견율의 기댓값이나 강한 계통적 오류율이 더 커지는 이유는 거짓발견율이나 강한 계통적 오류율이 전체 영가설이 참이거나 거짓일 때의 오류율 중 최대값을 의미하기 때문이다. 그리고 강한 계통적 오류율이 거짓발견율의 기댓값보다 커지는 이유는 잘못된 기각이 생겼을 때, 강한 계통적 오류율은 1을 부여하지만, 거짓발견율은 참인 기각의 수에 따라 1보다 작은 값을 부여하기 때문이다.

약한 계통적 오류율, 거짓발견율의 기댓값, 그리고 강한 계통적 오류율의 관계를 알아보았다. 이게 왜 중요한가?

우리가 어떤 다중 검정절차를 얘기할 때, 그것의 오류율을 얘기한다. 분산분석 $F-$검정은 약한 계통적 오류율을 통제하고, 튜키의 방법은 강한 계통적 오류율을 통제한다. 이때 서로 다른 종류의 오류율을 통제하므로, 이 두 방법을 어떻게 비교해야 할 지 난감할 수 있다. 이때 오류율 간의 관계는 서로 다른 오류율을 통제하는 두 방법을 비교하는데 도움을 줄 수 있다. 튜키의 방법이 강한 계통적 오류율을 α 이하로 통제한다면, 그것은 약한 계통적 오류율 역시 α 이하로 통제하게 된다.

요약

강한 계통적 오류율을 α 이하로 통제하는 검증절차는 거짓발견율의 기댓값과 약한 계통적 오류율 역시 α 이하로 통제한다. 거짓발견율의 기댓값을 α 이하로 통제하는 검증 절차는 약한 계통적 오류율 역시 α 이하로 통제한다.

홈의 절차: 강한 계통적 오류율의 통제, 검정력의 증가

앞에서 전체 영가설과 부분영가설 1,2,3이 다음과 같을 때, 부분영가설 1,2,3을 유의수준 α_c에서 $t-$검정을 할 경우 강한 계통적 오류율이 어떻게 되는지 알아보았다.

$$H_0 \ : \ \mu_1 = 0 \ \ \text{그리고} \ \mu_2 = 0 \ \ \text{그리고} \ \mu_3 = 0$$

$$H_{01} : \mu_1 = 0, \quad H_{02} : \mu_2 = 0, \quad H_{03} : \mu_3 = 0$$

부분영가설 1,2,3을 검증하기 위해 사용하는 통계량 t_1, t_2, t_3이 서로 독립인 경우와 그렇지 않아서 본페르니 방법을 사용하는 경우로 구분해보면 다음과 같다.

경우					하나 이상의 참인 부분영가설을 기각하는 확률		$\alpha_c = 0.01$
	H_0	H_{01}	H_{02}	H_{03}	시닥의 방법 (t_1, t_2, t_3이 서로 독립)	본페르니 방법으로 구한 최대값	
①	**참**	**참**	**참**	**참**	$1-(1-\alpha_c)^3$	$3\alpha_c$	0.03
②	거짓	거짓	**참**	**참**	$1-(1-\alpha_c)^2$	$2\alpha_c$	0.02
③	거짓	거짓	거짓	**참**	α_c	α_c	0.01

부분영가설에 대한 $t-$검정의 유의수준을 α_c로 놓았을 때, 강한 계통적 오류율은 $1-(1-\alpha_c)^3$ 혹은 최대 $3\alpha_c$가 된다. 역으로 강한 계통적 오류율을 α_{sfw}로 통제하기 위해서는 $\alpha_{sfw}=1-(1-\alpha_c)^3$ 또는 $\alpha_{sfw}=3\alpha_c$를 만족하는 유의수준 α_c로 각 부분영가설에 대한 $t-$검정을 실시하면 된다. 따라서 검증하는 부분영가설이 n개일 때, 부분영가설 검증에 쓰이는 유의수준은 $1-\sqrt[n]{1-\alpha_{sfw}}$ 혹은 $\dfrac{\alpha_{sfw}}{n}$으로 조정해주면 된다.

위의 표에서 한 가지 주목할 점은 모든 부분영가설 검증에 동일한 유의수준을 사용한다면, 부분영가설의 진위 여부에 따라(거짓인 부분영가설의 수에 따라) 계통적 오류율이 크게 달라진다는 점이다. 예를 들어 검증해야 할 부분영가설의 수가 10개라면, 강한 계통적 오류율은 α_c에서 $10\alpha_c$까지 달라질 수 있다. 그것은 강한 계통적 오류율을 최대 α_{sfw}로 통제하고자 할 때, 실제 오류율은 $\dfrac{\alpha_{sfw}}{10}$에서 α_{sfw}까지 달라질 수 있다는 얘기이다.

문제는 검증력이다. 만약 상한 계통적 오류율을 최대 α_{sfw}로 통제하려고 했는데, 실제 오류율이 $\dfrac{\alpha_{sfw}}{10}$에 불과하다면 우리는 검증력에서 큰 손실을 보게 될 것이다.

홈의 절차는 부분영가설마다 다른 유의수준을 적용함으로써 강한 계통적 오류율의 최대값이 일정하게 유지되도록 한다. 홈의 절차를 먼저 살펴보자.

전체 영가설 H_0가 부분영가설 H_{01}, H_{02}, $\cdots$, H_{0n}의 곱으로 이루어져 있을 때, 본페르니 방법을 사용한 홈의 절차를 통해 강한 계통적 오류율을 0.05로 통제하고 싶다. 먼저 모든 부분영가설에 대한 검증을 실시하여 $p-$값을 구한다. H_{01}, H_{02}, $\cdots$, H_{0n}에 대한 $p-$값을 구한 후, 작은 순서대로 $p_{(1)}$, $p_{(2)}$, $\cdots$, $p_{(n)}$으로 놓는다. 만약 $p_{(1)}$이 $\dfrac{0.05}{n}$보다 작다면, $p_{(1)}$에 해당하는 부분영가설을 기각한다. 그리고 $p_{(2)}$를 $\dfrac{0.05}{n-1}$와 비교한다. 만약 $p_{(2)}$가 $\dfrac{0.05}{n-1}$보다 작다면 $p_{(2)}$에 해당하는 부분영가설을 기각한다. 이와 같이 $p_{(k)}$를 $\dfrac{0.05}{n-k+1}$와 비교하여 작다면 기각

하게 된다. 단 $p_{(1)}, p_{(2)}, \cdots, p_{(k-1)}$에 해당하는 부분영가설을 모두 기각할 수 있을 때 그러하다. 만약 $p_{(1)}, p_{(2)}, \cdots, p_{(k-1)}$ 중에 어느 하나라도 $\frac{0.05}{n-k+1}$보다 작지 않아서 해당하는 부분영가설을 기각할 수 없었다면, $p_{(k)}$에 해당하는 부분영가설을 기각할 수 없다. 따라서 $p_{(1)}$부터 $p_{(n)}$까지 차례로 $\frac{0.05}{n}, \frac{0.05}{n-1}, \cdots, \frac{0.05}{1}$와 비교하는데, 만약 중간에 기각할 수 없는 경우가 생겼다면 더 이상 비교를 하지 않는다.

여기에서 핵심은 $p-$값을 작은 순서대로 늘어놓고, 그 순서에 따라 변하는 유의수준 $\frac{0.05}{n-k+1}$와 비교를 한다는 것이다. 이 방법이 어떻게 강한 계통적 오류율은 0.05로 통제하면서 검증력을 높일 수 있는 것일까?

다음의 예를 보자. 다음의 영가설 H_{01}, H_{02}, H_{03} 중에서 H_{01}가 거짓이다 $(\mu_1 = 4)$.

$$H_{01}: \mu_1 = 3, \quad H_{02}: \mu_2 = \mu_3, \quad H_{03}: \mu_4 = \mu_5 = \mu_6$$

따라서 H_{01}을 검증한 $p-$값이 가장 낮을 확률이 높다. 실제로 H_{01}에 대한 $p-$값이 $\alpha_c = 0.05/3$보다 낮아서 기각했다고 하자. 이제 남은 두 영가설 H_{02}, H_{03}에 대해 계통적 오류율을 0.05로 통제하고 싶다면 어떻게 해야 하는가? 가장 손쉬운 방법은 H_{02}, H_{03}에 대해 비교별 오류율을 $0.05/2$로 조정하는 것이다.

문제는 영가설 H_{01}, H_{02}, H_{03}이 모두 참일 때이다. 저자가 한 동안 홈의 절차를 이해하지 못했던 것은 어떻게 부분영가설에 대한 유의수준이 $\frac{0.05}{3}, \frac{0.05}{2}, \frac{0.05}{1}$인데, 전체 영가설의 오류율이 최대 $\frac{0.05}{3}+\frac{0.05}{2}+\frac{0.05}{1}$로 높아지지 않는가였다. 만약 영가설 H_{01}, H_{02}, H_{03}에 검증을 유의수준 $\frac{0.05}{3}, \frac{0.05}{2}, \frac{0.05}{1}$에서 실시한다면 H_{01}, H_{02}, H_{03}이 모두 참일 때, 그 중 하나 이상을 기각할 확률이 최대 $\frac{0.05}{3}+\frac{0.05}{2}+\frac{0.05}{1}$로 높아진다.

홈의 절차가 다른 것은 검증을 작은 $p-$값에 해당하는 부분영가설부터 실시하면서, 만약 중간에 기각될 수 없는 부분영가설이 있다면, 그 이후의 모든 영가설을 기각할 수 없다는 점이다. 앞의 예에서 부분영가설 H_{01}, H_{02}, H_{03} 중에서 가장 작은 $p-$값인 $p_{(1)}$을 $\frac{0.05}{3}$과 비교하여 기각하지 못할 경우, 나머지 모든 영가설을 기각하지 못하게 된다. 그것은 피셔의 통제된 최소유의차이방법에서 먼저 분산분석 $F-$검정을 통해 약한 계통적 오류율을 통제하는 것과 비슷하다.

강한 계통적 오류율을 0.03로 통제했을 때, 본페르니 방법을 사용한 홈의 절차에 의한 오류율은 다음과 같이 변하게 된다.

경우					하나 이상의 참인 부분영가설을 기각하는 최대 확률 (본페르니 방법을 사용한 홈의 절차, $\alpha_{sfw}=0.03$)
	H_0	H_{01}	H_{02}	H_{03}	
①	**참**	**참**	**참**	**참**	0.03
②	거짓	거짓	**참**	**참**	≤ 0.03
③	거짓	거짓	거짓	**참**	≤ 0.03

②, ③의 경우에 오류율의 최대값이 0.03까지 증가했음을 볼 수 있다. 하지만 실제 오류율은 거짓인 부분영가설들의 $p-$값이 어떻게 되느냐에 따라 달라진다. 만약 $p-$값들이 매우 낮아서 모두 먼저 기각된다면 오류율의 최대값은 0.03이 된다.

시닥의 방법을 사용한 홈의 절차도 본페르니 방법을 사용한 홈의 절차와 동일하다. 단지 비교별 유의수준을 정하는 방식에서 차이가 있을 뿐이다(시닥의 방법: $1-\sqrt[n]{1-\alpha_{sfw}}$, 본페르니 방법: $\frac{\alpha_{sfw}}{n}$).

요약

홈의 절차는 단계별로 다른 유의수준을 적용함으로써 강한 계통적 오류율을 유지하면서도 검증력을 높인다.

표본범위, 표준화 표본범위, 스튜던트화 범위

주어진 표본에서 최대값과 최소값의 차이를 표본범위Sample Range라고 한다. 표본범위는 어떤 표본이 추출되느냐에 따라 변하는 확률변수이다. 다음의 예를 보자.

다음은 모집단이 정규분포 $N(0,1)$을 따를 때, 표본크기 3의 표본을 추출하여 표본범위를 구한 결과를 표로 나타낸 것이다. 표본범위는 표본의 최대값(다음 표 안의 굵은글씨체)과 최소값(굵은글씨체)의 차이이다. 표본범위는 추출된 표본에 따라 달라짐을 알 수 있다.

모집단 $N(0,1)$, 표본크기 3, 표본범위의 평균 1.020

표본	−0.626	**−0.820**	**1.512**	**−0.045**	**0.919**	−0.056	**1.359**	**−0.415**
	0.184	0.487	0.390	−0.016	0.782	**−0.156**	**−0.103**	−0.394
	−0.836	**0.738**	**−0.621**	**0.944**	**0.075**	**−1.471**	0.388	**−0.059**
표본범위	1.020	1.558	2.133	0.989	0.844	1.415	1.462	0.356

표본범위는 언제나 0 또는 양수이다. 표본범위는 모집단의 분산이 커질수록, 그리고 표본의 크기가 커질수록 증가하는 특징이 있다. 다음은 모집단의 표준편

차가 2배인 경우($N(0,2^2)$)와 표본크기가 5인 경우이다.

모집단 $N(0,2^2)$, 표본크기 3, 표본범위의 평균 2.038

표본	-1.253	**-1.641**	**3.024**	**-0.090**	**1.838**	-0.112	**2.717**	**-0.830**
	0.367	0.975	0.780	-0.032	1.564	-0.312	**-0.206**	-0.789
	-1.671	**1.477**	**-1.242**	**1.888**	**0.149**	**-2.942**	0.775	**-0.119**
표본범위	2.038	3.118	4.266	1.978	1.689	2.830	2.923	0.711

모집단 $N(0,1)$, 표본크기 5, 표본범위의 평균 2.431

표본	-0.626	**-0.820**	**1.512**	**-0.045**	**0.919**	-0.056	**1.359**	**-0.415**
	0.184	0.487	0.390	-0.016	0.782	-0.156	-0.103	-0.394
	-0.836	**0.738**	-0.621	**0.944**	0.075	**-1.471**	0.388	-0.059
	1.595	0.576	**-2.215**	0.821	**-1.989**	-0.478	-0.054	1.100
	0.330	-0.305	1.125	0.594	0.620	**0.418**	**-1.377**	0.763
표본범위	2.431	1.558	3.727	0.989	2.908	1.889	2.736	1.515

그 이유는 위의 표에서 찾아볼 수 있다. 사실 위의 표본은 완전히 무작위적이지 않다. 모집단이 $N(0,\ 2^2)$인 경우의 표본들은 모집단이 $N(0,1^2)$인 경우의 표본들을 2배 해준 결과이며, 모집단이 $N(0,1)$, 표본크기가 5인 경우의 표본들은 모집단이 $N(0,1)$, 표본크기가 3인 경우의 표본들에 추가로 추출된 값 2개를 합친 것이다. 추가되는 값의 개수가 늘어날수록 기존의 최소값 혹은 최대값이 바뀔 확률이 높아진다.

통계학에서 관찰값에 모집단의 표준편차를 나눠주는 것을 표준화Standardize한다고 하고, 모집단의 표준편차의 추정치(표본표준편차)를 나눠주는 것을 스튜던트화Studentize한다고 말한다. 따라서 표준화 표본범위란 표본 범위에 모집단의 표준편차를 나눠준 값으로 생각할 수 있다. 이때 표준화 표본범위의 분포는 모집단의 표준편차에 영향을 받지 않고, 표본의 크기에 의해서만 변한다.

반면 스튜던트화 범위는 표본범위를 표본표준편차로 나눠준 값이다. 실제 상황에서 모집단의 표준편차를 아는 경우가 매우 드물기 때문에 표준화 표본범위를 구할 수 없는 경우가 대부분이다. 그런 경우 스튜던트화 범위를 사용한다. 스튜던트화 범위는 표준화 표본범위와 마찬가지로 모집단의 표준편차에 영향을 받지 않는 특징이 있다. 하지만 스튜던트화 범위는 표준화 표본범위에 비해 분산이 크다. 그것은 모표준편차를 표본표준편차로 추정함에 따라 나타나는 불확실성(변동성)이 있기 때문이다.

요약

모집단이 정규분포일 때 표본범위는 모집단의 표준편차와 표본의 크기가 커짐에 따라 커지는 특성이 있다. 반면 표준화 표본범위와 스튜던트화 범위의 분포는 모집단의 표준편차에 의해 영향을 받지 않는다.

스튜던트화 범위 분포

어떤 확률변수에 그 확률 변수의 표준편차의 추정치를 나눠 주는 것을 스튜던트화 한다고 말한다. (반면 정확한 표준편차를 나눠주는 것을 표준화라고 한다.) 스튜던트화된 값의 가장 대표적인 예가 $T-$값이다. $T-$값은 모분산의 크기에 상관없이 분포가 동일해지는 장점이 있었다.

모분포가 정규분포일 때를 생각해보자. 어떤 확률변수 X가 정규분포를 따를 때, 모평균 μ_X를 빼고, 모표준편차 σ_X로 나눈 값은 μ_X, σ_X에 상관없이 표준정규분포 $N(0,1)$을 따른다.

$$X \sim (\mu_X, \sigma_X^2) \quad \Rightarrow \quad Z = \frac{X-\mu_X}{\sigma_X} \sim N(0,1)$$

만약 모표준편차(σ_X)를 모른다면, $T-$값을 사용할 수 있다. 어떤 확률변수 X가 정규분포를 따를 때, 모평균 μ_X를 빼고, 모표준편차의 추정치 $\sqrt{\frac{SSE}{n}}$로 나눈 값은 μ_X, σ_X에 상관없이 자유도 n의 $t-$분포을 따른다. (여기서 SSE는 Sum of Squared Error의 약자로 우리말로 “오차제곱합”이다. 쉽게 생각해서 표본분산을 구할 때 $\frac{\sum_{i=1}^{n}(\overline{X}-X_i)^2}{n-1}$의 분자에 해당하는 부분이다.)

$$X \sim (\mu_X, \sigma_X^2),\ SSE \sim \sigma_X^2 \chi^2(n),\ V = SSE/\sigma_X^2 \sim \chi^2(n)$$

$$T = \frac{\frac{X-\mu_X}{\sigma_X}}{\sqrt{\frac{SSE/\sigma_X^2}{n}}} = \frac{X-\mu_X}{\sqrt{\frac{SSE}{n}}} = \frac{Z}{\sqrt{V/n}},\quad T \sim t(n)$$

여기서 주목할 점은 T-값은 모표준편차 σ_X를 모르더라도 구할 수 있으며 ($T = \frac{X-\mu_X}{\sqrt{\frac{SSE}{n}}}$), 그 값의 분포는 모표준편차의 값에 영향을 받지 않는다는 것이다.

t-분포를 다시 한 번 보자.

$$Z \sim N(0,1),\ V \sim \chi^2(n)\ (Z\text{와 } V\text{가 독립})$$

$$\Downarrow$$

$$T = \frac{Z}{\sqrt{V/n}},\quad T \sim t(n)$$

여기서 T는 다음과 같이 좀더 보기 쉽게 정리할 수 있다.

$$T = \frac{N(0,1)}{\sqrt{\frac{\chi^2(n)}{n}}} \sim t(n)$$

(두 분포 $N(0,1)$과 $\chi^2(n)$을 따르는 확률변수는 서로 독립)

여기서 Z 대신 $X \sim N(\mu_X, \sigma_X^2)$를 사용한다고 해보자. 표준분산 $s^2 = \frac{\sum_{i=1}^{n_s}(X_i - \overline{X})^2}{n_s - 1}$는 다음의 분포를 따른다.

$$s^2 = \frac{\sum_{i=1}^{n_s}(X_i - \overline{X})^2}{n_s - 1} \sim \frac{\sigma_X^2 \cdot \chi^2(n_s - 1)}{n_s - 1}$$

X의 분포는 다음과 같이 변형이 가능하다.

$$X \sim N(\mu_X, \sigma_X^2) \Rightarrow X - \mu_X \sim N(0, \sigma_X^2) \Rightarrow X - \mu_X \sim \sigma_X \cdot N(0, 1)$$

이것을 T-값을 구할 때 사용하는 공식($T = \frac{X - \mu_X}{s}$)에 대입하면, 그 값이 t-분포를 따른다는 것을 쉽게 알 수 있다. (n_s : 표준편차를 구할 때 사용한 표본의 크기)

$$T = \frac{X - \mu_X}{s} = \frac{\sigma_X \cdot N(0,1)}{\sqrt{\frac{\sigma_X^2 \cdot \chi^2(n_s - 1)}{n_s - 1}}} = \frac{N(0,1)}{\sqrt{\frac{\chi^2(n_s - 1)}{n_s - 1}}} \sim t(n_s - 1)$$

마찬가지 논리가 표본범위에도 적용된다. 모분포가 정규분포를 따를 때, 표본크기 g의 표본을 추출하여 표본범위를 구할 때, 표본범위의 분포에 대해 생각해보자. 우선 표본으로 추출되는 n개의 값은 모두 동일한 분포를 따른다.

$$X_i \sim N(\mu, \sigma^2)$$
$$(1 \le i \le g)$$

그리고 앞에서와 마찬가지로 다음과 같이 쓸 수도 있다.

$$X_i - \mu \sim \sigma \cdot N(0, 1)$$

이제 범위 R을 구해보면, 다음과 같이 쓸 수 있다.

$$\begin{aligned} R &= \max_{1 \le i, j \le g} |X_i - X_j| \\ &= \max_{1 \le i, j \le g} |\{\mu - \sigma \cdot N(0,1)\} - \{\mu - \sigma \cdot N(0,1)\}| \\ &= \max_{1 \le i, j \le g} \sigma |\{N(0,1) - N(0,1)\}| \end{aligned}$$

따라서 범위 R을 모표준편차 σ로 나눠주면, 모표준편차의 값에 상관없이 동일한 분포를 따른다. 집단의 개수에 따라 분포가 달라지지만, 모표준편차의 값에는 영향을 받지 않는다.

$$R/\sigma = \frac{\max_{1 \le i, j \le g} |X_i - X_j|}{\sigma} = \max_{1 \le i, j \le g} |\{N(0,1) - N(0,1)\}|$$

R/σ(표준화 표본범위)의 분포를 그려보면 다음과 같다.

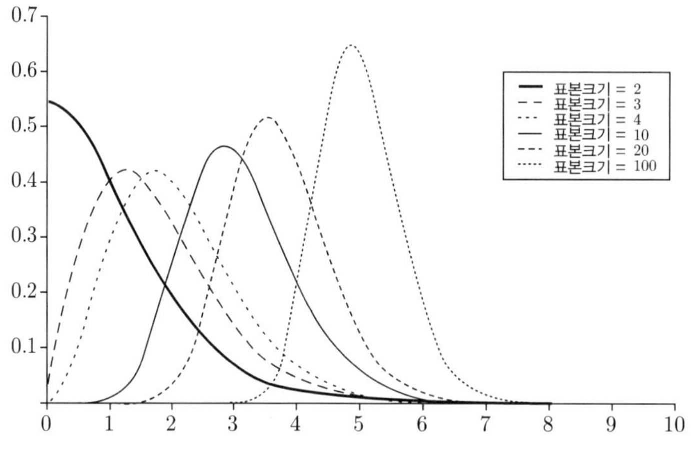

하지만 모표준편차를 정확하게 아는 경우는 극히 드물다. 그에 따라 모표준편차의 추정치인 표본표준편차를 사용한다. 모분포가 정규분포일 때 표본범위에 모표준편차의 추정치인 표본표준편차를 나눠도 모표준편차에 무관한 분포를 얻는다. 다음의 수식들은 그 이유를 설명하고 있다. 분자와 분모에 공통인 σ는 소거될 수 있다. 그리고 그 분포를 흔히 $q(g,\nu)$로 표현한다. g는 표본의 크기, ν는 표본표준편차를 구하기 위해 사용된 자유도를 의미한다. 그리고 $N(0,1)$와 $\chi^2(\nu)$를 따르는 확률변수는 서로 독립이어야 한다. 표본범위를 계산하기 위한 표본과 표본표준편차를 계산하기 위한 표본이 서로 독립이어야 한다.

$$\max_{1\le i,j\le g}|X_i - X_j| = \max_{1\le i,j\le g}\sigma\,|\{N(0,1)-N(0,1)\}|,\quad s^2 \sim \frac{\sigma^2}{\nu}\cdot\chi^2(\nu)$$

$$q = \frac{\max_{1\le i\le g}X_i - \min_{1\le i\le g}X_i}{s} = \frac{\max_{1\le i,j\le g}\sigma\,|\{N(0,1)-N(0,1)\}|}{\sqrt{\frac{\sigma^2}{\nu}\cdot\chi^2(\nu)}}$$

$$= \frac{\max_{1\le i,j\le g}|\{N(0,1)-N(0,1)\}|}{\sqrt{\frac{\chi^2(\nu)}{\nu}}} \sim q(g,\nu)$$

만약 g개의 집단에서 표본크기 n의 표본을 추출하여 평균 $\overline{X_{i.}}\,(1\le i\le g)$을 구하였다면, $\overline{X_{i.}} \sim N\left(\mu, \frac{\sigma^2}{n}\right)$을 따르게 되므로, $\sqrt{n}\cdot\overline{X_{i.}} \sim N(\mu,\sigma^2)$가 되고, 따라서 다음과 같이 쓸 수 있다.

$$\frac{\max_{1\le i\le g}\sqrt{n}\,\overline{X_{i.}} - \min_{1\le i\le g}\sqrt{n}\,\overline{X_{i.}}}{s_{sp}} \sim q(g,\nu)$$

$$\Downarrow$$

$$\frac{\sqrt{n}\,(\max_{1\le i\le g}\overline{X_{i.}} - \min_{1\le i\le g}\overline{X_{i.}})}{s_{sp}} \sim q(g,\nu)$$

$$(s_{sp} = \frac{(n-1)\sum_{i=1}^{g}s_i^2}{g(n-1)},\ s_i^2 = \frac{\sum_{j=1}^{n}(X_{ij}-\overline{X_{i.}})^2}{n-1})$$

(g: 집단의 수, ν: 공통 표본표준편차 s_{sp}를 구하기 위해 사용된 자유도, $g(n-1)$)

스튜던트화 범위 분포를 구하는 방법은 다음에 소개된다. 스튜던트화 범위 분포를 구했다면 이 분포를 사용하여 모든 집단의 모평균이 동일하다는 영가설을 검증할 수 있다.

만약 모든 모집단이 정규분포를 따르고, 표본의 크기가 n으로 동일할 때, 영가설이 참이라면 $q = \frac{\sqrt{n}(\max_{1 \le i \le g} \overline{X_{i.}} - \min_{1 \le i \le g} \overline{X_{i.}})}{s_{sp}}$은 $q(g, \nu)$-분포를 따르게 될 것이다. 따라서 q가 $q_{0.95}(g, \nu)$보다 작을 확률이 95%이다. 만약 q가 $q_{0.95}(g, \nu)$보다 크다면, 그것은 영가설이 참일 때 일어나기 힘든 5%에 속하므로 유의수준 5%에서 영가설을 기각한다. 이런 방법으로 "모든 모평균이 동일하다."는 영가설을 검증할 수도 있다. 하지만 스튜던트화 범위가 좀 더 널리 사용되는 때는 다중 비교의 맥락에서이다. 그것이 다음 장("튜키의 방법")의 주제이다.

요약

확률변수 $X_i(1 \le i \le g)$가 모두 동일한 정규분포를 따를 때, 스튜던트화 범위 q는 스튜던트화 범위 분포 $q(g, \nu)$를 따른다.

$$q = \frac{\max_{1 \le i \le g} X_i - \min_{1 \le i \le g} X_i}{s} \sim q(g, \nu)$$

(ν: 표본표준편차 s을 구하기 위해 사용된 자유도)

튜키의 방법

"피셔의 보호된 최소유의차이방법"에서 살펴봤듯이 전체 영가설 $H_0: \mu_1 = \mu_2 = \mu_3 = \mu_4$을 성공적으로 기각한 후에 모평균의 쌍에 대한 영가설($\mu_2 = \mu_3$, $\mu_2 = \mu_4$, $\mu_3 = \mu_4$)에 대해 유의수준을 조정하지 않고 $t-$검증을 하면, 1종 오류율이 증가한다.

이 문제를 영가설을 기각하기 위해 필요한 표본평균의 차이로 생각해보자. 공통표본분산 s_{sp}^2와 공통표본분산에 사용된 자유도 df가 주어졌을 때, 다음을 만족한다.

$$\overline{X_{2.}} \sim N\left(\mu, \frac{\sigma^2}{n}\right),\ \overline{X_{3.}} \sim N\left(\mu, \frac{\sigma^2}{n}\right),\ (\overline{X_{2.}} - \overline{X_{3.}}) \sim N\left(\mu, \frac{2\sigma^2}{n}\right)$$

$$\Downarrow$$

$$\frac{\overline{X_{2.}} - \overline{X_{3.}}}{\sqrt{2\sigma^2/n}} \sim N(0, 1)$$

$$\Downarrow$$

$$\frac{\overline{X_{2.}} - \overline{X_{3.}}}{\sqrt{2s_{sp}^2/n}} = \sqrt{\frac{n}{2}} \cdot \frac{\overline{X_{2.}} - \overline{X_{3.}}}{s_{sp}} \sim t(df)$$

따라서 영가설 $\mu_2 = \mu_3$을 유의수준 0.05에서 기각하기 위해서는 다음을 만족해야 한다.

$$t_{0.975}(df) < \left| \sqrt{\frac{n}{2}} \cdot \frac{(\overline{X_{2.}} - \overline{X_{3.}})}{s_{sp}} \right|$$

이것을 표본평균의 차이로 다시 표현하면 다음과 같다.

$$t_{0.975}(df) \cdot \frac{\sqrt{2}\, s_{sp}}{\sqrt{n}} < |\overline{X_{2.}} - \overline{X_{3.}}|$$

이것은 두 모평균이 같을 때(모분산도 같다고 가정한다.), 표본평균의 차이가 $t_{0.975}(df) \cdot \frac{\sqrt{2}\, s_{sp}}{\sqrt{n}}$ 보다 같거나 작을 확률이 95%라는 얘기이고, 반대로 표본평균의 차이가 $t_{0.975}(df) \cdot \frac{\sqrt{2}\, s_{sp}}{\sqrt{n}}$ 보다 크다면 유의수준 0.05에서 두 모평균이 같다는 영가설을 기각할 수 있다는 얘기이다.

문제는 영가설에 포함되는 모평균의 개수가 늘어나면서 시작된다. 만약 영가설에 포함되어 있는 모든 모평균 쌍을 위의 방법(표본평균의 차이를 $t_{0.975}(df) \cdot \frac{\sqrt{2}\, s_{sp}}{\sqrt{n}}$ 과 비교하는 방법)을 사용하여 검증할 경우, 모든 부분영가설($\mu_2 = \mu_3$, $\mu_2 = \mu_4$, $\mu_3 = \mu_4$)이 참일 때 하나 이상의 부분영가설(모평균의 쌍에 대한 가설)을 기각할 확률이 0.05보다 커진다.[60] 따라서 표본평균의 차이의 절대값과 비교하는 대상을 $t_{0.975}(df) \cdot \frac{\sqrt{2}\, s_{sp}}{\sqrt{n}}$ 보다 좀더 늘려주면 되지 않겠는가? 그렇다면 얼마나 늘려줄 것인가?

한 가지 방법은 스튜던트화 분포 $q(g, \nu)$를 사용하는 것이다. 모든 부분영가설($\mu_2 = \mu_3$, $\mu_2 = \mu_4$, $\mu_3 = \mu_4$)이 참일 때, 표본평균($\overline{X_{2.}}$, $\overline{X_{3.}}$, $\overline{X_{4.}}$)의 스튜던트화 범위($q = \frac{\sqrt{n}(\max_{1 \le i \le 3} \overline{X_{i.}} - \min_{1 \le i \le 3} \overline{X_{i.}})}{s_{sp}}$)는 $q(3, \nu)$분포를 따르고, 따라서 모든 표본평균 $\overline{X_{i.}}$, $\overline{X_{j.}}\,(i \ne j)$에 대해 $|\overline{X_{i.}} - \overline{X_{j.}}| \le q_{0.95}(3, \nu) \cdot \frac{s_{sp}}{\sqrt{n}}$ 이 성립할

60) 그것은 $X \sim N(0,1)$일 때, 첫 번째 관측치 X_1의 절대값이 1.96보다 클 확률은 0.05이지만, $X_1, X_2, \cdots, X_{10}$ 중의 하나 이상의 절대값이 1.96보다 클 확률은 40%에 달하는 것과 마찬가지이다. $1-(1-0.05)^{10} \simeq 0.40$.

확률이 95%이다. 따라서 $|\overline{X_{i.}}-\overline{X_{j.}}|>q_{0.95}(3,\nu)\cdot\dfrac{s_{sp}}{\sqrt{n}}$ 일 때 영가설 $\mu_i=\mu_j$를 기각한다면, 모든 부분영가설($\mu_2=\mu_3, \mu_2=\mu_4, \mu_3=\mu_4$)이 참일 때 하나 이상의 부분영가설을 기각하는 오류율을 5%로 통제하게 된다. 이렇게 스튜던트화 분포를 사용하여 강한 계통적 오류율을 통제하면서 모든 모평균의 쌍에 대한 영가설 ($\mu_i=\mu_j$)을 검증하는 방법을 튜키의 방법Tukey's HSD(Honest Significant Difference)라고 한다.

비교해야 할 모평균이 5개, 집단별로 표본크기 20의 표본을 추출하여 표본평균($\overline{X_{i.}}, 1\le i\le 5$)을 구했을 때, 영가설 $\mu_i=\mu_j$에 대한 검증은

$$q_{0.95}(5,95)\cdot\frac{s_{sp}}{\sqrt{20}}<|\overline{X_{i.}}-\overline{X_{j.}}|$$

을 통해 이루어진다($g=5$: 집단의 수, $n=20$, 표본의 크기, $\nu=95$: 공통표본표준편차를 위해 사용된 자유도(표본의 크기×집단의 수−집단의 수)). 여기서 한 가지 주목할 점은 공통표본표준편차와 집단의 평균이 같은 표본을 통해 구해졌다는 것이다. 스튜던트화 표본범위는 원래 표본범위와 표본표준편차가 독립이라는 가정하에서 구해진다. 하지만 집단별 표본평균의 범위와 공통표본표준편차는 같은 표본을 통해 구해도 "거의" 독립적이다. (다음 장 "스튜던트화 범위 분포구하기"를 참조하라.)

그렇다면 $t_{0.975}(df)\cdot\dfrac{\sqrt{2}\,s_{sp}}{\sqrt{n}}<|\overline{X_{i.}}-\overline{X_{j.}}|$와 $q_{0.95}(g,\nu)\cdot\dfrac{s_{sp}}{\sqrt{n}}<|\overline{X_{i.}}-\overline{X_{j.}}|$를 비교해보자. t−분포의 df와 q−분포의 ν는 s_{sp}를 구하기 위해 사용한 자유도를 의미한다. 따라서 두 부등식은 $t_{0.975}(df)\cdot\dfrac{\sqrt{2}}{\sqrt{n}}$와 $q_{0.95}(g,\nu)$를 제외한 부분이 모두 같다. 이 둘을 비교해보면 유의수준을 조정하지 않는 t−검정에서는 집단의 개수가 영향을 미치지 않지만, 튜키의 방법에서는 집단의 개수가 늘어남에 따라 $q_{0.95}(g,\nu)$의 값이 증가하게 된다.

영가설 $\mu_i = \mu_j$를 기각하기 위해 필요한 $\frac{|\overline{X_{i.}} - \overline{X_{j.}}|}{s_{sp}}$의 최소값은 $t_{0.975}(df) \cdot \frac{\sqrt{2}}{\sqrt{n}}$와 $q_{0.95}(g, \nu) \cdot \frac{1}{\sqrt{n}}$이다. 이 두 값은 집단의 수 g와 표본의 크기 n에 따라 달라진다. 그것을 그래프로 그려보면 다음과 같다.

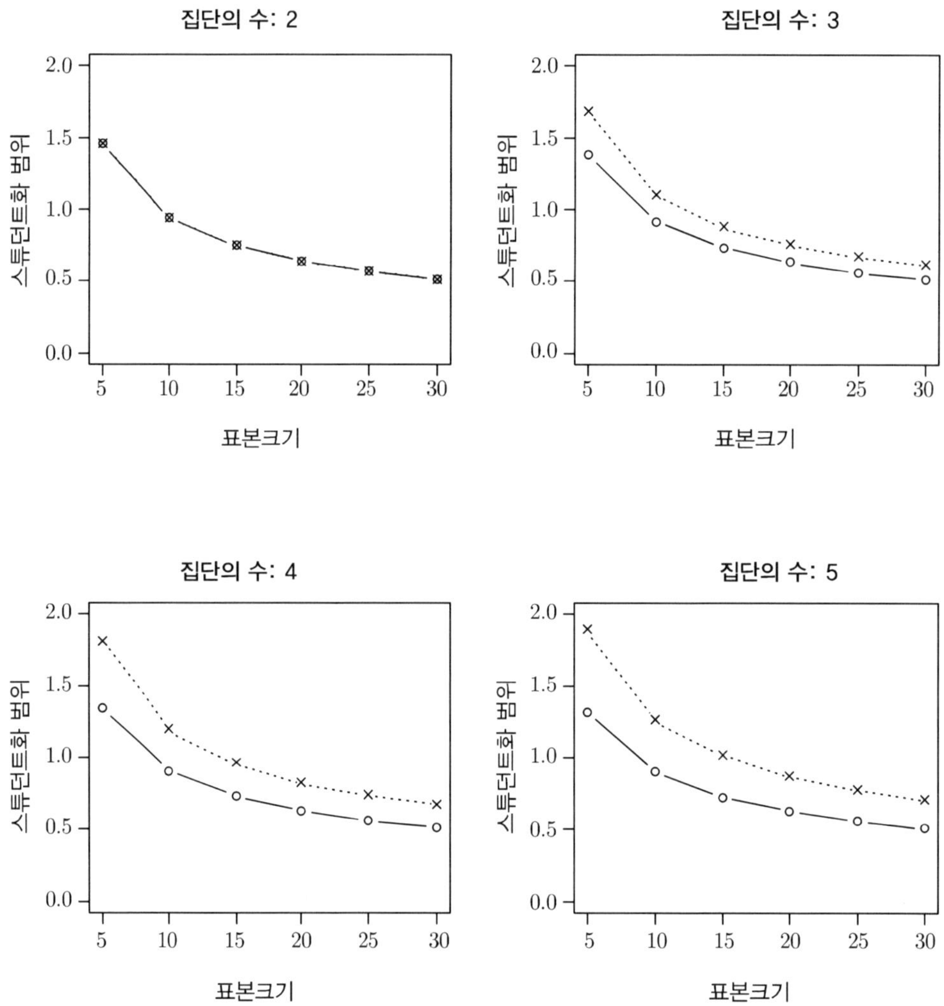

요약

튜키의 방법은 스튜던트화 범위의 분포를 사용하여 모평균 쌍의 차이를 검증한다. $q_{\varepsilon}(df_1, df_2)$ 에서 ε는 오류율, df_1은 집단의 수, df_2는 모분산을 추정하기 위해 사용된 자유도를 의미한다.

$$q_{\varepsilon}(g, \nu) \cdot \frac{s_{sp}}{\sqrt{n}} < |\overline{X_{i.}} - \overline{X_{j.}}|$$

위의 조건을 만족할 때 영가설 $\mu_i = \mu_j$를 기각하면 강한 계통적 오류율을 ε로 통제하게 된다.

스튜던트화 범위 분포 구하기

"스튜던트화 범위"와 "튜키의 방법"에서 스튜던트화 범위와 스튜던트화 범위 분포를 사용하여 모평균의 차이를 검증하는 방법에 대해 얘기하였다. 우선 스튜던트화 범위와 스튜던트화 범위 분포를 구분하여야 한다. 스튜던트화 범위란 주어진 표본에서 범위와 표본표준편차를 구한 후, 범위에 표본표준편차를 나눠서 얻어지는 값으로 모분포가 무엇이든지, 그리고 표본 추출이 독립이 아니어도 상관없이 구할 수 있는 값이다. 반면 스튜던트화 범위 분포는 모분포가 정규분포를 따를 때, 그리고 표본추출이 독립적으로 이루어졌을 때 스튜던트화 범위가 따르는 분포를 의미한다.

여기서 주목해야 할 점은 스튜던트화 범위는 추출된 표본에 따라 달라지는 확률변수이며, 이 확률변수의 분포는 모분포의 종류에 의해 달라진다는 것이다. 만약 모분포가 정규분포라면 스튜던트화 범위가 따르는 분포는 스튜던트화 범위 분포가 된다. 따라서 스튜던트화 범위 분포라고 하는 것은 실제로는 "모분포가 정규분포일 때" 스튜던트화 범위의 분포인 것이다.

모분포: 표준정규분포

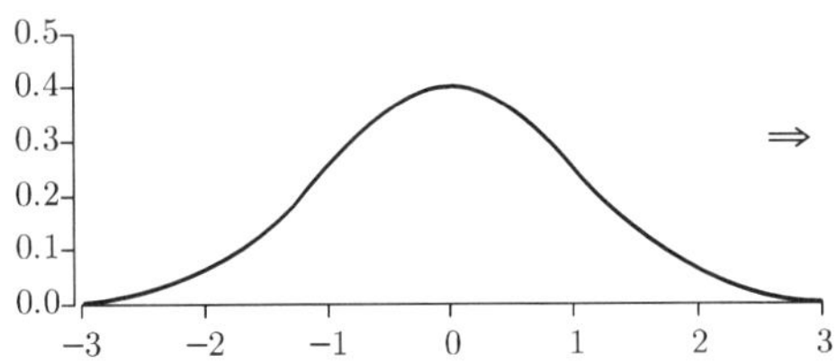

표본범위 분포 시뮬레이션(표본크기: 5)

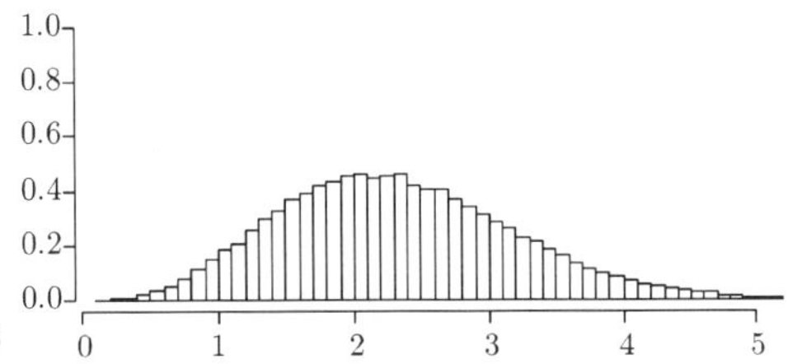

모분포: $\frac{\chi^2(4)}{2\sqrt{2}}$

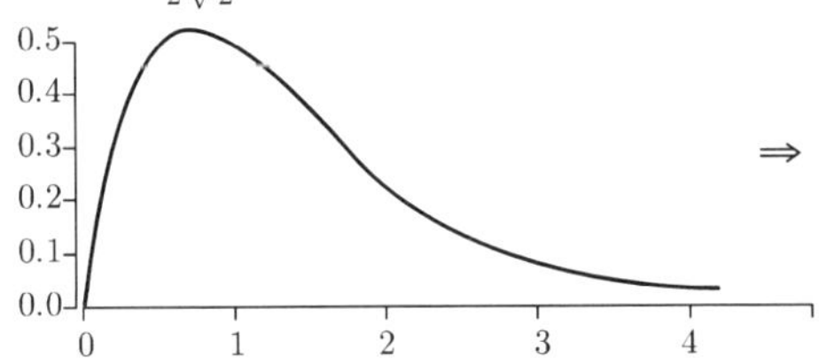

표본범위 분포 시뮬레이션(표본크기: 5)

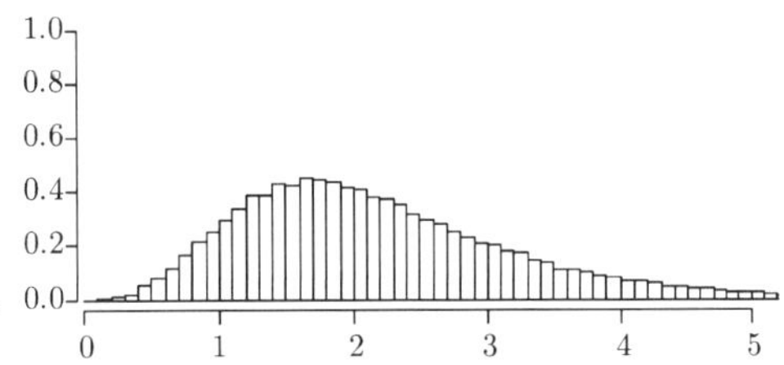

모분포: 분산 1의 균일분포

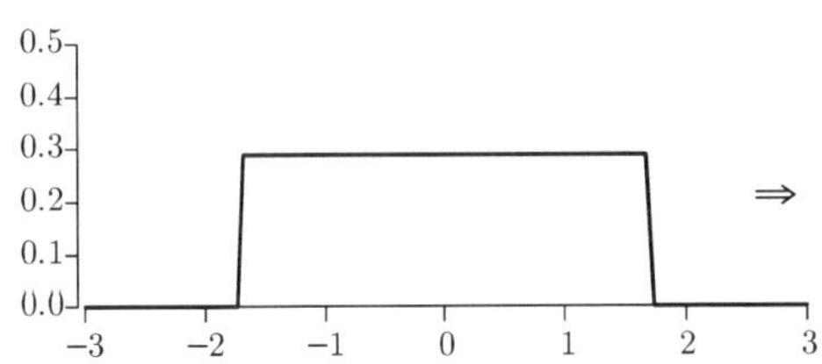

표본범위 분포 시뮬레이션(표본크기: 5)

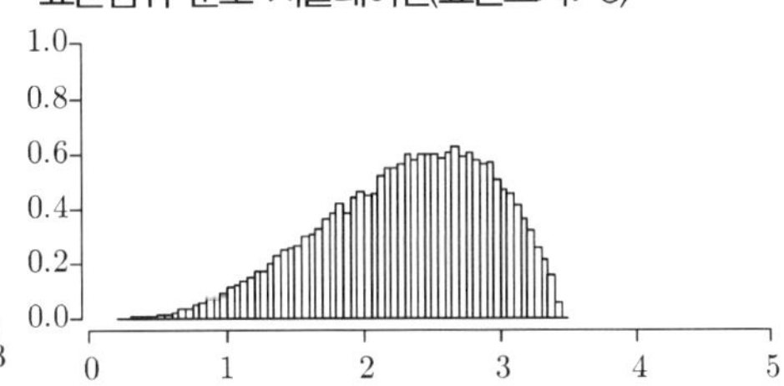

모집단이 정규분포를 따를 때, 스튜던트화 범위의 변동성variability의 원천을 생각해보자. 우선 범위는 표본의 최대값과 최소값에 의해 결정된다. 표본의 최대값과 최소값이 동일하다면, 그 외의 값들에 상관없이 표본범위는 동일한 값을 갖는다. 반면 표본표준편차는 표본의 최대값과 최소값이 같더라도 그 외의 값들에 의해 다른 값을 가질 수도 있다.

다음의 표본들은 모두 최대값이 1, 최소값 0이므로 표본범위가 모두 1이지만, 표본표준편차는 표본에 따라 다르다.

표본	0.740	0.781	1	1	0.475	0.334	1	0.829
	0.934	0	0.457	0.918	0	0.409	0.586	0
	0	0.677	0.807	0	0.093	0.648	0	1
	0.893	1	0	0.398	0.279	0	0.179	0.318
	1	0.758	0.609	0.477	1	1	0.930	0.811
표본표준편차	0.410	0.379	0.381	0.409	0.397	0.373	0.444	0.417

먼저 모집단이 정규분포일 때 표본범위의 분포를 구해보자(표본크기: g). 표본범위의 분포를 구할 때 가장 큰 난관은 추출되는 표본 $X_1, X_2, \cdots, X_g$ 에서 어느 값이 최소값, 최대값이 될지 알 수 없다는 것이다. 하지만 X_1이 최대값이라면 $X_2, X_3, \cdots, X_g$는 모두 X_1보다 작거나 같아야 한다는 것은 알 수 있다. 따라서 $X_1 = x$(최대값)**일 때**, 표본범위가 r보다 작을 확률은 $\prod_{i=2}^{g} P(x - r \le X_i \le x)$이다. $X_1 = x$(최대값)**이고** 표본범위가 r보다 작을 확률은 $f(X_1 = x) \cdot \prod_{i=2}^{g} P(x - r \le X_i \le x)$이다. X_1이 최대값이고, 범위가 r보다 작을 확률은 다음의 식으로 구할 수 있다.

$$\int_{-\infty}^{\infty} f(X_1 = x) \prod_{i=2}^{g} P(x - r \le X_i \le x)\, dx$$

여기서 X_i는 모두 동일한 분포를 따르므로 위의 식은 아래와 같이 간단하게 쓸 수 있다.

$$\int_{-\infty}^{\infty} f(X_1 = x)\, [P(x - r \le X \le x)]^{g-1}\, dx$$

최대값은 X_1뿐 아니라 X_2, X_3, $\cdots$이 될 수도 있다. 만약 최대값이 두 번 이상 나타나는 굉장히 드문 경우를 제외하면 X_1이 최대값이 되는 사건과 X_2가 최대값이 되는 사건은 서로 동시에 일어날 수 없는 배반인 사건이다. 따라서 X_1, X_2, $\cdots$, X_g의 최대값이 x일 확률("X_1이 최대값이고 그 값이 x" 또는 "X_2가 최대값이고 그 값이 x" 또는 "X_g이 최대값이고 그 값이 x"일 확률)은 X_1이 최대값이고 x일 확률 더하기 X_2가 최대값이고, x일 확률 더하기 $\cdots$ 더하기 X_g가 최대값이고 x일 확률이 된다. 그리고 그 값은 다음과 같다.

$$\int f(X_1 = x)\,[P(x-r \le X \le x)]^{g-1}dx$$
$$+\int f(X_2 = x)\,[P(x-r \le X \le x)]^{g-1}dx + \cdots$$
$$+\int f(X_g = x)\,[P(x-r \le X \le x)]^{g-1}dx$$
$$= g \cdot \int f(X = x)\,[P(x-r \le X \le x)]^{g-1}dx$$

따라서 모분포가 정규분포일 때, 표본크기 g의 표본을 추출했을 때, 표본범위가 r보다 작을 확률은 $g \cdot \int_{-\infty}^{\infty} f(X = x)\,[P(x-r \le X \le x)]^{g-1}dx$가 된다.

이제 표본표준편차의 변동성을 고려하여 스튜던트화 범위의 분포를 구해보자. 모분포가 $N(0, 1^2)$일 때 표본크기 g의 표본을 추출하여 표본표준편차 s를 구했을 때 그 분포는 표본분산의 분포에서 유도할 수 있으며 다음과 같다.

$$f_s(s) = \frac{2^{1-V/2}s^{V-1}exp[-s^2/2]}{\Gamma(V/2)}$$

(V: 표본표준편차 s를 구하기 위해 사용된 자유도)

우리는 "스튜던트화 범위"에서 스튜던트화 범위 분포는 모분포의 분산에 상관없이 동일한 분포를 따름을 보였다. 따라서 모분포가 $N(0,1)$이라고 가정하고 스튜던트화 범위 분포를 구해도 그 분포는 모분포가 $N(\mu, \sigma^2)$일 때의 스튜던트화 범위 분포와 동일하다.

따라서 모분포가 $N(0,1)$일 때, 스튜던트화 범위 분포를 구해보자. 표본표준편차가 s일 때, 스튜던트화 범위가 q가 되려면 표본범위는 qs가 되어야 한다. 따라서 스튜던트화 범위가 q보다 작을 확률은 다음과 같이 구한다(X_1, X_2, $\cdots$, X_g, s는 서로 독립).

$$\int_0^{\infty} f_s(s) \left[g \cdot \int_{-\infty}^{\infty} f(X=x)\{P(x-qs \le X \le x)\}^{g-1} dx \right] ds$$

여기서 $f(X=x) = \frac{1}{\sqrt{2\pi}} exp\left(-\frac{1}{2}x^2\right)$, $P(X \le x) = \int_{-\infty}^{x} \frac{1}{\sqrt{2\pi}} exp\left(-\frac{1}{2}t^2\right) dt$, $P(x-qs \le X \le x) = P(X \le x) - P(X < x - qs)$이다.

위의 적분값은 해석적 해가 존재하지 않으므로 수치적 계산을 통해 구한다.

요약

스튜던트화 범위 분포는 모분포가 정규분포를 따를 때 스튜던트화 범위의 분포를 의미한다. 스튜던트화 범위 분포는 표본범위의 변동성과 표본표준편차의 변동성을 함께 고려하여 구할 수 있다.

스튜던트-뉴먼-쿨스 절차 : 높아진 검증력, 통제하지 못한 강한 계통적 오류

스튜던트-뉴먼-쿨스 절차는 간단히 에스-엔-케이SNK 절차라고 불린다(스튜던트Student, 뉴먼Newman, 쿨스Keuls는 모두 사람 이름). SNK는 튜키의 방법을 조금 변형한 것이다. SNK는 튜키의 방법과 마찬가지로 스튜던트화 범위 분포를 사용한다.

먼저 튜키의 방법을 정리해보자. g개의 집단이 있을 때, 만약 모든 집단이 모평균과 모분산이 같은 정규분포를 따른다면, 집단별로 표본크기 n인 표본을 추출하여 표본평균 $\overline{X_{i.}}$을 구했을 때, $\frac{|\overline{X_{i.}}-\overline{X_{j.}}|}{s_{sp}}$의 최대값은 $\frac{q_{\varepsilon}(g, g(n-1))}{\sqrt{n}}$과 같거나 작을 확률이 $1-\varepsilon$이다. 따라서 유의수준을 ε로 잡을 때, $|\overline{X_{i.}}-\overline{X_{j.}}|$의 최대값이 $\frac{q_{\varepsilon}(g, g(n-1))}{\sqrt{n}}$보다 크다면, 모든 집단의 모평균이 같다는 영가설을 기각할 수 있다.

튜키의 방법은 집단간 모평균의 차이가 없다는 영가설을 기각하기 위해, 최대 표본평균과 최소 표본평균의 차이를 $\frac{q_{\varepsilon}(g, g(n-1))}{\sqrt{n}}$과 비교한다. 그리고 그 밖의 모든 모평균의 차이를 검증하는 데에도 $\frac{q_{\varepsilon}(g, g(n-1))}{\sqrt{n}}$를 사용한다.

여기서 모든 모평균의 차이 검증에 **같은 임계치**를 사용하는 것은 지나치다고 생각할 수 있다. 예를 들어, 3개의 표본평균의 최소 표본평균과 최대 표본평균의 차이를 사용하며 모평균을 비교할 때 전체 집단의 개수가 몇 개이든 상관없이 3개의 표본평균들을 비교하고 있다는 것이 중요하다고 생각할 수 있다.

SNK 절차는 그런 생각을 바탕으로 집단평균들을 비교한다. 즉, 3개의 집단들을 비교할 때는 3개의 집단에 대한 스튜던트화 범위의 분포를 사용하는 것이다.

이 방법은 튜키의 방법보다 높은 검증력 때문에 한 동안 많이 쓰였지만, 강한 1종 오류를 통제하지 못한다는 것이 밝혀짐에 따라 서서히 다른 방법으로 대체되었다. 강한 1종 오류를 통제하지 못하는 경우를 보자.

만약 네 집단의 모평균과 공통분산이 다음과 같다고 치자.

$$\mu_1 = 0,\ \mu_2 = 0,\ \mu_3 = 10,\ \mu_4 = 10,\ \sigma^2 = 1$$

이 경우 SNK 절차를 사용하여 평균들의 차이를 검증한다고 생각해보자. 전체 영가설 $\mu_1 = \mu_2 = \mu_3 = \mu_4$는 손쉽게 기각될 것이다. 부분영가설 $\mu_1 = \mu_2 = \mu_3$ 역시 μ_2와 μ_3의 차이가 크기 때문에 쉽게 기각될 것이다. 마지막으로 영가설 $\mu_1 = \mu_2$는 우리가 설정한 유의수준 α의 확률로 기각될 것이다. 문제는 영가설 $\mu_3 = \mu_4$ 역시 마찬가지 이유로 1종 오류율이 α가 된다. 따라서 새로운 전체 영가설 "$\mu_1 = \mu_2$ 그리고 $\mu_3 = \mu_4$"를 생각해보면, 새로운 전체 영가설이 참임에도 기각되는 확률이 최대 2α로 증가된다는 것을 쉽게 알 수 있다. 따라서 유의수준 α로 SNK 절차를 실행할 경우 강한 계통적 오류율을 α로 통제하지 못하고, 집단의 수에 따라 강한 계통적 오류율은 무한히 증가할 수 있다. 예를 들어 다음의 모평균과 공통분산을 생각해보면 강한 계통적 오류율은 최대 3α가 된다.

$$\mu_1 = 0,\ \mu_2 = 0,\ \mu_3 = 10,\ \mu_4 = 10,\ \mu_5 = 20,\ \mu_6 = 20,\ \sigma^2 = 1$$

애일러트Ohlert(2011)에 따르면 SNK 절차는 강한 계통적 오류율을 통제하지 못하지만, 거짓발견율False Discovery Rate: FDR을 통제한다.

요약

스튜던트-뉴먼-쿨스 절차는 튜키의 방법보다 검정력이 높다. 하지만 강한 계통적 오류가 경우에 따라 유의수준을 넘어선다.

튜키 대 스튜던트-뉴먼-쿨스

SNK 절차는 전체 g개의 표본평균를 크기 순서대로 나열한 후, 그 중에서 l개의 표본평균들의 최소 표본평균과 최대 표본평균의 차이를 검정[61]하고자 할 때, 최대 표본평균과 최소 표본평균의 차이를 $\dfrac{q_{\varepsilon}(l, g(n-1))}{\sqrt{n}}$과 비교한다. 반면 튜키의 방법은 모든 경우 $\dfrac{q_{\varepsilon}(g, g(n-1))}{\sqrt{n}}$와 비교한다.

예를 들어, 각 집단별 표본크기 n이 11이고, 집단의 개수 g가 4인 경우, 유의수준 ε를 0.05로 잡고, 데이터를 모은 결과 $\overline{x_{1.}}$, $\overline{x_{2.}}$, $\overline{x_{3.}}$, $\overline{x_{4.}}$가 11, 13, 15, 14이고 공통분산 s_{sp}^2가 1일 때, 튜키의 방법과 SNK 절차를 비교해보면 다음과 같다.

먼저 표본평균을 크기 순서대로 배열을 한다.

$$\overline{x_{1.}} = 11,\ \overline{x_{2.}} = 13,\ \overline{x_{4.}} = 14,\ \overline{x_{3.}} = 15$$

튜키의 방법은 모든 집단의 평균 차이를 검정하기 위해 $\dfrac{|\overline{x_{j.}} - \overline{x_{j.}}|}{s_{sp}}$을 $\dfrac{q_{\varepsilon}(g, g(n-1))}{\sqrt{n}}$과 비교한다. 위의 값들을 대입해보면, 다음과 같다.

---

61) 원래는 두 표본평균에 해당하는 모집단의 평균의 차이를 검정하는 것이지만, 표현의 편의상 표본평균을 검정한다고 표현하였다.

$$\frac{q_{\varepsilon}(g, g(n-1))}{\sqrt{n}} = \frac{q_{0.05}(4, 4 \times 10)}{\sqrt{11}} \approx \frac{3.79}{\sqrt{11}} \approx 1.14$$

만약 첫 번째 집단과 세 번째 집단의 모평균의 차이를 검증하고 싶다면, 다음의 절차에 따라 차이가 없다는 영가설을 기각할 수 있다.

$$\frac{|\overline{x_{i.}} - \overline{x_{j.}}|}{s_{sp}} = \frac{|\overline{x_{1.}} - \overline{x_{3.}}|}{1} = 4 > 1.14$$

세 번째 집단과 네 번째 집단의 모평균의 차이 검증은 다음과 같다.

$$\frac{|\overline{x_{j.}} - \overline{x_{j.}}|}{s_{sp}} = \frac{|\overline{x_{3.}} - \overline{x_{4.}}|}{1} = 1 < 1.14$$

따라서 세 번째 집단과 네 번째 집단의 모평균이 같다는 영가설은 기각할 수 없다.

반면 SNK 절차는 비교하려는 표본평균 사이에 몇 개의 집단이 있느냐에 따라 기각역이 달라진다. 첫 번째 집단과 세 번째 집단의 모평균의 차이를 SNK 절차로 검증해보자. 첫 번째 집단의 표본평균과 세 번째 집단의 표본평균 사이에는 두 번째 집단과 네 번째 집단의 표본평균($\overline{x_{2.}} = 13$, $\overline{x_{4.}} = 14$)이 있다. 따라서 첫 번째 집단과 네 번째 집단의 모평균을 비교하는 것은 네 집단 중에서 최대값과 최소값의 차이를 보고, 네 집단의 평균이 모두 같은지를 검증하는 것이다. 따라서 이 경우 검증하려고 하는 집단의 개수 l은 4이고, 다음과 같이 기각점을 구할 수 있다.

$$\frac{q_{\varepsilon}(l, g(n-1))}{\sqrt{n}} = \frac{q_{0.05}(4, 4 \times 10)}{\sqrt{11}} \approx \frac{3.79}{\sqrt{11}} \approx 1.14$$

기각역이 튜키의 방법과 같고 결과도 동일하다.

이번엔 SNK 절차로 세 번째 집단과 네 번째 집단의 모평균의 차이를 검증해 보자. 이때 비교대상 집단의 수 l은 2이고 기각점은 다음과 같이 구한다.

$$\frac{q_{\varepsilon}(l, g(n-1))}{\sqrt{n}} = \frac{q_{0.05}(2, 4 \times 10)}{\sqrt{11}} \approx \frac{2.86}{\sqrt{11}} \approx 0.86$$

그에 따라, SNK 절차에 따른 세 번째 집단과 네 번째 집단의 차이 검증은 다음과 같다.

$$\frac{|\overline{x_{j.}} - \overline{x_{j.}}|}{s_{sp}} = \frac{|\overline{x_{3.}} - \overline{x_{4.}}|}{1} = 1 > 0.86$$

따라서 SNK 절차에 의하면, 세 번째 집단과 네 번째 집단의 모평균이 같다는 영가설을 기각할 수 있다. 나머지 평균들에 대한 검증도 다음과 같이 정리해 볼 수 있다.

(i, j)	l	$\lvert\overline{x_{i.}} - \overline{x_{j.}}\rvert / s_{sp}$	튜키의 기각점	SNK 기각점
$(1, 2)$	2	2	1.14	0.86
$(1, 3)$	4	4	1.14	1.14
$(1, 4)$	3	3	1.14	1.04
$(2, 3)$	3	2	1.14	1.04
$(2, 4)$	2	1	1.14	0.86
$(3, 4)$	2	1	1.14	0.86

REGWR 절차: 다시 강한 계통적 오류율을 통제하다

앞서 설명한 바와 같이 기각점을 $\frac{q_{\varepsilon}(g, g(n-1))}{\sqrt{n}}$로 할 경우(튜키의 방법) 강한 계통적 오류율을 통제하지만, $\frac{q_{\varepsilon}(l, g(n-1))}{\sqrt{n}}$로 할 경우(SNK 절차), 강한 계통적 오류율을 통제하지 못한다. 그럼에도 총 10개의 집단에서 최대 표본평균과 최소 표본평균을 보인 집단을 검증할 때와 총 3개의 집단에서 최대 표본평균과 최소 표본평균을 보인 집단을 검증할 때 같은 기각점을 사용한다는 것이 어딘지 지나친 것 같다.

REGWRRyan-Einot-Gabriel-Welsch 범위 검증은 SNK 절차처럼 비교 대상이 되는 집단의 수에 따라 기각역이 달라지지만, 강한 1종 오류율을 통제한다. 그것은 비교 대상인 집단 수에 따라 유의수준을 낮춰줌으로써 가능하다.

전체 집단의 수를 g, 비교 대상인 집단의 수를 l, s_{sp}^2를 구하기 위해 쓰인 자유도를 ν(위에서는 각 집단의 표본크기를 n으로 놓고, $\nu = g(n-1)$로 놓았다.)라고 놓으면, REGWR은 l이 g 혹은 $g-1$일 때는 SNK 절차와 동일한 기각점을 사용하고, l이 $g-1$보다 작을 경우에는 SNK 절차의 기각점 $\frac{q_{\varepsilon}(l, \nu)}{\sqrt{n}}$에서 유의수준 ε를 $l\varepsilon/g$로 조정한다.

이것을 정리하면 다음과 같다.

$$l = g, g-1 \ \Rightarrow \ \frac{q_{\varepsilon}(l, \nu)}{\sqrt{n}}$$

$$l = g-2, g-3, \cdots, 2 \Rightarrow \frac{q_{l\varepsilon/g}(l, \nu)}{\sqrt{n}}$$

이 방법의 원리를 앞서 소개했던 경우로 설명해보자. 예를 들어서 다음과 같은 모평균과 공통모분산에서 SNK 절차를 사용할 경우 강한 계통적 오류율을 유의수준의 3배까지 높아질 수 있다고 하였다.

$$\mu_1 = 0,\ \ \mu_2 = 0,\ \ \mu_3 = 10,\ \ \mu_4 = 10,\ \ \mu_5 = 20,\ \ \mu_6 = 20,\ \ \sigma^2 = 1$$

그것은 6개의 집단을 2개씩 묶으면 총 3개의 묶음으로 나눌 수 있는데, 각 묶음에서 오류율이 유의수준 ε이라면 그들을 모두 합해 오류율이 최대 3ε까지 커지기 때문이다. 이때 유의수준을 $\frac{\varepsilon}{3}$ 조정하여 전체 오류율이 ε을 넘어가지 않도록 할 수 있지 않을까? 만약 6개의 집단을 3개씩 묶는다면, 2개의 묶음을 얻는다. 총 g개의 집단을 l개씩 묶는다면, $\frac{g}{l}$개의 묶음을 얻을 것이고, 따라서 REGWR에서는 유의수준을 $\frac{\varepsilon}{(g/l)} = \frac{l\varepsilon}{g}$로 조정한다.

튜키의 방법과 듀넷의 방법

세 모평균을 비교하는 경우를 살펴보자. 전체 영가설은 $H_0: \mu_1 = \mu_2 = \mu_3$이고, 부분영가설은 다음과 같이 쓸 수 있다.

$$H_{01}: \mu_1 = \mu_2,\ \ H_{02}: \mu_1 = \mu_3,\ \ H_{03}: \mu_2 = \mu_3$$

부분영가설 H_{01}, H_{02}, H_{03}을 검증하기 위해 표본평균의 차이 $d_1 = \overline{X_{1.}} - \overline{X_{2.}}$, $d_2 = \overline{X_{1.}} - \overline{X_{3.}}$, $d_3 = \overline{X_{2.}} - \overline{X_{3.}}$을 사용할 것이다. 앞에서 d_1과 d_2의 상관계수와 공분산을 구하였다. 마찬가지 방법으로 d_2, d_3의 공분산과 d_1, d_3의 공분산을 구할 수 있다.

따라서 모평균들의 차이를 검증하기 위해 사용되는 표본평균의 차이 $d_1 = \overline{X_{1.}} - \overline{X_{2.}}$, $d_2 = \overline{X_{1.}} - \overline{X_{3.}}$, $d_3 = \overline{X_{2.}} - \overline{X_{3.}}$는 전체 영가설 $H_0: \mu_1 = \mu_2 = \mu_3$이 참일 때, 다음의 분포를 나타낸다. $\overline{X_{,1.}}$, $\overline{X_{2.}}$, $\overline{X_{3.}}$는 모두 $N(0,\ \sigma^2)$를 따른다고 가정했다.

$$d_1 \sim N(0, 2\sigma^2),\ \ d_2 \sim N(0, 2\sigma^2),\ \ d_3 \sim N(0, 2\sigma^2)$$

$$cov(d_1, d_2) = \sigma^2,\ \ cov(d_2, d_3) = \sigma^2,\ \ cov(d_1, d_3) = -\sigma^2$$

$$\because cov(\overline{X_{1.}}-\overline{X_{2.}}, \overline{X_{1.}}-\overline{X_{3.}})$$

$$= cov(\overline{X_{1.}}, \overline{X_{1.}}) - cov(\overline{X_{1.}}, \overline{X_{3.}}) - cov(\overline{X_{2.}}, \overline{X_{1.}}) + cov(\overline{X_{2.}}, \overline{X_{3.}})$$

$$= var(\overline{X_{1.}}) = \sigma^2$$

위의 상황에서 (d_1, d_2, d_3)의 다변수 분포를 생각할 수 있다. (d_1, d_2, d_3)는 삼변수 정규분포를 따르고, (d_1, d_2, d_3)의 공분산-분산 행렬은 다음과 같이 정의된다.

$$\Sigma = \begin{pmatrix} var(d_1) & cov(d_1, d_2) & cov(d_1, d_3) \\ cov(d_2, d_1) & var(d_2) & cov(d_2, d_3) \\ cov(d_3, d_1) & cov(d_3, d_2) & var(d_3) \end{pmatrix} = \begin{pmatrix} cov(d_1, d_1) & cov(d_1, d_2) & cov(d_1, d_3) \\ cov(d_2, d_1) & cov(d_2, d_2) & cov(d_2, d_3) \\ cov(d_3, d_1) & cov(d_3, d_2) & cov(d_3, d_3) \end{pmatrix}$$

따라서 간단히 $\Sigma_{ij} = cov(d_i, d_j)$라고 쓸 수 있다. $d_1 = \overline{X_{1.}} - \overline{X_{2.}}$, $d_2 = \overline{X_{1.}} - \overline{X_{3.}}$, $d_3 = \overline{X_{2.}} - \overline{X_{3.}}$을 적용하면 다음과 같다.

$$\Sigma = \begin{pmatrix} 2\sigma^2 & \sigma^2 & -\sigma^2 \\ \sigma^2 & 2\sigma^2 & \sigma^2 \\ -\sigma^2 & \sigma^2 & 2\sigma^2 \end{pmatrix} = \sigma^2 \begin{pmatrix} 2 & 1 & -1 \\ 1 & 2 & 1 \\ -1 & 1 & 2 \end{pmatrix}$$

그리고 $\vec{x} = (x_1, x_2, x_3)$의 다변수 정규분포는 일반적으로 다음과 같이 나타낸다.

$$f(\vec{x}) = \frac{exp\left\{-\frac{1}{2}(\vec{x}-\vec{\mu})\Sigma^{-1}(\vec{x}-\vec{\mu})^T\right\}}{(2\pi)^{n/2}|\Sigma|^{1/2}}$$

하지만 아쉽게도 우리가 정의한 $d_1 = \overline{X_{1.}} - \overline{X_{2.}}$, $d_2 = \overline{X_{1.}} - \overline{X_{3.}}$, $d_3 = \overline{X_{2.}} - \overline{X_{3.}}$의 경우, Σ의 역행렬을 구할 수 없기 때문에 위의 함수를 그대로 적용할 순 없다. 여기서 중요한 것은 평균과 분산-공분산 행렬이 주어졌을 때, 변수들의 확률밀도가 정해지고, 그에 따라 $|x|_{\max} = \max_{1 \le i \le 3}|x_i|$ (즉, x_1, x_2, x_3의 최대값)가 특정값일 확률 혹은 특정값보다 작을 확률을 구할 수 있다는 것이다. 예를

들어 $\Sigma=\begin{pmatrix}\sigma^2 & 0 & 0\\ 0 & \sigma^2 & 0\\ 0 & 0 & \sigma^2\end{pmatrix}$인 경우, R/σ의 분포는 앞서봤듯이 표준화 범위의 분포가 된다.

따라서 영가설 $H_0:\mu_1=\mu_2=\mu_3$이 참일 때, $X_1,\ X_2,\ X_3 \sim N(0,\ \sigma^2)$로 놓을 경우, $\Sigma=\frac{\sigma^2}{n}\begin{pmatrix}2 & 1 & -1\\ 1 & 2 & 1\\ -1 & 1 & 2\end{pmatrix}$이고, $\vec{d}$의 분포는 정해진다. 그에 따라, $P(|d|_{\max}\le c)$ 값을 구할 수 있는데, 유의수준 α로 영가설 H_0을 검증하기 위해서는 $P(|d|_{\max}<c_\alpha)=1-\alpha$인 임계점 c_α를 찾아서 $d_1,\ d_2,\ d_3$ 중에 c_α보다 큰 값이 있는지 확인하면 된다.

예를 들어 $\overline{x_{1.}}=11,\ \overline{x_{2.}}=12,\ \overline{x_{3.}}=14$이고, 모분산 $\sigma^2=1$, 각 집단별 표본 크기 $n=10$인 경우, 영가설 $H_0:\mu_1=\mu_2=\mu_3$을 검정해보자. $d_1=-1$, $d_2=-3$, $d_3=-2$이고, 따라서 $|d|_{\max}=3$이다. $\Sigma=\frac{1}{10}\begin{pmatrix}2 & 1 & -1\\ 1 & 2 & 1\\ -1 & 1 & 2\end{pmatrix}$이고, $\vec{x}\sim N(0,\ \Sigma)$일때, 95%의 확률에 해당하는 $\max_{1\le i\le 3}|x_i|$ 값은 R에서 mvtnorm 패키지를 이용하여 쉽게 구할 수 있다.

```
library(mvtnorm)
sigma3<-matrix(1/10*c(2,1,-1,1,2,1,-1,1,2), ncol=3)
qmvnorm(0.95, sigma=sigma3, tail="both.tail")
```

```
$quantile
[1] 1.048309

$f.quantile
[1] 3.07628e-05
attr(,"error")
[1] 0.0003002086
attr(,"msg")
[1] "Normal Completion"

$iter
[1] 15

$estim.prec
[1] 6.103516e-05
```

우리의 자료에 의하면 $|d_i|_{\max} = 3$이고, 임계점은 1.048이므로, 영가설을 기각할 수 있다.

만약 네 개의 모평균을 비교한다면, $d_1 = \overline{X_{1.}} - \overline{X_{2.}}$, $d_2 = \overline{X_{1.}} - \overline{X_{3.}}$, $d_3 = \overline{X_{1.}} - \overline{X_{4.}}$, $d_4 = \overline{X_{2.}} - \overline{X_{3.}}$, $d_5 = \overline{X_{2.}} - \overline{X_{4.}}$, $d_6 = \overline{X_{3.}} - \overline{X_{4.}}$이고, 그에 따라 $\Sigma = \frac{\sigma^2}{n}\begin{pmatrix} 2 & 1 & 1 & -1 & -1 & 0 \\ 1 & 2 & 1 & 1 & 0 & -1 \\ 1 & 1 & 2 & 0 & 1 & 1 \\ -1 & 1 & 0 & 2 & 1 & -1 \\ -1 & 0 & 1 & 1 & 2 & 1 \\ 0 & -1 & 1 & -1 & 1 & 2 \end{pmatrix}$이 된다. 모분산 σ^2=1, 각 집단별 표본의 크기 $n = 10$일 때, $\vec{x} \sim N(0, \Sigma)$일때, 95%의 확률에 해당하는 $\max_{1 \le i \le 6}|x_i|$ 값을 R에서 multcomp 패키지를 이용하여 구해보자.

```
library(mvtnorm)
sigma6<-matrix(1/10*c(2,1,1,-1,-1,0,1,2,1,1,0,-1,1,1,2,0,1,1,-1,1,0,2,1,-1,-1,0,1,1,2,1,0,-1,1,
  -1,1,2), ncol=6)
qmvnorm(0.95, sigma=sigma6, tail="both.tail")
```

```
$quantile
[1] 1.148509

$f.quantile
[1] 5.530493e-05
attr(,"error")
[1] 0.0006429866
attr(,"msg")
[1] "Normal Completion"

$iter
[1] 17

$estim.prec
[1] 0.0001142948
```

이렇게 다변수 정규분포를 활용하는 방법의 장점은 모든 평균 쌍을 비교하는 튜키의 방법뿐 아니라, 통제 집단과 다른 집단들을 비교하는 듀넷의 방법 등의 여러 방법에 널리 활용될 수 있다는 것이다.

듀넷의 방법을 $\max_{1 \le i \le m} |x_i|$의 분포를 이용하여 풀어 보자.

듀넷의 방법은 g개의 집단 중에 1개가 통제 집단일 때, 나머지 $g-1$개의 집단의 평균을 통제 집단의 평균과 비교하는 것이다.

예를 들어서, 총 4개의 집단이 있다고 하자. 통제 집단의 모평균을 μ_0, 그리고 나머지 세 집단의 모평균을 μ_1, μ_2, μ_3로 놓자. 부분영가설은 $H_{01}: \mu_0 = \mu_1$, $H_{02}: \mu_0 = \mu_2$, $H_{03}: \mu_0 = \mu_3$가 될 것이며, 전체 영가설은 H_0: H_{01} 그리고 H_{02} 그리고 H_{03}이다. 여기서 $d_1 = \overline{X_{0.}} - \overline{X_{1.}}$, $d_2 = \overline{X_{0.}} - \overline{X_{2.}}$, $d_3 = \overline{X_{0.}} - \overline{X_{3.}}$ 라고 놓으면, 전체 영설이 참일 때, $d_1 \sim N(0, 2\sigma^2/n)$, $d_2 \sim N(0, 2\sigma^2/n)$, $d_3 \sim N(0, 2\sigma^2/n)$ $cov(d_1, d_2) = \dfrac{\sigma^2}{n}$, $cov(d_1, d_3) = \dfrac{\sigma^2}{n}$, $cov(d_2, d_3) = \dfrac{\sigma^2}{n}$이 되므로, $\Sigma = \dfrac{\sigma^2}{n}\begin{pmatrix} 2 & 1 & 1 \\ 1 & 2 & 1 \\ 1 & 1 & 2 \end{pmatrix}$ 이다.

주어진 Σ에서 다변수 정규분포를 사용하여 유의수준에 따라 $\max_{1 \le i \le 3} |d_i|$를 구할 수 있으며, 우리가 자료에서 얻은 $|d_i|_{\max}$와 이론적으로(전체 영가설이 참이라는 가정하에서) 얻어진 $\max_{1 \le i \le 3} |d_i|$을 비교하여 전체 영가설을 검증할 수 있다.

또다른 이점은 튜키의 방법을 쓸 때, 각 집단별 표본의 크기가 다를 때이다. 원래 튜키의 방법은 각 집단별 표본의 크기가 같다는 가정이 필요하며, 그것이 성립하지 않을 때에는 튜키-크래머Tukey-Kramer 방법이라는 근사적 방법을 사용한다. 따라서 정확한 오류율이 우리가 정한 유의수준과 같지 않다. 반면, 다변수 정규분포를 사용하는 경우에는 정확한 방법을 사용하는 것이다.

예를 들어 다음과 같은 상황을 보자.

집단	표본크기	표본평균
1	5	2
2	12	3
3	9	4

공식에 대입하기 쉽게 다음과 같이 쓸 수 있다.

$$n_1 = 5,\ n_2 = 12,\ n_3 = 9,\ \overline{x_{1.}} = 2,\ \overline{x_{2.}} = 3,\ \overline{x_{3.}} = 4$$

일반적으로 $\mu_1 = \mu_2 = \mu_3$이고, 공통 모분산이 σ^2, 첫 번째 집단에서 표본크기 n_1의 표본을 추출하여 구한 표본평균을 $\overline{X_{1.}}$라고 놓자. n_2, n_3, $\overline{X_{2.}}$, $\overline{X_{3.}}$도 마찬가지로 정의하고, d_1, d_2, d_3을 $\overline{X_{1.}} - \overline{X_{2.}}$, $\overline{X_{1.}} - \overline{X_{3.}}$, $\overline{X_{2.}} - \overline{X_{3.}}$로 놓으면, 다음이 성립한다.

$$var(d_1) = var(\overline{X_{1.}} - \overline{X_{2.}}) = var(\overline{X_{1.}}) + var(\overline{X_{2.}}) = \frac{\sigma^2}{n_1} + \frac{\sigma^2}{n_2}$$

$$cov(d_1, d_2) = cov(\overline{X_{1.}} - \overline{X_{2.}}, \overline{X_{1.}} - \overline{X_{3.}}) = var(\overline{X_{1.}}) = \frac{\sigma^2}{n_1}$$

같은 방식으로 $\Sigma = \sigma^2 \begin{pmatrix} \frac{1}{n_1} + \frac{1}{n_2} & \frac{1}{n_1} & \frac{1}{n_2} \\ \frac{1}{n_1} & \frac{1}{n_1} + \frac{1}{n_3} & \frac{1}{n_3} \\ \frac{1}{n_2} & \frac{1}{n_3} & \frac{1}{n_2} + \frac{1}{n_3} \end{pmatrix}$을 구할 수 있으므로, 다변수 정규분포를 통해, $\max_{i=1,2,3}|d_i|$의 95% 범위를 구할 수 있다. 이때 $\max_{i=1,2,3}|d_i|$의 최대값은 유의수준 0.05에서 영가설 $\mu_1 = \mu_2 = \mu_3$에 대한 $\max_{i=1,2,3}|d_i|$의 임계값이 된다.

구체적으로 앞의 예에서 $n_1 = 5, n_2 = 12, n_3 = 9,\ \overline{x_{1.}} = 2, \overline{x_{2.}} = 3, \overline{x_{3.}} = 4$이고, $\sigma^2 = 1$일 때, $\Sigma = \begin{pmatrix} \frac{1}{5}+\frac{1}{12} & \frac{1}{5} & \frac{1}{12} \\ \frac{1}{5} & \frac{1}{5}+\frac{1}{9} & \frac{1}{9} \\ \frac{1}{12} & \frac{1}{9} & \frac{1}{12}+\frac{1}{9} \end{pmatrix}$이므로, $\max_{i=1,2,3}|d_i|$의 임계값을 구해보면, 다음과 같다.

```
library(mvtnorm)
sigma3<-matrix(c(1/5+1/12, 1/5, 1/12, 1/5, 1/5+1/9, 1/9, 1/12, 1/9, 1/12+1/9), ncol=3)
qmvnorm(0.95, sigma=sigma3, tail="both.tail")
```

```
$quantile
[1] 1.213509
                              ⋮
```

우리의 자료에 의하면 $|d|_{\max} = 2$이고, 임계점은 1.214이므로, 영가설을 기각할 수 있다.

요약

모든 쌍에 대한 비교를 할 때 사용하는 튜키의 방법이나 (통제 조건 혹은 최상의 조건과 나머지 조건을 비교하는) 듀넷의 방법은 모두 공분산이 0이 아닌 다변량 $t-$분포를 통해 검정할 수 있다. 특히 집단별 표본크기가 다른 경우에도 다변량 $t-$분포를 사용하면, 튜키의 방법을 사용할 수 있다

■ 참고 문헌

Frank Bretz, Torsten Hothorn, Peter Westfall(2011). *Multiple Comparisons Using R*.

다중 추론: 정리

앞서 살펴봤듯이 다중 추론에는 일반적인 전체 영가설에 대해 사용 가능한 본페르니와 시닥의 방법, 그리고 “모든 모평균이 동일하다”는 전체 영가설에 대해 사용 가능한 튜키의 방법으로 구분된다. 이들은 모두 강한 계통적 오류율을 통제한다. 문제는 부분영가설의 수가 증가함에 따라 감소되는 검정력이다.

본페르니 방법을 사용하고, 강한 계통적 오류율을 통제하면서, 검정력을 높이기 위한 시도로 홈Holm의 절차가 있다. 반면, 강한 계통적 오류율의 통제를 포기하고, 거짓발견율을 통제하기 위한 방법으로는 벤자미니와 호치버그Benjamini-Hochberg의 절차가 있다. 거짓발견율과 강한 계통적 오류율이 동일할 때, 거짓발견율을 사용한 방법이 검정력이 높다.

튜키의 방법을 사용하고, 강한 계통적 오류율을 통제하면서, 검정력을 높이기 위한 방법으로 리언-엘리엇-개브리얼-웰치의 절차가 있다. 반면, 스튜던트-뉴먼-쿨스의 절차는 거짓발견율을 통제한다.

튜키의 방법은 모든 모평균의 쌍들에 대해 검정을 한다. 반면 듀넷의 방법은 하나의 모평균과 나머지 모평균들의 차이를 검정한다. 듀넷의 방법은 검정하는 영가설의 수가 적기 때문에 검정력이 높아지는 효과를 가져온다.

튜키의 방법은 정규성과 등분산성의 가정이 전제됨을 유의하자.

요약

통제하는 오류율[62]	전체 영가설의 종류		
	모든 모평균이 동일하다. (정규성, 등분산성)	하나의 모평균이 나머지 모평균과 동일하다. (정규성, 등분산성)	모든 영가설[63]
약한 계통적 오류율	분산분석 F-검정		
강한 계통적 오류율	튜키의 방법	듀넷의 방법	본페르니의 방법
강한 계통적 오류율 (좀더 높은 검정력)	REGW		홈의 절차
거짓발견율	SNK		벤자미니와 호치버그의 절차

62) 앞서 봤듯이 강한 계통적 오류율을 통제하면 거짓발견율과 약한 계통적 오류율도 통제가 된다. 거짓발견율을 통제하면, 약한 계통적 오류율도 통제가 된다.

63) 본페르니의 방법, 홈의 절차, 벤자미니와 호치버그의 절차는 모든 영가설에 대해 사용가능하므로, "모평균이 동일하다."나 "하나의 모평균이 나머지 모평균과 동일하다."란 전체 영가설의 경우에도 쓸 수 있다. 하지만 정규성, 등분산성이 성립하는 경우 그것을 활용하는 방법(튜키의 방법, 듀넷의 방법)이 보통 검정력이 더 높다.

분산분석 F-검정 vs 다중비교 t-검정 : 기각역의 차이

앞서 봤듯이 분산분석 $F-$검정의 결과와 다중비교 $t-$검정의 결과는 다를 수 있다. 그것은 동일한 약한 계통적 오류율을 허용했을 때에도 마찬가지이다.[64] 왜일까? 모든 모평균이 동일하지 않다면 그 중 하나는 다른 모평균과 달라야 하는 게 아닌가? 그 이유를 생각해보자.

논의를 간단하게 하기 위해서 두 개의 모집단, 그리고 알려진 모평균($\sigma^2 = 1$) 혹은 무한의 자유도($s_{sp}^2 = 1,\ d.f = \infty$)을 가정하자. 그리고 각 집단별로 표본크기는 n으로 놓자. 여기서 표본크기는 표본평균을 구하기 위해 사용한 표본의 크기이고, 앞서 가정한 무한의 자유도는 표본분산을 구하기 위해 사용한 표본의 크기를 나타낸다. 만약 표본의 크기가 무한히 커진다면, 거기에서 얻은 표본분산은 모분산과 차이가 없을 것이다. 전체 영가설 H_0: $\mu_1 = \mu_2 = 0$을 검정하기 위해 분산분석 $F-$검정 혹은 다중비교를 사용할 수 있다.

두 방법은 어떤 차이를 보일까? 유의수준 0.05에서 분산분석 $F-$검정과 다중비교를 실시해보자. 먼저 분산분석 $F-$검정을 위해 $F-$값을 구하면 다음과 같다.

---

64) 강한 계통적 오류율을 α_{sfw}로 통제하는 다중비교 $t-$검정절차는 약한 계통적 오류율이 α_{sfw} 이하로 통제된다.

$$F = \frac{\sum_{i=1}^{2} n(\overline{X_{i.}} - 0)^2/2}{1}$$

유의수준 0.05에서 영가설을 검정하기 위해 위의 $F-$값을 $F_{0.95}(2, \infty)$와 비교해야 하며, 따라서 $\overline{X_{1.}}$, $\overline{X_{2.}}$의 기각역은 다음과 같이 구할 수 있다.

$$F = \frac{\sum_{i=1}^{2} n(\overline{X_{i.}} - 0)^2/2}{1} > F_{0.95}(2, \infty) \simeq 2.996$$

$$\Downarrow$$

$$\frac{n(\overline{X_{1.}} - 0)^2 + n(\overline{X_{2.}} - 0)^2}{2} > 2.996$$

$$\Downarrow$$

$$(\overline{X_{1.}} - 0)^2 + (\overline{X_{2.}} - 0)^2 > \frac{5.992}{n}$$

기각역을 $x-$축을 $\overline{X_{1.}}$, $y-$축을 $\overline{X_{2.}}$로 하는 좌표 위에 표시하면 다음과 같다.

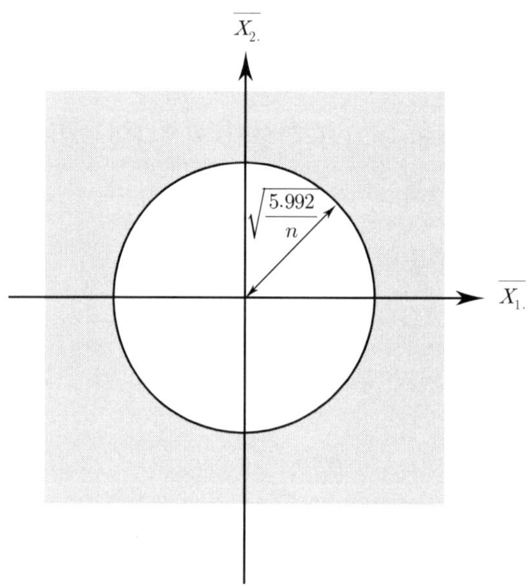

반면, 다중비교는 전체 영가설 $H_0: \mu_1 = \mu_2 = 0$을 부분영가설 $H_{01}: \mu_1 = 0$과 $H_{02}: \mu_2 = 0$으로 나눠서, 전체 영가설을 $H_0: H_{01}$ 그리고 H_{02}로 표시한다. 부분영가설 H_{01}과 H_{02}을 검정하기 위해서 $N(0,1)$ 혹은 $t(\infty)$ 분포를 사용할 수 있음은 이미 배운 바 있다. 두 표본평균의 값이 서로 독립이라고 한다면, 유의수준 0.05은 각 부분영가설 비교 시에 $1-\sqrt[n]{1-\alpha_{sfw}} = 1-\sqrt{1-0.05} \simeq 0.025$(여기서 n은 영가설의 개수)로 조정해야 한다. 따라서 부분영가설 H_{01}과 H_{02}의 기각역은 다음과 같다.

$$H_{01}\text{의 기각역: } \left|\frac{\sqrt{n}(\overline{X_{1.}}-0)}{1}\right| > N_{1-\frac{0.02532}{2}}(0,1) = N_{0.9875}(0,1) \simeq 2.241$$

$$H_{02}\text{의 기각역: } \left|\frac{\sqrt{n}(\overline{X_{2.}}-0)}{1}\right| > N_{1-\frac{0.02532}{2}}(0,1) = N_{0.9875}(0,1) \simeq 2.241$$

$$\Downarrow$$

$$H_{01}\text{의 기각역: } |\overline{X_{1.}}| > \frac{2.241}{\sqrt{n}}$$

$$H_{02}\text{의 기각역: } |\overline{X_{2.}}| > \frac{2.241}{\sqrt{n}}$$

$$\Downarrow$$

$$H_0\text{의 기각역: } |\overline{X_{1.}}| > \frac{2.241}{\sqrt{n}} \text{ 또는 } |\overline{X_{2.}}| > \frac{2.241}{\sqrt{n}}$$

구체적으로 $n = 10$일 때, $F-$검정과 다중비교의 기각역을 비교해보면 다음과 같다.

검정	기각역
$F-$검정	$(\overline{X_{1.}}-0)^2 + (\overline{X_{2.}}-0)^2 > \frac{5.992}{10} \simeq (0.774)^2$
다중비교 $t-$검정	$\lvert\overline{X_{1.}}\rvert > \frac{2.241}{\sqrt{10}} \simeq 0.709$, $\lvert\overline{X_{2.}}\rvert > \frac{2.241}{\sqrt{10}} \simeq 0.709$

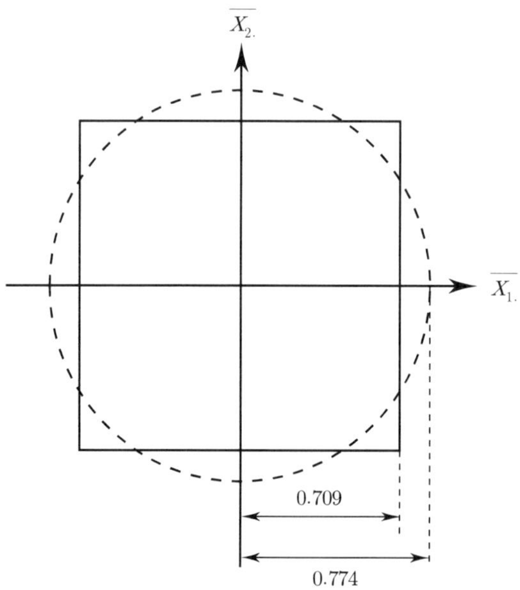

왜 통계적 검정은 자료를 모으기 전에 통계 방법을 정해놓아야 하는가? 그것은 만약 데이터를 보고 여러 가지 통계방법을 실시한 결과 중에서 유의미한 것을 고른다면, 오류율을 정확히 통제하지 못하기 때문이다. 위의 예에서 영가설이 참일 때, 유의수준 0.05에서 $F-$검정 혹은 다중비교 방법을 모두 실시하여 둘 중 하나의 검정에서 유의미한 결과를 보일 확률은 0.05보다 늘어난다. $F-$검정의 기각역의 확률이 0.05이고, 다중비교의 기각역의 확률이 0.05이다. 이 두 기각역을 모두 합친 확률은 이 두 기각역이 정확히 일치하지 않는 이상 0.05보다 늘어날 수 밖에 없다!

이것은 단측검정과 양측검정에서도 마찬가지이다! 단측검정과 양측검정의 경우에는 많은 통계학책에서 다루고 있다. 결론을 얘기하자면, 유의수준 0.05로 단측검정과 양측검정을 모두 실시하여 그 중 하나 이상 유의미한 결론을 얻을 확률은 영가설이 참일 때, 0.075로 증가한다. 이렇게 영가설이 같지만 다른 통계량 혹은 다른 통계절차를 사용할 경우 기각역이 다르게 된다. 따라서 여러 개의 통계절차를 모두 실시한 후 유의미한 통계결과만을 보고할 경우 원래의 유의수준보

다 오류율은 증가하게 된다.[65]

만약 여러 통계절차를 모두 사용해보고 싶다면, 그것들의 결과를 모두 보고하라. 그것이 아니라면 사전에 검증의 방법을 정하고 그 검증결과에 대해서만 보고를 해야 한다. 그렇지 않고 여러 검증방법을 모두 사용한 후에 유의미한 결과를 보인 경우만을 보고하는 경우 오류율을 제대로 통제할 수 없다.

요약

사전에 어떤 검정 절차를 사용할지를 정하라. 모든 검정 절차를 적용한 후 유의미한 결과만을 보고하는 것은 일종의 사기이다. 만약 여러 검정 절차를 모두 사용해보고 싶다면, 그 모든 검정 절차에 대한 결과를 보고하라.

65) 참인 영가설에 대해 유의수준 0.05의 검정을 새로운 실험을 통해 100번을 실시하면, 그 중 하나 이상의 실험에서 유의미한 결과를 얻을 확률은 99.4%이다. 따라서 100번의 실험을 했으면서, 단 한 번의 실험을 한 것처럼 보고하는 것은 명백히 사기이다! 반면 참인 영가설에 대해 같은 데이터를 가지고 여러 가지 다른 검정방법을 실시할 때, 그 중 하나 이상의 검정에서 유의미한 결과를 얻을 확률은 앞의 경우처럼 급격히 올라가지는 않는다. 왜냐하면, 검정의 종류가 그렇게 많지도 않고, 기각역의 상당한 부분이 겹치기 때문이다.

분산분석 F–검정 vs 다중비교 t–검정 : 검정통계량의 개수

분산분석 $F-$검정의 관심은 전체 영가설 H_0을 기각할 수 있는가이다. 우리가 얻은 자료가 전체 영가설 H_0이 참임에도 우연히 나타났다고 할 수 있는가? H_0를 기각할 확률은 관측값이 H_0가 참일 때 희귀한 정도에 비례해서 증가한다. 하지만 전체 영가설 H_0이 기각되었을 때, 어떤 부분영가설이 기각되는지에 대해서 분명치 않을 수 있다.

반면 다중비교는 각각의 부분영가설 H_{01}, H_{02}, $\cdots$, H_{0n}의 검정이 주된 목표이며, 그 과정에서 여러 개의 검정을 동시에 실시할 때 나타나는 다중성 문제를 계통적 오류율을 통제함으로써 해결하고자 한다. 즉, 주어진 영가설들이 모두 참임에도 하나 이상의 영가설을 기각할 확률을 통제하는 것이다.

분산분석 $F-$검정은 $F-$값을 사용하여 전체 영가설을 검증한다. $F-$값이 작으면 전체 영가설이 참인 경우에도 우연히 나타날 수 있는 경우이고, $F-$값이 커질수록 전체 영가설이 참일 때 우연히 나타나기 힘든 값이다. $F-$검정을 통해 어떤 부분영가설을 기각해야 할지 결론을 내리지 못하는 이유는 $F-$검정이 $F-$값 하나만으로 검정이 이루어지기 때문이다.

반면 다중비교 $t-$검정은 부분영가설의 개수만큼의 $t-$값을 사용한다. 따라서 어느 부분영가설이 기각되어야 할지를 분명히 알 수 있다. 그리고 분산분석

F–검정이 통제하는 약한 오류율을 포함하여 강한 오류율을 통제한다. 따라서 다중비교 t–검정은 분산분석 F–검정 없이 사용할 수도 있다.

요약

분산분석 F–검정은 하나의 검정통계량을 사용하여 전체 영가설의 기각유무를 결정한다. 반면, 다중비교 t–검정은 여러 개의 검정통계량을 사용하여 부분영가설의 기각유무를 결정할 수 있다. 강한 계통적 오류율을 통제하는 다중비교 t–검정은 약한 계통적 오류율도 통제되기 때문에 분산분석 F–검정과 별개로 사용될 수 있다.

다중비교: 이변수 정규분포를 따르는 두 변수에서 공분산(상관계수)의 역할

확률변수 X, Y가 표준정규분포를 따르고 X, Y는 서로 독립이라고 가정해보자. 따라서 X, Y의 공분산, 상관계수는 모두 0이다. 서로 독립이고 정규분포를 따르는 두 확률변수의 공분산, 상관계수는 0이다.

확률변수 X, Y는 간단히 다음과 같이 나타낼 수 있다.

$$X \sim N(\mu_X, 1^2),\ Y \sim N(\mu_Y, 1^2),\ X \perp Y$$ [66]

우리가 검증하고자 하는(혹은 기각하고자 하는) 영가설은 다음과 같다.

$$H_{X0}: \mu_X = 0$$

확률변수 X의 구체적인 실현값인 x를 관찰했을 때, 영가설 H_{X0}의 검증(유의수준 0.05)은 다음과 같이 이루어진다.

---

66) $X \perp Y$는 확률변수 X, Y가 서로 독립임을 나타낸다. 정규분포를 따르는 두 분포의 공분산이 0일 경우 서로 독립이므로, X, Y가 정규분포를 따를 때에 한해 $Cov(X, Y) = 0$라고 쓸 수도 있다.

$$\text{만약 } |x| > 0 + Z_{0.975}, \qquad H_{X0} \text{ 기각!}$$
$$\text{만약 } |x| \le 0 + Z_{0.975}, \qquad H_{X0} \text{ 기각하지 못함!}$$

이것은 앞서 설명했듯이, $\mu_X = 0$일 때, 가장 빈번하게 관찰되는 95%의 X의 범위($0 + Z_{0.025} \sim 0 + Z_{0.975}$)에 실제 관찰값 x가 포함되느냐에 달렸다. 앞에서 다룬 무수히 많은 예는 표본크기가 1보다 큰 경우였다. 여기서 표본크기는 1이다. 그리고 $Z_{0.025} = -Z_{0.975}$ 임을 활용하였다.

예를 들어서, $x = 1.9$일 때, 영가설 H_{X0}(유의수준 0.05)을 검정하고자 한다면, 다음과 같은 결론을 얻을 수 있다.

$$1.9 < 0 + Z_{0.975} = 1.96 \Rightarrow H_{X0} \text{ 기각하지 못함!}$$

만약 영가설 $H_{XY0}: \mu_X = 0 \text{ and } \mu_Y = 0$을 검정하고자 한다고 하자. H_{XY0}은 논리적으로 $H_{X0} : \mu_X = 0$이 기각되거나, $H_{Y0} : \mu_Y = 0$이 기각될 때 기각된다. 따라서 쉽게 생각할 수 있는 방법은 H_{X0}, H_{Y0}을 앞서 동일한 방법으로 검정하는 것이다.

예를 들어 Y에서 관찰된 값이 2라고 하자. 그렇다면, H_{Y0}는 유의수준 0.05에서 기각할 수 있으므로 H_{XY0}는 기각할 수 있다. 하지만 이렇게 H_{XY0}를 검정하는 방법의 유의수준은 얼마인가? H_{XY0}가 참일 때(따라서 논리적으로 H_{X0}와 H_{Y0}도 참이다), H_{XY0}를 기각하는 확률이 얼마인가?

이 문제를 확률변수 X, Y의 확률밀도그래프 상에서 생각해보자. H_{XY0}을 기각하는 경우는 확률변수 X, Y가 빗금 친 영역에서 나타나는 경우이다. 이 영역의 확률은 분명 0.05보다 크다. 독립임을 감안하여 확률을 구해보면, $0.05 + 0.05(1 - 0.05) = 0.0975$이다. H_{XY0}이 참일 때, H_{XY0}를 기각하는 1종 오류율이 유의수준의 거의 2배가 되었다! 어떻게 유의수준을 0.05로 낮출 수 있을까? 쉽게 생각할 수 있는 가능한 방법은 H_{XY0}의 유의수준을 0.05로 낮추기 위해서 H_{X0}, H_{Y0}을 검정할 때 사용하는 유의수준을 적절히 줄여주는 것이다. H_{X0}, H_{Y0}의 유의수준을 동일하게 α_c로 놓고, 앞에서 사용한 식을 사용하여 $\alpha_c + \alpha_c(1-\alpha_c) = 0.05$가 되도록 조정하자. 이때 $\alpha_c \approx 0.025$이 된다.

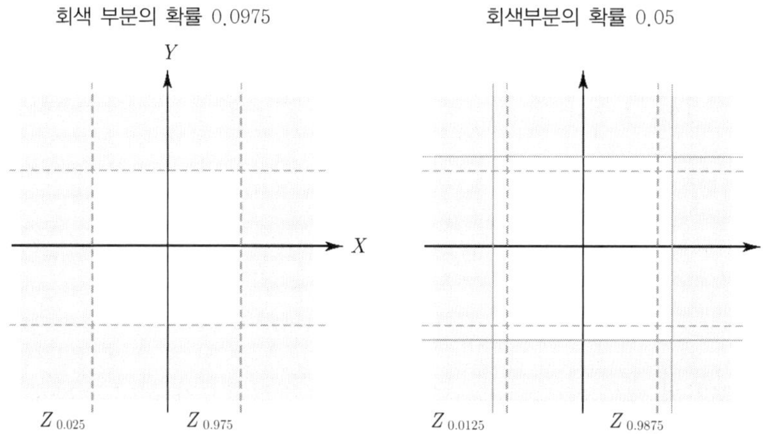

H_{XY0}의 1종 오류율이 H_{X0}의 1종 오류율에 비해 높아지는 이유는 이렇게 생각해볼 수 있다. H_{X0}의 오류율이 0.05일 때, H_{X0}을 기각하면 H_{XY0}를 기각하게 되는데, 문제는 H_{X0}가 기각되지 않을 때에도 H_{XY0}를 기각하는(H_{Y0}를 기각함으로써) 경우가 있다는 것이다. 좀더 풀어서 얘기하면, H_{XY0}이 참일 때, H_{X0}와 H_{Y0}도 참이므로, H_{X0}를 기각하여 H_{XY0}를 기각하는 확률이 0.05이다. 하지만 H_{X0}를 기각하지 못할 때에도 H_{Y0}를 기각함으로써 H_{XY0}를 기각하는 확률이 남아있다. 따라서 H_{XY0}의 1종 오류율(H_{XY0}가 참임에도 H_{XY0}을 기각하는 확률)은 H_{X0}의 1종 오류율보다 커진다. 만약 H_{X0}를 기각하지 못할 때, H_{Y0}를 기각하여 H_{XY0}를 기각하는 경우가 생기지 않을 경우엔, 오류율이 증가하지 않는다! 다음에 소개하는 상관계수가 1인 이변수 정규분포에서의 검증이나 앞에서 설명한 홈의 절차는 이 성질을 이용한 것이다.

만약 X, Y가 서로 독립이 아닌 이변수 표준정규분포를 따른다고 가정해보자. X, Y는 각자 정규분포를 띠고 (X, Y)의 분포는 X, Y의 상관계수 ρ에 의해 정해진다. 그때 (X, Y)의 확률밀도함수는 다음과 같다(μ_X: X의 평균, μ_Y: Y의 평균, X, Y의 분산은 모두 1이다. 독립인 경우, $\rho=0$).

$$f(x,y)= \frac{1}{2\pi\sqrt{1-\rho^2}}exp\left(-\frac{(x-\mu_X)^2+(y-\mu_Y)^2-2\rho(x-\mu_X)(y-\mu_Y)}{2(1-\rho^2)}\right)$$

ρ에 따른 구체적인 분포는 아래와 같다.

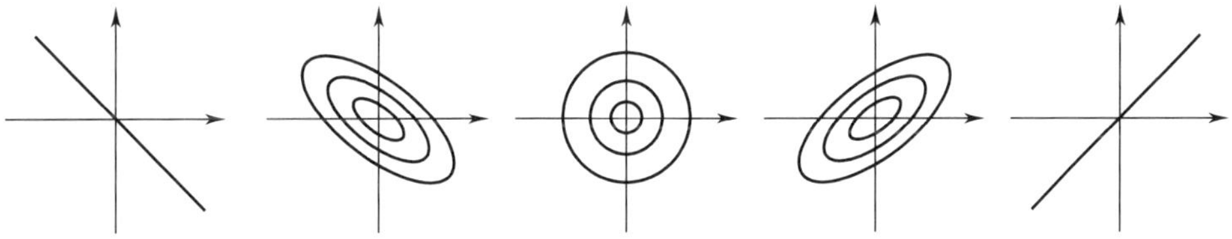

[그림] $\rho=1, -\frac{1}{2}, 0, \frac{1}{2}, 1$일 때 이변수 정규분포

여기서 주목할 점은 구체적인 확률밀도함수 $f(x, y)$가 아니라, X, Y의 평균과 분산이 정해졌을 때, (X, Y)의 분포가 오로지 하나의 모수 ρ에 의해 결정된다는 것이다. 따라서 모수 ρ만 알고 있으면, 임의의 어떤 범위 $a \le X \le b$, $c \le Y \le d$에 대해서도 그 확률을 알 수 있다!

이변수 정규분포에서 X, Y의 분포가 서로 독립($\rho=0$)이 아니라는 것이 H_{XY0}의 검정에 미치는 영향을 알아보자. 극단적인 예로 X, Y의 상관계수가 1이라고 해보자.[67] 이 경우에 확률변수 X와 Y는 항상 동일한 값을 나타내기 때문에, H_{X0}와 H_{Y0}의 검정결과가 항상 같을 것이며(H_{X0}를 기각하지 않으면서 H_{XY0}

67) 상관계수가 1이 되면 앞에서 소개한 확률밀도함수 $f(x,y)$는 사용할 수 없다! 왜냐하면 $x \neq y$인 경우에는 $f(x,y)=0$이고, $x=y$인 경우에는 $f(x,y)=\infty$(혹은 정의가 되지 않음)가 되기 때문이다. 이때 $f(x)$는 정규분포를 따르고, $X=x$일 때, 언제나 $Y=x$로 결정된다!

를 기각하는 경우가 없다), H_{XY0} 검정을 위해 유의수준을 따로 조정하지 않아도 된다. 반면, 상관계수가 1과 0 사이에 있을 경우에는 독립일 경우만큼은 아니지만, 기각역을 조금 좁혀주어야(비교별 유의수준 α_c을 낮춰주어야) H_{XY0}의 1종 오류율의 증가를 막을 수 있다. 그것은 확률변수 (X, Y)가 H_{X0}와 H_{Y0}의 공통 기각역에 속할 확률이 X, Y의 상관계수가 1일 때보다는 낮지만, X, Y가 서로 독립일 때보다는 높기 때문이다.

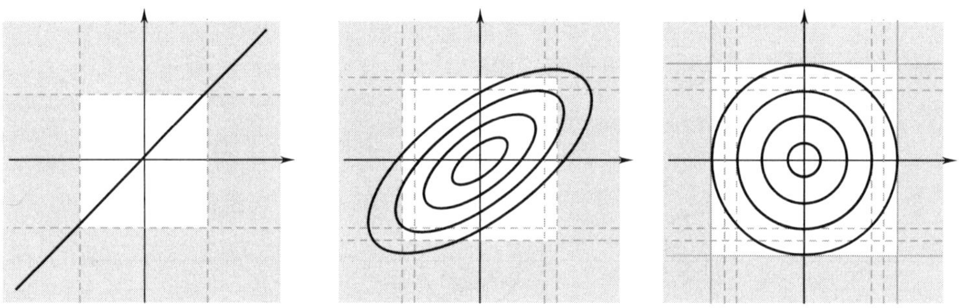

[그림] (X,Y) 평면에서 $\rho=1,\ \frac{1}{2},\ 0$일 때, 유의수준 0.05의 기각역

두 확률변수 X, Y의 상관계수가 영가설 H_{XY0}의 검정에 영향을 미치는 것은 앞서 소개된 듀넷의 방법이나 튜키의 방법에서 볼 수 있다.

이 논의는 3개 이상의 영가설을 검증하는 경우에도 적용 가능하다. 세 개 이상의 확률변수들 간의 상관계수는 흔히 상관계수 행렬로 표시한다. 그리고 모분산을 모를 경우에는 공통모분산의 추정치를 사용한 다변수 $t-$분포를 사용한다.

요약

이변수 정규분포를 따르는 두 확률변수를 가정하고, 일정한 유의수준에서 모평균에 대한 영가설검정을 실시할 때, 기각역은 상관계수에 따라 달라진다. 구체적으로 상관계수가 0일 경우에 기각역이 가장 좁고, 상관계수의 절대값이 증가할수록 기각역도 넓어진다.

F–검정, 다중비교, 대비 t–검정, 다중대비검정, 그리고 쉐페 방법

유의미한 $F-$검정 결과 이후에 실시한 다중비교 $t-$검정에서 유의미한 결과를 얻지 못할 수도 있는 것은 두 검정의 기각역이 약간 다르기 때문이다. ("분산분석 $F-$검정 vs 다중비교 $t-$검정: 기각역의 차이" 참조)

다시 한 번 정리해보자. 논의를 간단하게 하기 위해 다음 영가설을 생각해 부자.

$$H_0 : \mu_X = \mu_Y = 0$$

$$(X \sim N(\mu_X, \sigma^2),\ Y \sim N(\mu_Y, \sigma^2),\ X \perp Y,\ \sigma^2 = 1)$$

영가설은 "두 확률변수 X, Y의 평균이 모두 0이다."이다. 이때 모분산 σ_X^2, σ_Y^2는 모두 1이라는 사실이 알려져 있다고 하자. 이제 크기 n의 표본을 각각의 확률변수 X, Y에서 관찰하였다. $\{x_1, x_2, \cdots, x_n\}$, $\{y_1, y_2, \cdots, y_n\}$이 두 표본에서 표본평균을 구하여 $\overline{x}$, $\overline{y}$라고 놓자. 위의 영가설에 대한 $F-$검정은

$$F = \frac{\{(n \cdot \overline{x} - 0)^2 + (n \cdot \overline{y} - 0)^2\}/2}{1}$$

을 구하여, $F_{1-\alpha}(2, \infty)$과 비교함으로써 이루어진다. 그에 따라 기각역은 다음과 같이 나타난다.

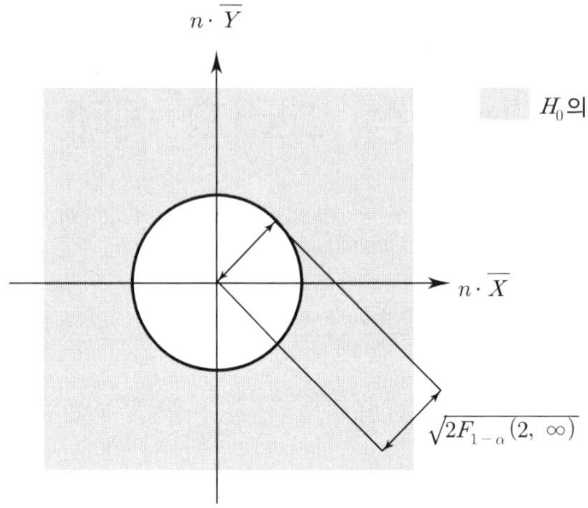

반면 앞의 영가설을 다음과 같이 표현해보자.

$$H_0: H_{01} \text{ 그리고 } H_{02},\ H_{01}: \mu_X = 0,\ H_{02}: \mu_Y = 0$$
$$(X \sim N(\mu_X, \sigma^2),\ Y \sim N(\mu_Y, \sigma^2),\ X \perp Y,\ \sigma^2 = 1)$$

논리적으로 처음의 영가설 "$\mu_X = \mu_Y = 0$"과 다를 바가 없다. 이것을 다중비교 절차에 의해 검정해보자. H_{01}의 검정을 위해 $\overline{x}$를 사용할 것이고, H_{02}의 검정을 위해 $\overline{y}$를 이용할 것이다. 이때 확률변수 X, Y는 서로 독립이므로, $\overline{X}$와 $\overline{Y}$의 분포도 서로 독립임을 알고 있다고 하자. 따라서 시닥Sidak의 방법을 사용하여 다중비교를 실시할 수 있다. 전체 오류율(계통적 오류율: H_0이 참일 때, H_{01}, H_{02} 중 하나를 기각하는 확률)을 α_{fw}로 통제하기 위해서 $\alpha_{fw} = 1-(1-\alpha_c)^2$을 만족하는 α_c를 사용하여 H_{01}과 H_{02}를 검증한다. H_{01}의 검정은 $Z = \frac{\overline{X}-0}{1}$의 절대값과 $Z_{1-\frac{\alpha_c}{2}}$의 크기를 비교하여 $Z = \frac{\overline{X}-0}{1}$의 절대값이 더 크다면 H_{01}을 기각한다. H_{02}의 경우도 마찬가지이다. 그에 따라 H_{01}과 H_{02}의 기각역은 다음과 같다.

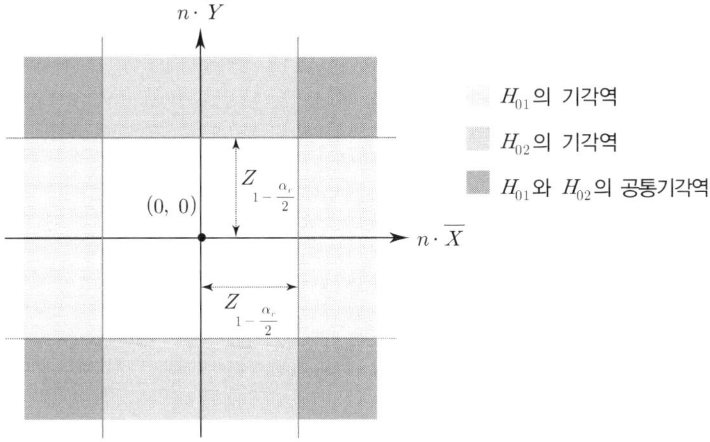

이제 하나의 대비에 대해 검정을 해보자. 영가설은 다음과 같다.

$$H_0: a\mu_X + b\mu_Y = 0$$

$$(\overline{X} \sim N(\mu_X, \frac{\sigma^2}{n^2}), \overline{Y} \sim N(\mu_Y, \frac{\sigma^2}{n^2}), X \perp Y, \sigma^2 = 1)$$

우선 $a(n\overline{X}) + b(n\overline{Y})$의 분포는 $N(an\mu_X + bn\mu_Y, a^2\sigma^2 + b^2\sigma^2)$이 됨을 쉽게 알 수 있다. 따라서 영가설이 참일 때, $a(n\overline{X}) + b(n\overline{Y})$의 분포는 $N(0, a^2 + b^2)$이 되고, 영가설 검정은 $Z = \dfrac{a(n\overline{X}) + b(n\overline{Y})}{\sqrt{a^2 + b^2}}$의 절대값을 $Z_{1-\frac{\alpha}{2}}$와 비교하여 이루어진다. 이때 기각역을 좌표 위에 표시해보면 다음과 같다. 여기서 대비 $a(n\overline{X}) + b(n\overline{Y})$의 (a, b)에 따라 기각역의 경계선의 기울기가 달라짐을 주목하자. $\overline{x}$, $\overline{y}$가 주어졌을 때, 영가설 "$a\mu_X + b\mu_Y = 0$"을 검증하기 위해 사용하는 통계량 $\dfrac{a(n\overline{x}) + b(n\overline{y})}{\sqrt{a^2 + b^2}}$의 값은 점 $(n\overline{x}, n\overline{y})$에서 원점과 $(b, -a)$를 지나는 직선과의 거리이다.

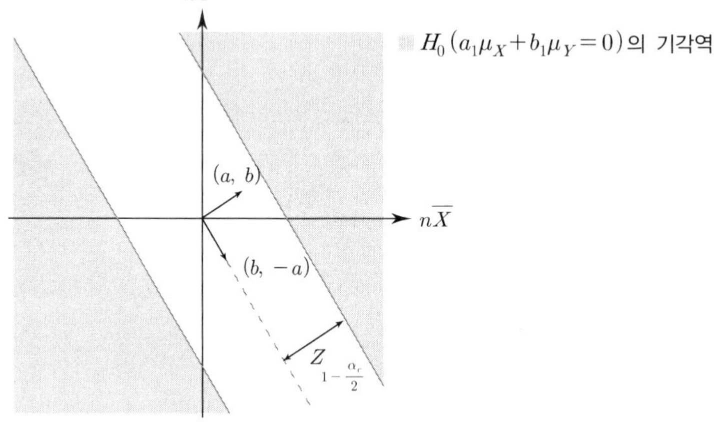

그런데 여기서 주목해 볼 것은 영가설 "$\mu_X=0$" 혹은 영가설 "$\mu_Y=0$"의 검정도 대비검정으로 생각해 볼 수 있다는 것이다. $\mu_X=0$ 혹은 $\mu_Y=0$은 $a\mu_X+b\mu_Y$을 생각할 때, $a=1,\ b=0$ 혹은 $a=0,\ b=1$의 특수한 경우일 뿐이다. 만약 우리가 독립적인 두 대비에 대한 검정을 하고자 한다면, 앞서 봤던 영가설 "$\mu_X=0$ 그리고 $\mu_Y=0$"의 검정과 동일하게 진행할 수 있다.

독립적인 두 대비의 검정에서 영가설은 다음과 같다.

$$H_0: H_{01} \text{ 그리고 } H_{02},$$

$$H_{01}: a_1\mu_X+b_1\mu_Y=0,\ H_{02}: a_2\mu_X+b_2\mu_Y=0$$

$$(X\sim N(\mu_X,\sigma^2),\ Y\sim N(\mu_Y,\sigma^2),\ X\perp Y,\ a_1a_2+b_1b_2=0,\ \sigma^2=1)$$

$a_1a_2+b_1b_2=0$은 두 대비 $a_1\mu_X+b_1\mu_Y$, $a_2\mu_X+b_2\mu_Y$를 검정할 때 사용하는 $a_1(n\overline{X})+b_1(n\overline{Y})$, $a_2(n\overline{X})+b_2(n\overline{Y})$가 서로 독립이기 위한 조건이다. $a_1a_2+b_1b_2=0$인 경우에 $cov(a_1(n\overline{X})+b_1(n\overline{Y}),\ a_2(n\overline{X})+b_2(n\overline{Y})=0$이 된다. 그리고 $a_1(n\overline{X})+b_1(n\overline{Y})$, $a_2(n\overline{X})+b_2(n\overline{Y})$는 모두 정규분포를 따르므로, $a_1(n\overline{X})+b_1(n\overline{Y})$, $a_2(n\overline{X})+b_2(n\overline{Y})$는 서로 독립이다. H_{01}과 H_{02}의 검정은 앞

서 설명한 "하나의 대비에 대한 검정"과 동일하게 이루어진다. 단지 α_c를 $\alpha_{fw} = 1-(1-\alpha_c)^2$을 만족하도록 조정해준다. 이때 기각역은 $(n\overline{X}, n\overline{Y})$-그래프 위에 다음과 같이 나타난다.

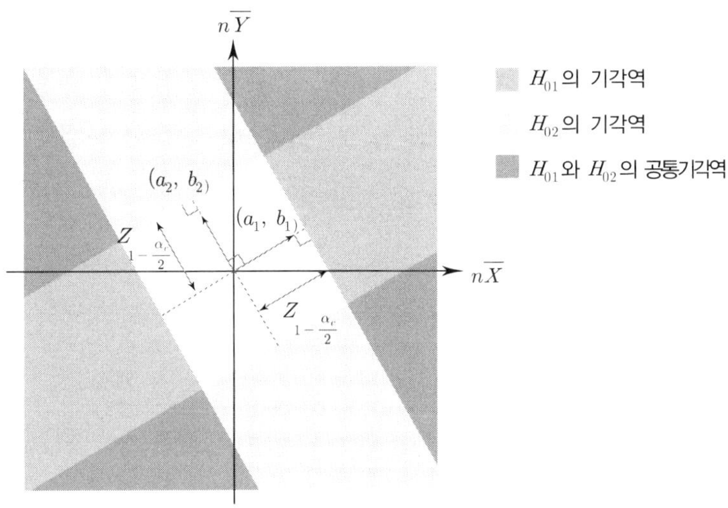

만약 독립적이지 않은 두 대비에 대해 검정을 하고 싶다면 어떻게 해야 할까? 영가설은 다음과 같다.

$$H_0 : H_{01} \text{ 그리고 } H_{02},$$

$$H_{01} : a_1\mu_X + b_1\mu_Y = 0,\ H_{02} : a_2\mu_X + b_2\mu_Y = 0$$

$$(X \sim N(\mu_X, \sigma^2),\ Y \sim N(\mu_Y, \sigma^2),\ X \perp Y,\ a_1a_2 + b_1b_2 \neq 0,\ \sigma^2 = 1)$$

우리가 다중비교절차를 사용하는 이유는 H_{01}과 H_{02}가 모두 참일 때(즉, H_0이 참일 때), H_{01} 또는 H_{02}를 기각하는 확률을 통제하기 위함이다. 따라서 H_{01}과 H_{02}가 모두 참인 경우에 대해 좀더 살펴보자. $a_1\mu_X + b_1\mu_Y = 0$과 $a_2\mu_X + b_2\mu_Y = 0$를 동시에 만족하는 경우 μ_X, μ_Y에 대해 다음과 같이 풀 수 있다.

$$\begin{aligned} a_1\mu_X + b_1\mu_Y &= 0 \\ a_2\mu_X + b_2\mu_Y &= 0 \end{aligned} \quad \Rightarrow \quad \begin{aligned} a_2a_1\mu_X + a_2b_1\mu_Y &= 0 \quad \text{①} \\ a_1a_2\mu_X + a_1b_2\mu_Y &= 0 \quad \text{②} \end{aligned}$$

$$\underset{(③)}{\overset{(①-②)}{\Rightarrow}} \quad \begin{aligned} (a_2b_1 - a_1b_2)\mu_Y &= 0 \\ a_1a_2\mu_X + a_1b_2\mu_Y &= 0 \end{aligned}$$

따라서 $a_2b_1 - a_1b_2 \neq 0$ 인 경우에 μ_X, μ_Y는 모두 0이어야 한다. (만약 $a_2b_1 - a_1b_2 = 0$ 이라면, H_{01}의 기각역과 H_{02}의 기각역이 같아지고, 본질적으로 하나의 대비에 대해 검정을 하는 경우와 동일하다. $a_2b_1 - a_1b_2 = 0$을 만족하는 여러 값들을 생각해서 $a_1\mu_X + b_1\mu_Y = 0$, $a_2\mu_X + b_2\mu_Y = 0$에 대입해보면, 두 식이 같음을 확인할 수 있다.) 이때 다중비교절차는 H_{01}과 H_{02}가 모두 참일 때(즉, $\mu_X = \mu_Y = 0$ 일 때), H_{01}과 H_{02} 중 하나 이상을 기각하게 되는 확률을 α 이하로 통제하는 것이다. 여기서 H_{01}와 H_{02}의 검정이 더 이상 독립적이지 않다는 문제가 있다. 따라서 시닥의 방법을 사용할 수 없다. 가장 극단적인 경우는 $a_2b_1 - a_1b_2 = 0$인 경우이다. 이 경우엔 H_{01}와 H_{02}의 기각이 항상 동시에 이루어지므로 α를 따로 조정할 필요가 없다. $a_2b_1 - a_1b_2 \neq 0$인 경우에 α를 어떻게 조정해야 할까? 앞서 살펴봤듯이 공통기각역의 확률이 얼마나 되는지 모를 경우 사용할 수 있는 방법은 본페르니 방법이다. 하지만 이 방법은 정확한 방법이 아니다. 전체 기각역의 확률이 α보다 낮다는 것을 보장할 뿐이다.

만약 전체 기각역의 확률을 정확히 α로 통제하려면 어떻게 해야 할까? 우리는 앞선 여러 경우를 통해 H_{01}과 H_{02}의 기각역의 모양이 어떻게 될지 안다. 따라서 기각역의 확률을 정확히 α로 만들면 된다! H_{01}과 H_{02}가 모두 참일 때(즉, $\mu_X = \mu_Y = 0$ 일 때), $X \sim N(0, \sigma^2)$, $Y \sim N(0, \sigma^2)$, $X \perp Y$, $\sigma^2 = 1$이고, 따라서 $(n\overline{X}, n\overline{Y})$의 확률밀도를 정확히 알 수 있으므로 기각역의 확률을 정확히 α로 만들어 줄 수 있다. 이때 기각역은 다음과 같다. (기각역의 확률을 α도 하면 기각역을 제외한 부분의 확률은 $1-\alpha$가 된다.)

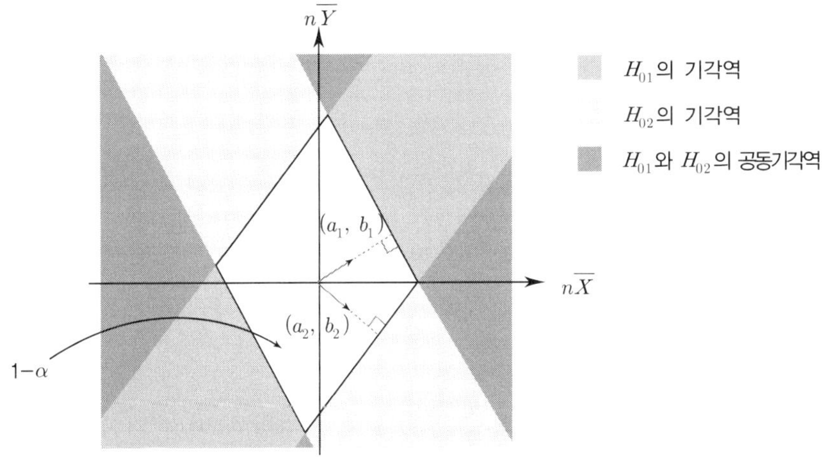

독립적이지 않은 여러 대비에 대해 검정을 할 수도 있다. 그것은 다음과 같은 영가설에 대해 검정을 하고자 하는 것이다.

$$H_0 : H_{01} \text{ 그리고 } H_{02} \text{ 그리고 } H_{03},$$

$$H_{01} : a_1\mu_X + b_1\mu_Y = 0,\ \ H_{02} : a_2\mu_X - b_2\mu_Y = 0,\ \ H_{03} : a_3\mu_X - b_3\mu_Y = 0$$

$$(X \sim N(\mu_X, \sigma^2),\ Y \sim N(\mu_Y, \sigma^2),\ X \perp Y,\ \sigma^2 = 1)$$

정확한 기각역은 다음과 같은 모양이 될 것이다.

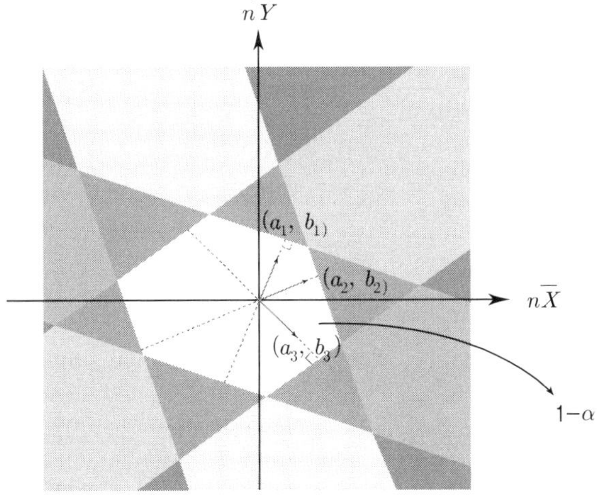

독립적이지 않은 대비는 무수히 많아질 수 있다. (독립적인 대비는 두 개 뿐이다!)

$$H_0 : H_{01} \text{ 그리고 } H_{02} \text{ 그리고 } H_{03} \text{ 그리고 } \cdots \text{ 그리고 } H_{0n},$$

$$H_{01} : a_1\mu_X + b_1\mu_Y = 0,\ H_{02} : a_2\mu_X - b_2\mu_Y = 0,\ \cdots,\ H_{0n} : a_n\mu_X - b_n\mu_Y = 0$$

$$(X \sim N(\mu_X, \sigma^2),\ Y \sim N(\mu_Y, \sigma^2),\ X \perp Y,\ a_i a_j + b_i b_j \neq 0,\ \sigma^2 = 1)$$

이때 정확한 기각역의 모양은 n이 증가함에 따라 다음과 같아진다. n 무한대로 커지게 될 때, 모든 대비에 대한 정확한 기각역이 쉐페의 기각역이다. 이것은 가능한 모든 대비를 검정할 때에도 계통적 오류율을 통제한다. 이것을 본페르니 방법과 비교해보자. 본페르니 방법에서는 검정하고자 하는 대비의 수가 증가할수록 기각역이 계속 좁아진다. 그것은 본페르니 방법은 대비 간의 종속성(혹은 공통기각역)을 고려하지 않기 때문이다. 반면 쉐페의 방법은 그것을 고려하여 무한히 많은 대비를 고려함에도 기각역이 무한히 줄어들지 않는 것이다. 쉐페의 방법은 굉장히 많은 대비를 검정하거나, 검정하려는 대비의 개수가 몇 개인지 모를 때 쓰인다.

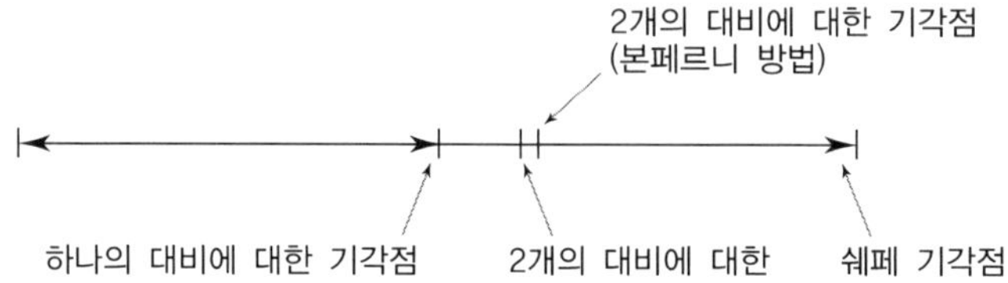

이제 대비 $t-$검정과 대비 쉐페 $t-$검정의 기각역을 비교해보자. 대비 $t-$검정의 기각역이 좀더 넓다는 것을 알 수 있다. 만약 하나의 대비에 대해 검정을 한다면 왜 다른 대비에 대해 신경을 쓰겠는가? 검정해야 할 대비의 수가 2개, 3개로 늘어남에 따라, 다중비교에 의한 기각역은 점점 줄어든다. 하지만 정확한 기각역을 사용할 경우 언제나 쉐페의 방법보다 기각역이 넓다. 하지만 정확한 기각역을 사용하는 것이 언제나 가능한 것은 아니다! (위의 예와 달리 모평균의 수가 늘어남에 따라, 정확한 기각역을 구하는 것은 많은 적분을 포함한다.) 그런 경우에 주로 본페르니 방법을 사용한다. 하지만 본페르니 방법은 정확한 기각역보다 좁기 마련이다. 그럼에도 불구하고 많은 경우 본페르니 기각역이 쉐페의 기각역보다 넓다. 본페르니 기각역이 쉐페의 기각역보다 좁아지기 위해서는 많은 대비가 필요할 것이다.

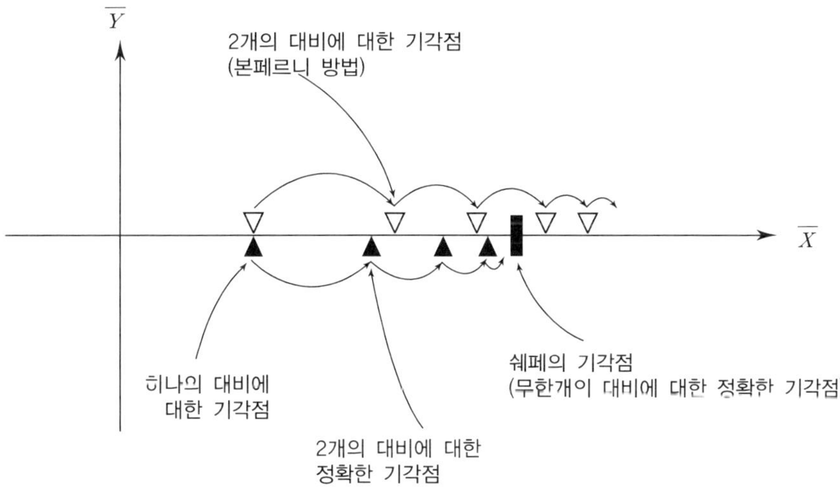

요약

$F-$검정과 다중비교는 전체 영가설 H_0이 참일 때, H_0 또는 하나 이상의 부분 영가설 H_{01}, H_{02}, $\cdots$, H_{0n}을 기각할 확률(계통적 오류율)을 통제한다. $F-$검정, 쉐페의 방법, 정확한 기각역을 사용한 다중(대비)비교는 이 확률을 정확히 통제한다. 본페르니 방법을 사용한 다중(대비)비교는 이 확률의 최대값을 통제한다.

단측검정과 양측검정: 다중추론 관점

단측검정이란 다음과 같은 영가설을 검정하는 것이다.

$$H_0 : \mu \geq \mu_0$$

반면 양측검정의 영가설은 다음과 같다.

$$H_0 : \mu = \mu_0$$

두 검정 방법에 대한 구체적인 방법은 다른 통계학 책을 참고하길 바란다. 여기서는 과연 양측검정에 대한 결과로 영가설이 기각되었을 때, 모평균의 대소에 대한 결론을 내리는 것이 정당한가에 대해 논의하겠다.

문제는 이렇다. 양측검정의 영가설 $H_0 : \mu = \mu_0$를 기각했을 때, 채택하게 되는 대립가설은 다음과 같다.

$$H_A : \mu \neq \mu_0$$

이때, 대부분의 경우 우리는 표본평균의 값을 보고 실제 모평균 μ가 μ_0보다 큰지, 작은지에 대해 결론을 내린다.

구체적인 예를 들어보자. 모분산은 1임을 알고 있고, 영가설은 다음과 같다.

$$H_0 : \mu = 0$$

표본크기 10의 표본을 추출하여 표본평균을 구해보니 0.7이었다. 영가설이 참일 때, 표본크기 10의 표본평균의 95% 범위는 $-0.62 \le \overline{X} \le 0.62$이다. 표본평균 0.7의 p-값은 영가설이 $\mu = 0$일 때, 0.027이다. 따라서 영가설을 기각하고, 대립가설 $H_A : \mu \neq 0$을 채택하는 것이다(유의수준 0.05). 문제는 여기서 표본평균 0.7이 영가설의 모평균 0보다 크기 때문에 당연히 실제 모평균이 0보다 클 것이라고 생각하고, $\mu > 0$라고 결론내리는 것이다. 이것이 정당한가?

영가설을 기각할 때, 채택하는 것은 대립가설인데, 그것을 조각내서 $H_{A_1} : \mu > 0$ 또는 $H_{A_2} : \mu < 0$을 채택해도 될까?

이 문제는 다중추론의 관점에서 볼 수 있다. 다음의 영가설을 보자.

$$H_{012} : H_{01} \text{ 그리고 } H_{02}$$

$$H_{01} : \mu \le 0,\ H_{02} : \mu \ge 0$$

두 영가설 H_{01}과 H_{02}의 곱으로 이루어진 H_{012}은 결국 $\mu = 0$라는 의미이다. 이제 H_{012}의 계통적 오류율을 0.05로 통제하고자 한다. H_{012}의 1종 오류율은 H_{012}이 참임에도 H_{012}를 기각하는 확률이다. 이것은 H_0의 1종 오류율의 의미와 동일하다.

H_{012}의 1종 오류율을 0.05 또는 0.05보다 낮게 통제하기 위해서 본페로니 방법을 사용하여 H_{01}과 H_{02}의 1종 오류율을 $\frac{0.05}{2} = 0.025$로 통제할 수 있다. 본

페로니 방법은 실제 오류율이 유의수준과 같거나 낮은 보수적인 방법이지만, 두 영가설이 동시에 기각되는 경우가 전혀 없을 때에는 오류율과 유의수준이 일치한다.

두 영가설 H_{01}과 H_{02}은 동시에 기각될 수 없다! 따라서 두 영가설 H_{01}, H_{02}을 유의수준 0.025에서 검증하고, 그 결과를 통해 $H_{012}: H_{01} \cap H_{02}$의 기각 유무를 결정한다면($H_{01}$, H_{02} 중에 어느 것 하나라도 기각할 수 있으면 H_{012}을 기각하는 것이다), H_{012}의 유의수준은 정확히 0.05가 된다.

이제 H_{01}과 H_{02}를 유의수준 0.025에서 검증하고, 그 결과를 통해 H_{012}에 대한 판단을 내리자. 그 결과는 $H_0: \mu = 0$에 대해 양측검증을 한 후에 $H_{A_1}: \mu > 0$ 또는 $H_{A_2}: \mu < 0$을 채택하는 것과 동일하다.

그렇다면 양측검정과 두 단측검정에 대한 다중추론은 항상 결과가 동일한

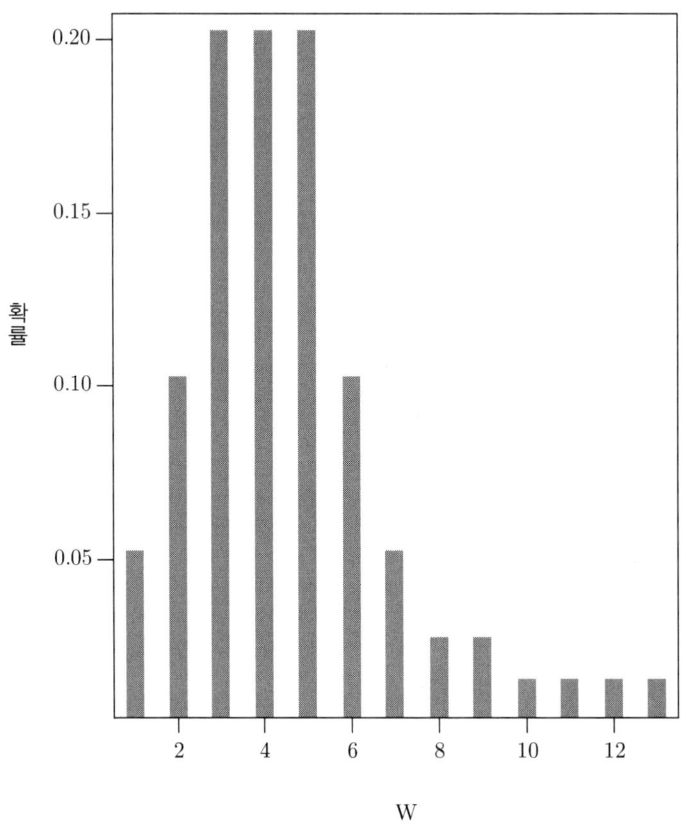

가? 아니다. 앞서 살펴본 비대칭 이산확률분포를 다시 생각해보자. 이 분포는 모평균이 3.03일 때, 관찰한 값 W의 분포라고 생각하자. 그리고 모평균의 값에 따라 분포가 오른쪽, 왼쪽으로 평행이동한다고 하자.

가장 빈번한 95%에 해당하는 W는 $1 \leq W \leq 9$이다. 반면 $w_{0.025}$, 즉 왼쪽에서 0.025에 해당하는 W값은 1이고, $w_{0.975}$는 11.5이다.

따라서 $H_0: \mu = 3.03$에 대한 유의성 검정은 $W < 1$ 또는 $W > 9$일 때 기각된다. 하지만 $H_0: H_{01} \cap H_{02}$, $H_{01}: \mu \leq 3.03$, $H_{02}: \mu > 3.03$에 대한 유의성 검정은 $W < 1$ 또는 $W > 11.5$일 때 기각된다. 즉, 분포의 대칭성이 $H_0: \mu = 3.03$와 $H_0: H_{01} \cap H_{02}$, $H_{01}: \mu \leq 3.03$, $H_{02}: \mu \geq 3.03$의 검정 방법이 같은지, 다른지를 결정한다. 만약 어떤 비대칭의 분포 d에 대해 기각역으로 $d_{0.025}$, $d_{0.975}$를 사용한다면, 그것은 영가설 $H_0: \mu = \mu_0$에 대한 검정이 아니라, $H_{012}: H_{01} \cap H_{02}$, $H_{01}: \mu \leq \mu_0$, $H_{02}: \mu \geq \mu_0$에 대한 검정을 하는 것이라 봐도 무방할 것이다.

요약

양측검정은 두 단측검정을 동시에 실시하는 다중추론으로 이해할 수 있다. 양측검정의 기각역은 양측검정을 하나의 검정으로 볼 것이냐, 아니면 두 단측검정에 대한 다중추론으로 볼 것이냐에 따라 결정된다.

부록

Mathematica 명령

p.10(컴퓨터의 활용)

```
Integrate[Exp[-1/2*x^2], {x, -Infinity, Infinity}]
```

p.14(이산확률변수의 분포 표현하기)

```
f[x_, a_, b_, c_, d_] := a*x^3 + b*x^2 + c*x + d
Solve[{f[0, a, b, c, d] == 1/2, f[1, a, b, c, d] == 1/3,
  f[2, a, b, c, d] == 1/12, f[3, a, b, c, d] == 1/12}, {a, b, c, d}]
```

p.37(컴퓨터 대수학 시스템의 활용)

```
Integrate[
 1/(2*Pi)*Exp[-1/2*((y - x)^2 + x^2)], {x, -Infinity, Infinity}]
```

p.39(정규분포를 따르는 두 확률변수의 합의 분포)

```
Integrate[
 1/(2*Pi*s1*s2)*
  Exp[-1/2*(((y - x - m1)/s1)^2 + ((x - m2)/s2)^2)], {x, -Infinity,
  Infinity}, Assumptions -> {s1 > 0, s2 > 0}]
```

p.40(정규분포를 따르는 두 확률변수의 합의 분포)

```
f[m1_, m2_, s1_, s2_, y_] =
 Integrate[
  1/(2*Pi*s1*s2)*
   Exp[-1/2*(((y - x - m1)/s1)^2 + ((x - m2)/s2)^2)], {x, -Infinity,
   Infinity}, Assumptions -> s1 > 0 && s2 > 0]

f[m1, m2, s1, s2]
```

p.41

```
Plot[f[0,3,1,3, y], {y, -6, 12}]
```

p.50(두 정규분포의 합: 세이지의 활용)

```
fNormal[x_, mu_, sd1_] = 1/Sqrt[2*Pi*sd1^2]*Exp[-1/2*((x - mu)/sd1)^2]
fNSummed[x_, mu1_, mu2_, sd1_, sd2_] =
 fNormal[x, mu1 + mu2, Sqrt[sd1^2 + sd2^2]]
fNMixed[x_, mu1_, mu2_, sd1_, sd2_, p1_] =
 p1*fNormal[x, mu1, sd1] + (1 - p1)*fNormal[x, mu2, sd2]
```

p.51(위)

```
a = Plot[fNormal[x, 1, 1], {x, -3, 3}, PlotStyle -> Dashed]
b = Plot[fNormal[x, -1, 1], {x, -3, 3}, PlotStyle -> Dashed]
c = Plot[fNSummed[x, -1, 1, 1, 1], {x, -3, 3}, PlotStyle -> Thick]
Show[a, b, c]
```

p.51(아래)

```
a = Plot[fNormal[x, 1, 1], {x, -3, 3}, PlotStyle -> Dotted]
b = Plot[fNormal[x, -1, 1], {x, -3, 3}, PlotStyle -> Dotted]
c = Plot[fNMixed[x, -1, 1, 1, 1, 1/2], {x, -3, 3}, PlotStyle -> Thick]
Show[a, b, c]
```

p.72(위치 측도와 산포 측도)

```
f1[x_, mu1_, sigma1_] =
 1/Sqrt[2*Pi*sigma1^2]*Exp[-1/2*((x - mu1)/sigma1)^2]
f2[x_, mu2_, sigma2_] =
 1/Sqrt[2*sigma2^2]*Exp[-Sqrt[2]*Abs[(x - mu2)/sigma2]]
```

p.73(위)

```
Plot[f1[x, 0, 1], {x, -4, 4}]
```

p.73(아래)

```
Plot[f2[x, 0, 1], {x, -4, 4}]
```

p.74(위)

```
Integrate[x*f1[x, mu, sigma], {x, -Infinity, Infinity},
 Assumptions -> sigma > 0]
```

p.74(아래)

```
Integrate[x*f2[x, mu, sigma], {x, -Infinity, Infinity},
 Assumptions -> {Element[mu, Reals], sigma > 0}]
```

* Element[mu, Reals]는 mu가 실수임을 나타낸다.

p.75(위)

```
Solve[Integrate[f1[x, mu, sigma], {x, -Infinity, m},
   Assumptions -> sigma > 0 && Element[mu, Reals]] == 1/2, m]
```

p.75(아래)

```
Plot[-Erf[x], {x, -4, 4}]
```

p.76(위)

```
Solve[Integrate[f2[x, mu, sigma], {x, -Infinity, m},
   Assumptions -> sigma > 0 && Element[mu, Reals]] == 1/2, m]
```

* 정확히 계산되지 않는다.

p.76(중간)

```
Integrate[(x - mu)^2*f1[x, mu, sigma], {x, -Infinity, Infinity},
 Assumptions -> sigma > 0 && Element[mu, Reals]]
```

p.76(중간)

```
Integrate[(x - mu)^2*f2[x, mu, sigma], {x, -Infinity, Infinity},
 Assumptions -> sigma > 0 && Element[mu, Reals]]
```

p.76(아래)

```
Integrate[Abs[x - mu]*f1[x, mu, sigma], {x, -Infinity, Infinity},
 Assumptions -> sigma > 0 && Element[mu, Reals]]
```

p.77

```
Integrate[Abs[x - mu]*f2[x, mu, sigma], {x, -Infinity, Infinity},
 Assumptions -> sigma > 0 && Element[mu, Reals]]
```

p.82(표본이 주어졌을 때, 모평균을 추정하기)

```
f1[x_, mu1_, sigma1_] =
 1/Sqrt[2*Pi*sigma1^2]*Exp[-1/2*((x - mu1)/sigma1)^2]
f2[x_, mu2_, sigma2_] =
 1/Sqrt[2*sigma2^2]*Exp[-Sqrt[2]*Abs[(x - mu2)/sigma2]]

f1Int[y_, mu1_, sd1_] =
 Integrate[f1[x, mu1, sd1], {x, -Infinity, y},
  Assumptions -> sd1 > 0 && Element[mu1, Reals]]
f2Int[y_, mu2_, sd2_] :=
 Integrate[f2[x, mu2, sd2], {x, -Infinity, y},
  Assumptions -> sd2 > 0 && Element[mu2, Reals]]

f1Order2[x_] :=
 3!/(2 - 1)!/(3 - 2)!*(f1Int[x, 0,
      1]^(2 - 1)*(1 - f1Int[x, 0, 1])^(3 - 2)*f1[x, 0, 1])
```

```
f2Order2[x_] :=
 3!/(2 - 1)!/(3 - 2)!*(f2Int[x, 0,
      1]^(2 - 1)*(1 - f2Int[x, 0, 1])^(3 - 2)*f2[x, 0, 1])
```

```
Plot[f1Order2[x], {x, -4, 4}]
```

p.83

```
Plot[f1[x, 0, 1/Sqrt[3]], {x, -4, 4}]
```

p.84

```
Plot[f2Order2[t], {t, -4, 4}]
```

p.131(자유도 1인 카이제곱 분포 구하기)

```
Plot[(1/Sqrt[2*Pi])*Exp[-1/2*x]/Sqrt[x], {x, 0, 6}]
```

p.131(아래)

```
Integrate[(1/Sqrt[2*Pi])*Exp[-1/2*x]/Sqrt[x], {x, 0, Infinity}]
```

p.134(자유도 2인 카이제곱 분포 구하기)

```
Integrate[
 1/Sqrt[2*Pi]*Exp[-1/2*x]/Sqrt[x]*1/Sqrt[2*Pi]*
  Exp[-1/2*(z - x)]/Sqrt[z - x], {x, 0, z}, Assumptions -> z > 0]
```

p.134(중간)

```
Plot[1/2*Exp[-1/2*z], {z,0,6}]
```

p.134(아래)

```
Integrate[1/2*Exp[-1/2*z], {z,0,Infinity}]
```

p.137(자유도 3인 카이제곱 분포 구하기)

```
Integrate[
 1/Sqrt[2*Pi]*Exp[-1/2*x]/Sqrt[x]*1/2*Exp[-1/2*(z - x)], {x, 0, z},
```

```
 Assumptions -> z > 0]
```

p.137(아래)

```
Plot[1/2*Sqrt[2]*Sqrt[z]*Exp[-1/2*z]/Sqrt[Pi], {z, 0, 6}]
```

책을 마치며

이 책의 미덕은 너무나 당연하게, 또는 아무 생각없이 받아들였던 통계 분석 방법에 대해 여러 가지 관점에서 설명을 시도하였다는 것이다. 특히 몬티 홀 문제에서 진행자가 어떤 카드를 보여주느냐의 중요성, 확률밀도와 확률의 차이, 정규분포와 표준편차(라플라스 분포와 평균절대편차)의 관계, 모분산을 알 때 모평균 추정하기, $t-$뷰포의 의미, $p-$값의 의미, 다중성 문제의 원인에 대한 설명(두 영가설이 기각되는 경우가 다르다), ANOVA의 계산과정, 일원분산분석과 이원분산분석의 차이, 여러 가지 다중비교 절차에 대한 문제점과 해결방법, $F-$검정, 다중비교, 쉐페의 방법의 비교 등은 기존의 책에서 볼 수 없었던 독창적인 내용이다. 하지만 회귀분석은 내용에서 제외되었으며, 내용면에서도 아직 추가하고, 다듬어야 할 부분이 많은 것도 사실이다. 그렇지만 나 자신이 통계학을 연구를 위한 도구의 하나로 배우는 입장에서 이 책을 쓰는 데 무한정의 시간과 노력을 투자할 수는 없었다. 하지만 나는 통계에서 이해가 안 되는 부분을 이해하기 위해 여러 가지 책들을 찾아보면서 많은 시간과 공을 들여서 공부를 했다. 결과적으로 그것은 그리 어렵거나 굉장한 내용이 아니었다.[68] 단지 그것을 알기 쉽게

68) 물론 그것을 발전시키는 것은 통계학자들의 굉장한 업적임에 틀림없다. 그럼에도 불구하고, 그것을 발견/발전시키는 것과 익히는 것은 별개의 일이다. 미적분학을 발명한 뉴턴과 라이프니츠는 틀림없이 천재였지만, 우리는 고등학교에서 그것을 배우고 있다.

설명한 책이 없을 뿐이었다. 내가 출판을 결심하게 된 동기는 통계가 방법론의 하나로 굉장히 많은 분야에서 쓰이고 있고, 많은 학생들과 연구자들이 배우고 있지만, 그것의 원리를 친절하게 알려주는 책이 거의 없다는 것이다. 따라서 많은 학생과 연구자들이 그것을 오해하고, 오용한다. 만약 제대로 이해하고 싶다면 많은 시간을 투자해야 한다. 나의 상황이 그러했다. 나는 그것을 제대로 이해하고 싶었고, 많은 시간을 투자했다. 만약 내게 이 책과 같은 책이 있었다면 통계학을 좀더 쉽고, 빨리 배워서 남는 시간을 전공 분야에 활용할 수 있었을 것이다. 미흡하나마 이 책이 다른 사람들에게 그런 역할을 할 수 있길 기대한다.

이 책의 내용은 흔히 "기초 통계학"이라고 부르는 내용이다. 사실 통계학의 범위와 내용은 광대하고, 그에 비해 "기초 통계학"은 극히 일부분에 지나지 않는다. 저자 역시 연구의 필요에 따라 계속 통계학을 배우고 익혀야 한다. 저자의 솔직한 바람은 그 분야의 전문가들이 이 책과 같은 방식으로 그 근본 원리를 쉽게 알려주는 책을 써주는 것이다. 나 역시 시간이 허락하는 범위에서 그런 작업을 계속해 나갈 의향이 있다. 문제는 부족한 시간이다. 만약 나와 뜻을 같이 하는 사람이 있다면 주저말고 연락을 주시기 바란다. 협력과 분업을 통해 좀더 나은 책을 만들어 나갈 수 있을 것이다. 그리고 책을 읽으면서 오류를 발견하거나, 개선사항 등의 의견이 있는 독자들도 알려주시면 최대한 반영할 것이다.

이번에 출판을 하면서 알게 된 것은 책을 쓰는 것이 경제적으로 크게 도움이 되지 않을 뿐만 아니라, 기회 비용을 따지면 굉장히 비싼 활동이라는 것이다. 부디 이 책이 어느 정도 도움이 된다고 판단이 되면 구입을 부탁드린다.

마지막으로 저자는 지난 10여 년 동안 건강과 체력의 문제로 TMJ 교정을 받았다. 그리고 적어도 나에게 있어서는 TMJ의 상태와 치아의 배치가 체력과 건강에 큰 영향을 준다는 사실을 알게 되었다. 그리고 어느 정도 구체적인 치료

방법도 터득하였다. 그것은 그리 어렵지 않았다. 저자의 경우 치아의 움직임과 TMJ 상태에 따른 몸의 반응이 무시할 수 없을 만큼 컸기 때문이다. 그리고 이런 발견을 더 연구하고, 발전시켜서 TMJ와 치아 관련 문제로 고생하는 다른 환우들에게도 도움이 되었으면 좋겠다. TMJ 환자들의 고통은 약간의 불편에서 시작하여 삶을 포기하고 싶을 정도까지 발전하기도 한다. 이 부분에 대해서 연구를 해보고 싶은 치과의사분들도 연락을 부탁드린다.

기초통계학의
숨은 원리 이해하기

지은이 김권현
펴낸이 조경희
펴낸곳 경문사
펴낸날 2013년 9월 26일 1판 1쇄
2022년 9월 1일 1판 4쇄
등 록 1979년 11월 9일 제 313-1979-23호
주 소 04057, 서울특별시 마포구 와우산로 174
전 화 (02)332-2004 팩스 (02)336-5193
이메일 kyungmoon@kyungmoon.com

값 25,000원

ISBN 978-89-6105-710-3